돌
파
의

시
간

mRNA로
세상을 바꾼
커털린 커리코의
삶과 과학

돌파의 시간

커털린 커리코

조은영 옮김

BREAKING THROUGH : My Life in Science

by Katalin Karikó

역자 조은영(趙恩玲)

어려운 과학책은 쉽게, 쉬운 과학책은 재미있게 옮기려는 과학 도서 전문 번
역가. 서울대학교 생물학과를 졸업하고 서울대학교 천연물과학대학원과 미
국 조지아 대학교 식물학과에서 석사 학위를 받았다. 옮긴 책으로「새들의 방
식」,「문명의 자연사」,「생물의 이름에는 이야기가 있다」,「나무의 세계」,「오해
의 동물원」,「언더랜드」,「세상을 연결한 여성들」,「코드 브레이커」,「10퍼센트
인간」등이 있다.

편집, 교정 _ 권은희(權恩喜)

돌파의 시간 : mRNA로 세상을 바꾼 커털린 커리코의 삶과 과학

저자/커털린 커리코
역자/조은영
발행처/까치글방
발행인/박후영
주소/서울시 용산구 서빙고로 67, 파크타워 103동 1003호
전화/02 · 735 · 8998, 736 · 7768
팩시밀리/02 · 723 · 4591
홈페이지/www.kachibooks.co.kr
전자우편/kachibooks@gmail.com
등록번호/1-528
등록일/1977. 8. 5
초판 1쇄 발행일/2024. 7. 10
  3쇄 발행일/2024. 12. 20
값/뒤표지에 쓰여 있음

ISBN 978-89-7291-843-1 03400

차례

들어가며

필라델피아 교외의 한 공립학교에 다니는 딸 수전이 초등학교 2학년 마지막 날, 학교에서 오자마자 탁자에 앉더니 가방을 열고 연필과 종이를 꺼냈다. 그러고는 인상을 써가며 열심히 뭔가를 적기 시작했다. 앞으로 아이가 성장하면서 깊이 열중할 때마다 보여줄 표정이었다.

뭘 쓰는 거냐고 물었더니, 수전은 얼굴도 들지 않고 대답했다. "윌슨 선생님께 한 해 동안 많은 것을 가르쳐주셔서 감사하다고 쓰고 있어요."

나는 아이를 쳐다보았다. 수전은 종이에서 잠시도 눈을 떼지 않고 정성스럽게 편지를 써 내려갔다. 줄을 따라 고사리손이 부지런히 움직였고, 한 줄이 끝나면 다시 새로운 줄이 시작되었다.

나는 그런 적이 없었는데.

나는 그래본 적이 없었다. 나를 가르쳐준 선생님들께 한 번도 감사의 편지를 써본 적이 없었다.

그래서 너무 늦은 줄은 알지만 이 책으로 그때 다하지 못한 고마움을 전하고 싶다. 어렸을 때 헝가리에서 나를 가르친 선생님들과 심장학, 신경외과, 면역학 분야에서 나를 곁에 두고 일하게 해준 세계적인 전문가들까지, 나의 선생이자 스승이자 멘토가 되어준 모든 분들께 이 책을 빌려 꼭 전하고 싶은 말이 있다. 당신들은 참으로 귀중한 일을 하셨다고.

나는 이분들께 기본과 기초를 배웠다.

그리고 거기에서 한 단계 더 나아가 궁금해하고, 질문하고, 탐구하고, 스스로 생각하는 법을 배웠다.

그리고 그 단계를 넘어서 내가 알게 된 것으로 세상에 기여하는 법을 배웠다.

전후 공산주의 헝가리에서 노동자의 딸로 태어난 아이가 세상을 이해하고……결국 자신의 방식으로 세상을 바꾸는 데 일조하게 된 것은 모두 그분들이 하신 일 덕분이다.

농촌에서 자란 사람치고 씨앗에 감사하지 않는 사람이 없고, 그 점은 생물학자도 마찬가지이다. 씨앗은 잠재력이며, 약속이고, 생명을 유지하는 자양분이다. 씨앗은 어두운 미래와 풍성한 미래 사이에 있다. 그렇기에 씨앗을 심는 것은 언제, 어디서든 신념과 희망의 행위이다.

나는 나를 가르쳐준 선생님들께 감사한다. 세상의 모든 교육자에게 감사한다. 당신들은 씨앗을 심고 계시니까요.

프롤로그

한 여성이 실험대 앞에 앉아 있다. 밖에서 보면 특별할 것이 없는 장면이다. 이 여성이 앉아 있는 값싼 실험실 의자가 삐걱대며 바닥을 굴러다닌다. 실험대는 강철과 에폭시 같은 단단하고 내구성 좋은 재료로 만들어졌고, 실험하다가 흘리는 용액을 흡수하려고 위에 종이가 깔려 있다. 손이 닿는 곳에는 다양한 실험 장비들이 있다. 소형 원심분리기, 정사각형의 플라스틱 분석 트레이, 볼텍스 믹서, 가열기, 배양기 등등. 비전문가의 눈에는 부엌에 있는 평범한 요리용 기구와 별 차이가 없어 보인다. 가열하는 기구, 식히는 기구, 얼리는 기구, 섞는 기구, 청소용 기구까지.

가까운 창문에서 희미하게 자연광이 들어온다. 머리 위로는 형광등이 웅웅거린다. 이 장면에 근사한 구석이라고는 하나도 없다.

아마 이 여성은 오늘 실험실에 가장 먼저 출근했을 것이다. 아직 이른 시간이고 태양이 이제 막 지평선 위로 모습을 드러낸다. 피펫과 시약병에 손을 뻗는다. 그녀는 작업을 시작한다.

그리고 그 자리에서 몇 시간을 앉아 있을 것이다. 어쩌면 40

년 동안 그렇게 앉아 있을지도 모른다.

만약 밖에서 이 장면을 지켜본다면, 금세 지루해지리라. 그렇다고 해도 탓할 사람은 없다. 저렇게 계속 앉아만 있는데 따분할 밖에. 그러나 안에서 보는 풍경은 전혀 다르다.

여성의 몸은 가만히 있을지도 모르지만, 머릿속에서는 원대한 아이디어가 흘러넘치며 거칠게 소용돌이친다. 그녀는 지금 하고 있는 연구에서 언젠가 생명을 구할지도 모를, 획기적인 것들을 찾고 있다. 결국 그녀 자신이 돌파구를 찾아낼지, 다른 누군가의 몫이 될지는 알 수 없다. 살아 있는 동안 찾게 될지도 확신할 수 없다. 하지만 이런 질문 따위는 중요하지 않다.

일을 하고 있다는 것, 그것만이 중요하다.

여성은 한 번에 한 단계씩 전진한다. 피펫으로 정확한 양을 측정해서 시약을 넣고 원심분리기를 돌린다. 하나라도 놓칠세라 집중한다. 작업은 따분하지만 결코 따분한 일은 아니다. 사실 그녀는 지금 콜롬보 형사 같은 수사관이 된 느낌이다. 그녀의 눈은 사건을 해결할 작지만 결정적인 실마리를 찾고 있다.

다른 사람에게 이 모습이 어떻게 보일지는 신경 쓰지 말자. 이 여성은 어느 평범한 실험실의 삐걱대는 철제 바퀴 의자와 웅웅거리는 조명 아래에서 보내는 어느 평범한 날이 무한한 가능성으로 가득 차 있다는 것을 잘 알고 있으니까.

사실을 말하자면 세포도 우리의 상상과는 크게 다르다.

기초 생물학 수업을 들어본 사람이라면 세포가 무엇인지 잘 알 것이다. 생명의 가장 기본적인 단위이자 살아 있는 모든 것의 기본적인 구성 요소가 바로 세포이다. 세포의 구조에 대해서도 어느 정도는 익숙할 것이다. 현미경이 있어야만 볼 수 있는 것에 서부터 인간이 맨눈으로 볼 수 있는 것까지 거의 모든 생물을 이루는 진핵세포의 기본적인 건축양식은 다음과 같다. 원형질 막이 세포질이라는 젤라틴성 용액을 둘러싸고, 그 안에는 다양한 세포 내 소기관이 둥둥 떠 있다. 한복판에는 DNA로 채워진 핵이 자리 잡았다. 어느 교과서에서 표현한 방식을 빌리자면 세포는 장난감들이 곧 무슨 일이 벌어지기를 기다리며 둥둥 떠다니는 뒤뜰의 풀장과 같다.

그러나 이 묘사는 진실과는 거리가 한참 멀다.

차라리 세포는 영원히 잠들지 않는 과학소설 속 미래 도시에 더 가깝다. 분주하게 돌아가는 대도시의 활기찬 활동이 세포를 가득 채운다. 인간의 몸을 이루는 거의 모든 세포에는 밤낮없이 돌아가는 조립 공정을 통해서 수천 가지 제품을 생산하는 정교한 공장이 자리 잡고 있다. 세포 내부의 미로 같은 수송 체계는 가장 복잡한 고속도로망도 저리 가라 할 만큼 고도로 발달했다. 포장과 배송 센터는 DHL보다 효율적으로 돌아가고, 전력 발전소는 어마어마한 양의 에너지를 생산하며, 쓰레기 처리장 역시 세포 안에 쓸데없는 것들이 돌아다니거나 낭비되지 않도록 철저하게 운영된다.

세포 안에서 복잡한 코드가 암호화되고, 봉쇄되고, 운송되고, 해독된 다음 분해된다. 특별한 열쇠를 쥔 손만이 그 문을 여닫을 수 있다. 감시 네트워크는 침입자를 찾아다닌다. ……그리고 발견 즉시 처리한다. 수를 헤아릴 수조차 없이 많은 생물학적 작용이 몸속 수조 개의 세포 하나하나에서 쉼 없이 일어난다.

이 책을 읽고 있는 지금도 당신의 세포는 펌프질하고, 운반하고, 쌓고, 이동하고, 복제하고, 해독하고, 건설하고, 파괴하고, 접고, 차단하고, 받아들이고, 내쫓는 중이다. 이러한 활동을 통해서 당신이 숨을 쉬고, 음식물을 소화하고, 산소와 영양소를 온몸에 보낸다. 당신의 몸은 전기를 생산하고 공기 중의 진동을 해석한다. 생각하고, 지각하고, 근육을 수축하고, 탐지하고, 눈에 보이지도 않는 수많은 병원체와 싸운다.

그러니까 당신은 살아 있다는 말이다.

내가 지금 이런 비유를 드는 이유는 지금부터 당신이 이 책을 읽으며 내 이야기를 이해하고, 또 나를 이해하려면 그보다 앞서 염두에 두어야 할 점이 있기 때문이다. 다른 사람의 눈에는 가만히 있는 것처럼 보이는 실험대 앞의 조용한 여성과 장난감이 떠다니는 풀장의 진실이 겉모습과는 반대일 수도 있다는 것이다.

누군가의 복잡하고 충만한 삶도, 무한한 생명의 복잡성도, 모르는 이들의 눈에는 아무것도 아닌 것처럼 보일 수 있으니까.

1

푸주한의 딸

나의 가족이 즐겨 하는 옛이야기가 있다. 너무 어릴 적 일이라 나는 기억도 못 하지만. 당시 나는 아직 볼이 통통하고 짧은 금발에 갓 걸음마를 뗀 아이였다. 그리고 어려서 우리가 살던 집 마당에 서 있다. 내 앞에서 아버지가 돼지를 잡기 시작한다. 이것이 아버지의 일이고, 직업이다. 아버지는 푸주한이다. 이 일이 아버지가 돈을 벌어 우리를 먹여 살리는 방식이었다. 아버지는 열두 살에 이 일을 시작했다.

벽돌을 쌓아 만든 넓은 판 위에 죽은 동물이 배를 위로 하고 누워 있다. 그래야 작업 후에도 사방이 더러워지지 않는다. 아버지가 휴대용 우드 버너로 가죽의 털을 그슬린다. 그런 다음 짐승의 배를 길게 갈라서 양쪽으로 열고 배 속에 손을 넣어 내장을 퍼낸다. 상처가 나지 않게 조심해야 한다. 속에서 번들거리는 창자 꾸러미가 빠져나온다. 도끼를 들고 척추를 따라 몸을 절반으로 가른다. 이제 내 앞에 누워 있는 것은 동물이 아닌 생산물이다. 마지막으로 죽은 동물의 고기를 큼직한 선홍색 근육 덩어리로 잘라낸다.

나보다 세 살 많은 언니 주잔너—나는 언니를 조커라고 불렀다—에게는 보고 있기 버거운 장면이었지만, 원래 언니가 그렇게 비위가 약한 사람은 아니었다. 전쟁 직후 헝가리에서 비위라는 것은 누구에게든 쉽게 허락되지 않는 사치였다. 우리처럼 하루 벌어 하루 먹고 사는 가족은 말할 것도 없었다. 그러나 저 순간에 나를 사로잡은 것이 무엇이었든 언니한테도 비슷한 감동을 준 것 같지는 않다.

어쨌든 나는 넋을 잃고 지켜보았다.

부모님은 당시 어린 딸이 도축 과정을 정신없이 바라보던 모습을 떠올리며 웃으시곤 했다. 아이의 휘둥그레진 눈이 이제 막 생명이 꺼진 어느 생물체의 복잡한 내부 지형을 통째로 빨아들이는 듯했다. 이 창조물의 생명을 유지하기 위해서 그토록 오래 협업해온 저 이질적인 부위들. 그것들이 품었던 수수께끼와 경이가 한눈에 펼쳐져 있었다.

나에게는 그것이 시작이었다.

아버지가 일하시는 모습을 지켜본 기억은 없지만, 그것을 둘러싼 세계, 내 어린 시절의 풍경만큼은 또렷하게 생각난다.

키슈이살라시. 헝가리 중부에서 북쪽으로 넓게 펼쳐진 대평원 지역. 점토질 토양의 드넓은 초원. 인구 약 1만 명의 농업 도시. 하지만 다른 마을과 달리 키슈이살라시는 고립된 지역이 아니었다. 첫째, 키슈이살라시에는 열차가 서는 기차역이 있었다. 또 부다페스트로 가는 주요 도로인 4번 도로가 우리 마을을 지나갔다. 그래서 마을에는 군데군데 포장된 도로가 있었다.

우리 집은 작고 수수했다. 말 그대로 주위에 있는 흙을 퍼다가 지은 집이었다. 진흙과 지푸라기를 섞어서 압축한 흙벽에 회반죽을 바르고 지붕에는 갈대를 두껍게 얹었다. 내 기억에 그 갈대는 색이 많이 바래서 덥수룩한 회색 가발처럼 보였다.

우리는 방 하나에 살았다. 다른 방도 있었지만 1년 내내 너무 추워서 창고로밖에 쓸 수 없었다. 그래서 난방이 되는 방에 다 같이 모여 지냈다.

방 구석에 난방기구가 있었는데, 톱밥을 때는 난로였다. 아마도 열을 내는 가장 값싼 방식이었을 것이다. 철판으로 만든 이 난로는 너비가 50센티미터 정도에 드럼통처럼 생겼는데 안쪽의 원통에 톱밥을 채웠다. 우리는 집 근처 원목 장난감 공장에서 톱밥을 얻어다가 말에 실어왔다. 집에 오면 헛간에 아버지 키보다 높게 쌓아올려 저장했다. 여름에는 주기적으로 창고에 들어가 톱밥 더미에서 열이 나지 않는지 확인해야 했다. 톱밥은 자연적으로 불이 붙는다고 알려졌기 때문이다.

톱밥 난로는 열기가 제법 뜨거워서 엄마는 가끔 오븐으로도 사용하곤 했다. 난로가 정말 뜨겁게 달궈지면 바깥의 철판까지 빨갛게 빛났다. 언니와 나는 멀찍이 떨어져 있지 않으면 델 수 있다는 사실을 아주 일찌감치 배웠다. 하지만 아침마다 원통에 톱밥을 가져다 채워넣는 것은 우리 일이었다. 이 일은 어렵기도 했지만 아주 조심해야 했다. 언니와 내가 했던 수많은 집안일이 그랬듯, 이 일도 그저 아이들에게 가볍게 시키는 잔심부름이 아니었다. 적어도 요즘 사람들이 쓰는 말의 의미와는 달랐다. 부모님이 부탁해서 하는 일도, 우리가 부모님을 돕기 위해서 하는 일도 아니었다. 그냥 해야 하는 일이었다. 하지 않으면 우리 가족은 얼어 죽을 테니까.

방 한가운데에 큰 탁자가 있었다. 우리는 여기에서 식사를 준비하고 밥을 먹었고 때때로 친척들이 모여서 시끌벅적하게 잔치를 벌이기도 했다. 이 탁자에서 언니와 나는 숙제를 하거나 책을 읽었고, 엄마가 밀가루와 달걀로 생 파스타 면을 만들 때 옆에서 거들었다.

밤마다 아버지는 탁자 끝에 서서 우리에게 저녁을 나눠주었다. 아버지는 제2차 세계대전에 참전했는데 전선에서 수백 명의 병사들을 위해서 식사를 준비하고 배식했다. 아버지는 집에서도 똑같이 했다. 먼저 파스타를 퍼서 당신의 수프 그릇에 옮겨 담으며 이렇게 큰 소리로 외친다. "전쟁 중에 전선에서 싸우는 병사들에게!" 다음으로 엄마의 수프 그릇에 담으며 말한다. "전쟁 중에 후방에서 지키는 병사들에게!" 그다음은 내 그릇과 언니 그릇에다가 아주 조금만 담으면서 조용히 읊조린다. "평화시의 병사들에게."

그런 다음 껄껄 웃으면서 우리 몫을 더 주었다. 어려운 시기였지만, 아버지는 그보다 더 힘겨운 시기를 겪었다. 모든 어른이 그랬다.

탁자 근처에 침대가 있었다. 내 침대, 언니 침대, 부모님 침대. 침대끼리 거의 붙어 있다시피 해서 자다 보면 늘 서로 몸이 닿았다.

바깥에는 아버지의 훈연실(기름방울이 뚝뚝 떨어지는 소시지가 걸려 있고, 바닥은 고추에서 나온 물로 벌겋게 물들어 있었다), 그리고 돼지 한 마리를 키우는 우리가 있었다. 내년에 먹을 고기였다. 마당에는 닭들이 흙을 쪼며 돌아다녔고, 텃밭도 여러 개 있었다. 가장 큰 텃밭에는 당근, 콩, 감자, 완두콩처럼 우리 식구가 먹을 채소를 길렀다. 저녁은 수확할 때가 된 것들로 만들었다(고추로 맛을 낸 소시지처럼. 고추는 항상 많이 열렸으니까). 언니와 나는 각자 자기 텃밭도 있었다. 봄이 오면 우리는 땅에 씨를 심었다. 서투른 손놀림으로나마 조심조심 일했다. 흙으로 씨앗을 살살 덮고 물을 준 다음, 몇 주에 걸쳐 새싹이 흙을 뚫고 나와 태양을 향해 힘껏 줄기를 뻗는 모습을 지켜보았다. 집에서는 과일도 길렀다. 사과, 마르멜로, 벚나무, 그리고 포도덩굴이 자라는 시렁과 퍼걸러가 있었다.

마당에는 꽃이 피었다. 파란색 히아신스, 하얀색 수선화, 제비꽃, 탐스러운 장미까지 모두 이 비루한 농가를 조금은 에덴동산답게 꾸며주었다.

몇십 년 뒤, 바다 건너 미국의 필라델피아라는 낯선 땅에서 나는 넓은 교외에 집을 한 채 사서 정착했다. 그리고 마당에 심을 꽃을 구하러 다녔는데, 하얀 수선화를 보고 나서야 내가 무엇을 찾고 있는지 깨달았다. 나는 그냥 꽃이 아니라 바로 이 꽃, 내가 어려서부터 알았던 꽃, 엄마가 심고 가꾸던 기억이 있는 꽃을 찾는 것이었다.

마을 밖에는 옥수수밭이 있었다. 우리는 괭이로 흙을 고르고 잡초를 베어낸 다음 옥수수를 심었다. 그리고 싹이 트면 솎아주고 잡초를 뽑고 소똥을 뿌렸다. 다 자라면 작물을 수확했다. 옥수수 알갱이는 가축에게 주고 옥수숫대는 부엌 화덕에 연료로 사용했다.

모든 일이 이런 식이었다. 버려지는 것은 없었다. 나뭇가지를 흔들어 호두를 따면 알맹이는 먹고 껍데기로는 불을 땠다.

플라스틱이 삶의 일부가 되려면 아직 오랜 시간이 흘러야 했다. 쓰레기란 쓸모를 찾지 못해 내다버리는 물건이라는 개념도 한참 뒤에나 알았으니까.

우리 집은 소를 기르지 않았지만 이웃집에 젖소가 있었다. 매일 아침 나와 언니는 빈 단지를 들고 이웃집 외양간으로 달려갔다. 그리고 따뜻한 우유를 채워와서 아침 식사 때 마셨다. 남은 우유로는 케피르(Kefir, 발효우유)를 만들었다. 우유를 다 마신 컵에 물을 부으면 생기는 탁한 물은 돼지 밥통에 부어주었다. 이 돼지는 뭐든 가리지 않고 먹어치웠다.

하루 일과를 준비하는 분주한 아침 시간에 (실내 공기가 너무 차가워서 입김이 보였다) 우리는 작은 라디오를 들었다. 매일 아침 아나운서는 그날이 누구의 "영명 축일"인지 알려주었다. 1년 365일 매일 다른 사람의 이름을 기념했다. 2월 19일은 주잔너, 11월 19일은 에르제베트. 좋은 아침입니다. 라디오의 목소리가 말한다. 오늘은 10월 2일, 페테르의 영명 축일입니다. 그리스어로 돌 또는 바위라는 뜻이고……. 학교에 가면 다 같이 영명 축일을 맞은 사람이 좋은 하루를 보내기를 빌었다. 이것은 좋은 방법이다. 우리 중 몇 명이나 자기 인생에 들어온 사람들의 생일을 알겠는가? 하지만 이름을 알면 적어도 그 사람의 영명 축일에 그 사람의 행복을 빌어줄 수 있으니.

태어나서 처음 10년 동안은 집 밖에 있는 변소를 사용했다. 밤에, 특히 추운 겨울에는 요강에 오줌을 누었다. 내가 아는 사람들이 거의 다, 적어도 내가 어렸을 때는 그렇게 살았다.

우리 집에는 수도가 아예 없었다. 대신 마당에 우물이 있었고, 그것은 이웃들도 마찬가지였다. 나는 가끔 우물 가장자리에 몸을 기울이고 깜깜한 물속을 쳐다보면서 살갗에 스며오는 차갑고 축축한 공기를 느꼈다. 여름에는 이 우물을 냉장고 삼아 음식이 상하지 않게 수면 가까이 담가두었다. 겨울에는 집 전체가 냉장고였다(한파가 한창일 때는 달걀이 얼지 않게 침대 밑에 보관했다).

우리는 우물에서 퍼온 물로 동물을 먹이고 식물에 물을 뿌렸다. 하지만 센물이라 사람이 마시거나 목욕하거나 설거지하는 데에 쓸 수는 없었다. 그래서 아버지는 매일 가까운 공동 수도로 가서 양동이 두 개에 물을 가득 받아 긴 나무 막대 양쪽에 잘 걸어서 어깨에 짊어지고 왔다. 언니와 나는 작은 통을 들고 아버지를 따라가서 물을 받아왔다. 일주일에 한 번씩 이 물을 데워서 얕은 욕조에 붓고 그 안에 들어가서 목욕을 했다.

동네 사람들은 이 공동 수도에 모여 서로 소식을 전하고 소문을 주고받고 일상의 기쁨과 불만을 나누었다. 이곳은 나에게 최초의 대화방이자 원조 정수기였다(현대 직장인들이 주로 정수기 앞에서 잡담하는 것을 빗댄 말/옮긴이).

가끔 동네에 커다란 말을 타고 등장하는 사내가 있었다. 그는 마을 외곽에 사는 사람들까지 모두 들리게 북을 세게 치면서 관공서에서 전달하는 사항을 알려주었다. 이 사람은 공식적인 소식통으로, 어떤 지역에서는 그리오(griot. 민족의 구전 설화를 이야기나 노래로 들려주던 사람/옮긴이) 또는 포고꾼이라고 불렸다.

"다음 주 화요일에," 그 남자가 쩌렁쩌렁 울리는 소리로 외쳤다. "닭 예방 접종 캠페인이 시행될 예정입니다! 이날은 모든 닭을 실내에 두고 한 마리도 빠짐없이 예방 접종을 할 수 있게 준비하시기 바랍니다!"

우리는 이 소식을 받아 적고 공동 수도에 가게 되면 사람들에게 알렸다. 혹여 포고꾼을 못 만난 사람이 있을까 몰라 서로서로 소식을 반복해서 알렸다. 그 얘기 들었어? 닭 예방 접종 말이야. 맞아. 다음 주 화요일. 닭을 집 안에 모아놓으라는군.

포고꾼이 전달한 대로 화요일이 되자 수의대 학생들이 우리 마당에 들어왔다. 언니와 내가 닭을 잡아다가 한 마리씩 건네면 학생이 접종했다. 내 생애 최초의 백신 운동이었다.

나는 어려서부터 주변 어디에서나 과학을 배웠다.

번식철에는 나무를 타고 올라가 새가 지은 둥지를 들여다보았다. 단단한 알이 어느새 털 없는 새끼 새가 되어 먹이를 달라고 입을 쩍쩍 벌리는 모습을 관찰했다. 새끼 새는 점점 깃털이 자라고 근육이 생기고, 이윽고 둥지를 떠나 땅을 쪼며 다녔다. 나는 황새와 제비가 바쁘게 날아다니다가 날씨가 추워지면 사라지는 것을 보았다. 새들은 봄이 오면 돌아와서 모든 주기를 처음부터 다시 시작했다.

언니와 나는 훈연실의 소시지에서 떨어지는 기름을 국자로 받아다가 냄비에 모았다. 매년 여름이 되면 어머니가 아주머니 한 분을 집에 모셔왔다. 나이가 지긋한 이 여성은 대대로 내려온 선조들의 지식을 전해주는 사람이었다. 우리는 아주머니가 시키는 대로 지방을 녹인 다음 그녀만이 이해하는 비율로 정확히 탄산나트륨과 섞었다. 그런 다음 행주를 덧댄 나무 상자에 그 혼합물을 붓고 굳을 때까지 기다렸다가 철사로 잘랐다. 이것이 비누였다. 우리는 그 비누로 목욕도 하고 얇게 깎아서 빨래할 때도 사용했다.

돌이켜보면 동네의 이 "비누 아주머니"가 내가 만난 최초의 생화학자였던 것 같다.

과학 수업은 또 있었다. 어느 여름, 텃밭에서 우리가 키우던 감자에 해충이 생겼다. 미국에서 콜로라도감자잎벌레*Leptinotarsa decemlineata*라고 알려진 이 곤충이 알을 낳아 부화하면 유충이 텃밭 전체에 퍼져서 줄기를 먹어 치우고 잎을 죄다 갉아 먹는

데, 손 놓고 있다가는 하나도 못 건질 판이었다. 부모님이 나한테 감자잎벌레 박멸 임무를 주었다. 나는 잎을 하나하나 뒤집어보며 숨어 있는 벌레를 한 마리씩 떼어내 냄비에 떨어뜨렸다. 이 벌레는 길이가 약 1.5센티미터이고 머리에는 반점이, 등에는 눈에 띄는 검은색과 흰색 줄무늬가 있었다. 벌레 자체가 성가신 것은 아니었지만 하나라도 놓치면 어느 틈에 알을 무더기로 낳고 거기에서 징그럽게 생긴 분홍색 유충들이 폭발하듯 기어나와 끈적거리며 돌아다니기 때문에 조심해야 했다. 나는 유충들도 보이는 족족 뜯어냈다.

이 일은 지루하고, 또 역겨울 때도 있었다. 하지만 내게 곤충학은 물론이고 생태계에 대한 훌륭한 선행 학습이 되었다. 여기에서도 버려지는 것은 없었다. 내가 모은 해충을 닭에게 던져주면 좋다고 받아먹었다. 감자잎벌레는 닭의 먹이가 되고, 닭은 우리의 먹이가 된다. 말 그대로 나 자신이 일부인 먹이사슬 학습이다.

할 일은 끝이 없었다. 언니와 나는 물을 길어다가 닭에게 먹이고 달걀을 꺼내왔다. 드물게 닭을 잡는 날이 오면 우리는 빗자루를 들고 이리저리 쫓아다녔다. 우리는 설거지를 하고 **빨래를** 했다. 우리 집에서 걸어서 30분 거리에 사시는 할머니는 마당에 불두화, 수염패랭이꽃, 장미, 다알리아, 밀짚꽃, 튤립, 글라디올러스, 작약을 길렀는데, 일주일에 두 번씩 꽃을 꺾어서 시장에 내다 파셨다. 우리는 할머니가 꽃을 자르고 준비하는 일을 도왔다.

할머니가 이 꽃들의 이름을 말해주지 않았더라도 나는 마음으로 배웠을 것이다. 5학년 때 받은 헝가리 식물 도감에는 헝가리의 여성 식물학자이자 화가인 베러 처포디Vera Csapody가 그린 아름다운 수채화 삽화가 실려 있었다. 나는 이 책에 빠져서 몇 시간이고 책장을 넘기며 화려한 꽃잎, 둥근 알뿌리에서 나오는 실뿌리, 잎의 얼룩무늬와 줄무늬를 보고, 또 외웠다.

우리 집에도 전기가 일부 들어왔다. 전구 두어 개를 켜고 전축과 라디오를 틀 수 있을 정도였다. 부모님은 음악을 사랑하는 분들이었다. 엄마는 저녁을 준비할 때나 빵을 구울 때 음반을 들었다. 엄마는 어떤 빵이든 구울 수 있었고, 특히 엄마의 케이크는 예술이었다. 촉촉하고 맛있고 장식까지 완벽했다. 그중에서도 내가 가장 좋아하는 것은 거위발 케이크lúdláb torta였다. 겹겹이 크림과 건포도를 넣고 초콜릿 글레이즈로 겉을 바른 일종의 스펀지케이크였다.

언니는 나보다 부엌일을 훨씬 잘했다. 열 살에 이미 혼자서 케이크를 구울 수 있었으니까. 나는 부엌일에 서툴렀고 관심도 별로 없었다. 그래서 우리는 일찌감치 일을 분담했다. 나는 불을 피웠고, 언니가 음식을 하면 내가 설거지를 했다.

아버지도 음악을 사랑했다. 오페라 테너인 임레 보이토르Imre Bojtor의 노래와 헝가리 전통 음악인 마자르 노터Magyar nóta를 특히 좋아했다. 아버지는 목소리가 끝내주게 멋있었을 뿐 아니라 멜로디에도 천부적인 재능이 있었다. 노래를 기가 막히게 잘 불렀고 바이올린과 치터(zither. 줄을 뜯어내듯 연주하는 민속 악기/옮긴이) 연주 솜씨도 최고였다. 아버지는 언제 어디서나 힘차게 노래를 불렀다.

아버지는 딸들에게 자신의 음악적 재능을 물려주려고 무던히 애썼지만 어쩐지 나와 언니 둘 다 영 소질이 없었다. 우리 목소리는 음정을 따라잡지 못했고 손가락은 바이올린 현을 제대로 짚지 못했다. 그래도 듣는 것은 좋아했다. 당시 우리가 아는 모든 사람처럼 우리도 조란 스테버노비치Zorán Sztevanovity가 이끄는 메트로라는 밴드를 좋아했다. 하지만 우리더러 음악을 하라고? 음악은 그냥 우리가 할 수 있는 영역이 아니었던 것 같다. 어느 시점이 되자 아버지도 단념했고 우리 없이 음악을 연주했다.

아버지한테는 다른 재능도 있었다. 암산으로 두 자릿수 곱셈을 계산했는데 우리가 문제를 내자마자 바로 정답을 말했다. 나와 언니는 어린 시절 내내 수시로 아버지를 시험했지만 거의 실수한 적이 없었다. 이것도 나에게는 수학을 넘어서는 교훈을 주었다. 지능과 학력은 동일한 것이 아니라는 것, 졸업장이 없어도 민첩한 두뇌를 가질 수 있다는 것이었다.

살면서 나는 모든 사람이 이 사실을 안다고 생각했다. 너무 당연해서 배울 필요도 없다고 말이다. 나중에 학계에서 일하기 시작하면서 뒤늦게야 그렇지 않다는 것을 깨닫게 되었다.

아홉 살 때, 부모님은 다 무너져가는 진흙 벽돌집을 한 채 구입했다. 100년이나 된 이 집은 너무 낡아서 도저히 그 안에서는 살 수 없었다. 하지만 이 집을 지은 자재를 해체해서 종류별로 보관했다가 새 집을 지을 때 사용할 수는 있을 것 같았다.

어느 여름, 언니와 아버지, 그리고 내가 그 일을 했다. 우리는 지붕에 슬레이트를 고정한 못을 빼서 모았다. 이 오래된 청동 못은 상점에서 파는 싸구려 알루미늄 못보다 훨씬 품질이 좋았다. 나와 언니는 구부러진 못을 재활용할 수 있게 망치로 때려서 똑바로 폈다. 우리는 지붕에서 오래된 슬레이트 타일을 뜯어내서 닦은 다음 잘 정돈해서 쌓아두었다. 오래된 판자는 사포질을 해서 새것처럼 만들었다. 땅에 구덩이를 크게 파고 그 안에서 점토와 짚을 물과 잘 섞으면 진흙이 되는데, 아버지가 그것을 벽에 발라 매끄럽게 폈다. 나는 우리 집에서 몸집이 가장 작았기 때문에 지붕에 올라가서 아버지의 손이 닿기 어려운 곳에 들어간 다음, 아버지가 보여준 대로 천장 판자에 못질을 하고 그 위에 진흙을 발랐다.

마침내 우리가 새집으로 이사를 갈 때쯤 나는 열 살이었고, 이 집에서 내가 모르는 구석은 단 1센티미터도 없었다.

이것들이 정말 모두 노동이었을까? 우리는 어려서 일만 하고 살았던 것일까?

확실한 것은 어린이들한테 노는 시간이 있었다는 것이다. 동네 비포장 흙길에는 함께 뛰어노는 또래 아이들이 많았다. 여름이면 가게 놀이를 했다. 나는 꼬마였기 때문에 손님 역할을 맡

앉고 언니와 언니 나이의 다른 소녀들은 가게 주인이 되었다. 우리는 학교 놀이도 했다. 언니들은 선생님이었고 나는 학생이었다. 나는 언니들이 주는 숙제를 진짜 학교 숙제인 것처럼 열심히 했다.

겨울이면 눈밭에서 놀았고 여름에 큰비가 내리면 도로의 물웅덩이에서 첨벙대며 놀았다.

하지만 나도 그랬고, 아마 내가 아는 모든 아이들이 그랬을 테지만, 우리는 어디까지가 일이고 어디서부터가 놀이인지 구분할 수 없었고 책임과 즐거움을 가르지도 못했다. 그 경계는 모호하고 흐릿했다. 일은 고생스러웠지만 또 즐거웠다. 우리는 가정에 보탬이 되었고 또 그만큼 돌려받았다.

과학자의 길로 나를 준비시킨 어린 시절의 모든 가르침 중에서도 내 생각에 가장 중요했던 것은 일과 놀이가 서로 뒤엉켜 하나가 된다는 사실이었다. 그 둘을 구별한다는 생각 자체가 무의미해질 때까지.

동유럽 어느 도시 중심가에 있는 작고 진기한 정육점을 상상해보자. 겨울 아침, 아이들이 점포 바깥에 모여 얼굴을 진열장 유리에 바짝 대고 있다. 아이들이 무엇을 보고 있는 것일까?

자, 당신의 발이 아이들이 있는 쪽으로 향한다. 자갈길 위로 발걸음을 옮겨 창문 안을 직접 확인한다. 누군가 가게 안에 설경을 꾸며놓았다. 겨울 풍경이다. 진저브레드 하우스와 크게 다르지 않지만 이 전시품은 구운 과자와 사탕이 아닌 고기로 만들었다. 눈 덮인 지붕은 돼지비계이다. 울타리는 줄줄이 연결된 소시지이고, 고드름은 서서히 흘러내리는 소의 지방이다.

푸주한인 나의 아버지가 정육점 주인과 함께 이 풍경을 창조한 장본인이다.

나는 이 창문 안을 직접 본 적이 없었지만, 어릴 적에는 상상하는 것만으로도 설렜다. 아버지는 키슈이살라시 아이들이 모두 몰려와서 구경했다면서 내게 자세히 설명해주었다. 나는 내 코가 창문을 짓누르고, 내 입김이 유리에 반투명한 원을 그리며 들여다보는 것처럼 정육점 내부의 풍경을 훤히 그릴 수 있었다.

내가 그곳에 갈 수 있는 나이가 되었을 때는 정육점이 더 이상 전시를 하지 않았다.

아버지는 열두 살에 처음으로 도축을 배우기 시작했다. 학교에 다닌 적도 있었는데, 1932년에 6년의 의무 교육을 마쳤고, 그때부터 지역 장인에게서 도축 기술을 배웠다. 그후 집을 떠나 부다페스트로 가서 더 전문적인 기술을 연마했다. 할머니는 아들에게 늘 이렇게 말씀하셨다. 돼지 잡는 법을 배우면, 평생 굶어 죽는 일은 없을 게다.

할머니의 논리는 과장도 망상도 아니었다. 그때는 제1차 세계대전의 여파가 남아 있던 시기였고, 기근이 유럽 대륙을 휩쓸었다. 전쟁 패전국이었던 헝가리는 나라 전체가 황폐해졌다. 당시 누구에게나 그랬듯 어린 시절 내내 굶주림은 아버지의 발끝을 따라다녔다.

아버지 야노시 커리코János Karikó. 이것이 내가 처음부터 알았던 아버지의 이름이지만, 아버지는 태어나서 한동안은 전혀 다른 이름으로 불렸다. 커리코는 할머니의 처녀 때 성이었다. 할머니는 라슬로 벌로그흐László Balogh라는 남자와 결혼했는데, 당시 많은 헝가리인들이 그랬듯이 그도 제1차 세계대전에 참전했다. 그는 1917년에 키슈이살라시를 떠난 후 다시는 돌아오지 않았다. 남편이 떠난 직후 할머니는 부유한 집에 일을 봐주러 다녔다. 그 집에는 마침 할머니 또래의 젊은이가 있었다.

그리고 1920년에 아버지가 태어났다.

다시 정리해보자. 할머니의 남편은 1917년에 전쟁터로 떠나서 돌아오지 않았고, 할머니의 아들은 1920년에 태어났다. 이쯤 되면 아마 상황이 짐작될 것이다.

할머니의 법적 시댁인 벌로그흐 가문은 추문 속에 태어난 혼외 자식과 얽히고 싶어하지 않았다. 아이든 그 어미든 벌로그흐라는 이름으로 불릴 자격이 없다고 생각했다.

아버지의 생물학적 가족이자 할머니의 고용인 역시 아버지를 가족으로 받아주지 않았다. 그래서 아버지가 태어나고 10년 뒤에 할머니는 아버지의 성을 커리코로 바꾸었다.

다니던 학교에 벌로그흐라는 성으로 등록되었든, 친구와 선생님이 아버지를 벌로그흐로 알고 있든, 벌로그흐가 아버지가 아는 자신의 이름이든 그것은 중요하지 않았다. 어쨌든 앞으로는 커리코로 살아야 했다.

그것이 아버지가 일찌감치 터득한 인생의 커다란 교훈이었다. 상황은 언제든 급변할 수 있다는 것. 고로 빠른 판단력을 유지하는 것이 중요하다는 것 말이다.

아버지는 부다페스트에서 청소년기를 보내면서 직업 훈련을 받았다. 그런 다음 열여덟에 고향으로 돌아와 키슈이살라시 어느 거리 모퉁이에 있는 최고의 정육점에 취직했다.

아버지는 그곳을 정말 좋아했다. 가게 주인은 모든 면에서 고객에게 최고만 제공하는 사람이었다. 사업을 시작하기 전에 그는 이탈리아를 여행하며 가장 아름다운 수공예 타일을 구해 가게 벽을 장식했다. 주인은 좋은 것을 볼 줄 아는 안목이 있었고, 그런 그가 아버지를 고용했다.

두 사람은 가게를 아주 잘 운영했다. 그들은 최상의 고기만 선별했고, 잘 잘라서 정성껏 포장하고 묶었다. 이들은 고객에게 성심을 다했고 그 대가로 고객은 의리를 지켰다. 아버지는 그런 것이 사람이 사는 방식이라고 입버릇처럼 말씀하셨다. 당시 사람들은 자기 일에 자부심이 있었다. 나는 아버지의 이야기 속에서 그 자부심을 들을 수 있었다. 그러나 아쉬움도 함께 묻어나왔다.

그것은 아버지가 내게 저 이야기를 들려줄 무렵에는, 세상이 너무 많이 달라져 있었기 때문이다.

제2차 세계대전 발발 직전인 1940년에 아버지는 왕립 헝가리 방위군에 입대했고, 키슈이살라시로 돌아왔을 때는 모든 것이 바뀌어 있었다.

제2차 세계대전 직후 헝가리는 짧은 기간 민주주의를 시험했다. 그러다가 1947년에 공산당이 공개적으로 정권을 장악했다. 당은 제조업, 교육, 금융, 교통 체계를 국유화하고 토지를 집산화했다. 저택은 모두 몰수해서 집주인을 내보내고 대신 여러 가족이 살게 했다. 개인 사업체는 공유 자산이 되었다. 아버지가 일하고 그토록 애정을 쏟았던 정육점도 압수되었다.

지금까지 쌓아온 모든 일, 아끼던 모든 것이 사실상 하룻밤 사이에 사라졌다.

전쟁 후 11년 동안 헝가리의 지도자는 열렬한 스탈린주의자이자 전체주의자인 마차시 라코시Mátyás Rákosi였다. 그는 공공연하게 자신을 "스탈린의 최고 학생"이라고 부르는 사람이었다. 이때가 헝가리의 암흑기였다. 라코시는 마을에 비밀경찰을 심었다. 사람들에게 이웃을 감시하고 당의 정책에 어긋나는 범죄를 저지르면 보고하게 했다. 대량 체포, 허위 재판, 정치적 "정적"의 처형을 수없이 주도하여, 그가 집권하는 동안 10만 명의 시민이 감옥에 들어간 것으로 추산된다. 그것도 모자라 많은 사람들이 강제노동 수용소에 보내졌다.

이 시기에는 다른 변화도 있었다. 당은 전쟁 후에 각 가정에 남아 있는 가축들을 몰수하고 집에서 개인적으로 돼지나 소를 잡지 못하게 했다. 사적으로 가축을 기르거나 도살하는 일은 장기 감옥형을 받을 수 있는 심각한 범죄였다.

아버지의 생업인 도축을 이제 나라가 독점했다.

동네 사람들이 "야노시 삼촌"이라고 친근하게 부르던 아버지는 집단 농장의 정육점에서 일하기 시작했다. 전국에 이런 조합이 많았다. 각 조합은 토지와 노동력을 모아 옥수수, 밀, 쌀 같은 작물을 함께 경작하고, 가축을 공동으로 키우고 도축했다. 수확물의 일부는 조합원에게 분배되고 나머지는 사과나 사탕무같은 다른 조합의 작물과 바꾸었다.

아버지는 이제 공식적으로 조합을 위해서만 일했다. 그러나조합은 가정의 수요를 충족하지 못했고, 그래서 식량 부족에 허덕였다. 법이 어떻든 먹어야 살지 않겠는가.

키슈이살라시뿐 아니라 전국에 있는 모든 가정이 몰래 가축을 길렀다. 그래서 아버지는 음지로 내려가 개인적으로 도축을계속했다. 하지만 전쟁 후 몇 년은 믿을 수 있는 사람들을 위해서만, 그것도 대개는 밤의 어둠을 틈타 비밀리에 작업했다.

위험한 일이었기 때문에 아이들은 도축 작업 중에 거리에서망을 봤다. 누가 오면 빨리 달려가 집안의 어른에게 경고했고그러면 다들 서둘러 증거를 감췄다.

아버지는 밤을 새우는 적이 많았다. 가장 어두운 시간에 일을시작해서 동이 틀 무렵이면 모든 것은 평소와 다름없어졌다. 그렇게 하루 중의 불법적인 시간이 끝나면 아버지는 조합에 출근해 공식적인 업무를 시작했다.

이 조합에서 아버지와 엄마가 만났다.

엄마는 감상적인 면이라고는 전혀 없는 아주 현실적인 여성이었는데, 엄마의 배경을 보면 그럴 만했다.

내가 외가에 대해서 알고 있는 가장 오래된 이야기는 1934년으로 거슬러간다. 엄마의 증조할아버지와 증조할머니는 살해당했다. 이 사건에 대해 달리 더 할 말은 없다. 누가 왜 그런 범죄를 저질렀는지 알지 못한다. 내가 아는 것은 카로이 사스Károly Szász와 그의 아내는 갑작스럽게 목숨을 잃었고, 남은 사람들은 진실을 모르는 채로 살아가는 법을 배웠다는 것뿐이다.

한 세대를 넘어가서, 엄마의 할아버지인 페렌츠 오로시Ferenc Oros(살해당한 부부의 사위)는 제1차 세계대전에 참전했다. 그가 전선으로 떠난 지 얼마 되지 않아 1916년에 그의 아내이자 내 증조할머니인 주잔너 사스Zsuzsánna Szász는 남편이 죽었다는 통보를 받았다. 멀리 떠난 남편의 사망 소식에 충격을 받은 증조할머니는 결국 총으로 자기 목숨을 끊었다. 증조할머니는 다섯 아이를 두고 떠났는데, 아이들의 나이는 여덟 살부터 열다섯 살까지였고 그중 한 명이 당시 열한 살이던 외할머니였다.

그러니 전쟁이 끝나고 페렌츠 오로시가 버젓이 살아서 돌아왔을 때 모두 얼마나 큰 충격을 받았을지 짐작할 수 있으리라. 그의 사망 통보는 잘못 발송된 것이었다.

또 한 세대를 넘어가면, 우리 외할머니 주잔너는—나는 할머니를 너지머머Nagymama라고 불렀다—할아버지와 결혼해 키슈이살라시 외곽의 작은 농장에 정착했다. 두 사람은 작물을 심고 오리를 기르며 살았고, 세 딸을 낳았다. 첫째가 1926년에 태어난 큰이모 에르제베트, 둘째가 1929년에 태어난 엄마 주잔너(맞다, 주잔너는 엄마의 이름이자, 외할머니의 이름이자, 언니의 이름이자, 내 사촌의 이름이다), 마지막이 1938년에 태어난 막내 이모 일로너이다.

그러나 할아버지는 아들을 원했다. 그래서 셋째도 딸임을 알자, 그 길로 짐을 싸서 떠났다. 졸지에 딸 셋과 거위 떼만 남은 싱글맘이 된 할머니는 열심히 농장을 운영하며 생계를 이어갔다. 할머니는 딸들을 한 시간 거리에 있는 학교에 보냈는데, 겨울이면 잔인할 정도로 추웠고 위험하기까지 했다. 그래도 엄마는 8학년까지 마쳤다. 엄마 같은 환경에서 자란 여자아이치고는 정말 많이 배운 것이었다. 엄마는 열네 살이 되던 1943년에 마을에 있는 죌디 약국에 취직했다. 제1차 세계대전이 일어난 지 고작 한 세대가 흘렀을 뿐인데 또다시 전쟁이 시작되었다.

1943년 가을, 할머니는 거위를 팔아서 도심으로 이사했다. 전쟁 중에는 사람이 많은 곳일수록 안전하다고 생각했기 때문이다. 얼마 지나지 않아 독일이 헝가리를 침공했다. 그리고 또 러시아 군대가 와서 독일과 싸웠다. 키슈이살라시는 러시아와 부다페스트를 연결하는 길목에 있었기 때문에 끝없이 싸움을 목격해야 했다.

엄마는 전쟁 기간 내내 약국에서 일했지만 상황이 최악이던 시기에는 너지머러, 언니, 동생과 함께 이웃집 지하 저장고에 숨어서 지냈다. 그리고 조심스럽게 바깥세상에 나왔을 때는 그들의 새집이 불타버린 것을 보았다.

불이 꺼지고 남은 것이라고는 본채에서 떨어진 작은 별채뿐이었다. 원래 가축을 기르려고 지은 건물이었기 때문에 더럽고 지저분했다. 하지만 할머니는 최대한 집처럼 보이게 고치고 그곳으로 이사해서 남은 평생을 사셨다.

아, 평생은 아니다. 집이 불에 타버린 지 얼마 되지 않아 러시아 병사들이 할머니를 찾아와 식사를 준비해줄 사람이 필요하다고 했다. 그들은 할머니더러 러시아 군이 점령한 저택에서 지내며 고위 관료를 위한 요리를 만들어달라고 부탁했다. 그들이 정말로 할머니한테 "부탁한다"고 말했을 수는 있지만 그렇다고 할머니에게 선택권이 있었던 것은 아니었다. 그 시절에 붉은 군대를 거절할 수 있는 사람은 없었다.

러시아 관료들은 할머니를 잘 대우해주었다. 할머니가 늘 말씀하시기로, 그들은 대단히 친절했고 할머니를 공경했다. 얼마나 다행인가. 역사에는 비슷한 상황에서 전혀 다른 방향으로 흘러간 이야기가 아주 많으니까.

나중에 엄마는 나에게 그 시절의 기억 하나를 말해주었다. 당시 엄마는 열다섯 살이었고 평소처럼 약국으로 출근하고 있었다. 부서진 채 거리에 버려진 러시아 탱크 옆을 지나치는데 거기에 한 죽은 병사가 누워 있었다. 가서 보았더니 기껏해야 엄마 나이 또래, 어쩌면 더 어려 보이는 소년이었다.

소년. 이토록 세상을 무참히 파괴한 군대를 대표한 것이 이 죽은 병사였다고 엄마가 말했다. 하지만 그는 그저 어린 소년이었다.

역사는 아이들이라고 해서 비껴가지 않는다.

엄마는 이런 일들이 다 벌어지고 난 이후에 집단 농장에서 일을 시작했다. 그곳에서 엄마는 사무를 보면서 장부를 작성하고 재고를 관리하고 수익과 부채, 거래 명세를 계산했다.

엄마는 8학년까지밖에 다니지 못했지만 영민했고 유머 감각이 뛰어났다. 아무리 작은 것도 놓치는 법이 없었고, 야심이 있었으며, 열심히 일했다. 엄마는 평생 오만가지 책을 읽었다. 특히 전기와 논픽션을 좋아했고, 21세기까지 계속된 격변의 세상에서 매번 잘 적응할 수 있게 도운 깊은 호기심이 있었다(여든이라는 나이에도 엄마는 첨단 기술에 빠삭해서 텔레비전에서 쇼를 보는 동안 다른 채널을 녹화하게 프로그램까지 할 수 있었다. 인터넷에서 찾지 못하는 정보가 없었고, 그래서 매일 내게 전화해 내가 실험을 하느라 듣지 못한 세상 소식을 전해주었다).

아버지는 집단 농장에서 엄마를 보고 이 여성이 얼마나 영리하고 아름다운 사람인지 금세 알아차렸다. 그래서 바로 엄마한테 빠져들었다. 아버지의 호들갑스러운 성격이 연애 중에도 고스란히 드러났다. 아버지는 자기 집 뒤뜰에서 라일락을 가지째 잘라다가 엄마네 집으로 싣고 갔다. 그리고 그 채로 현관 앞에 두고 가는 바람에 식구들이 밖에 나올 수 없게 만들었다. 두 분은 그 일을 두고두고 웃으며 이야기했다.

부모님은 만난 지 몇 개월 만에 결혼했다. 당시에는 연애 기간이 그렇게 길지 않았다. 나는 결혼식 날 교회에서 다들 신랑이 잘생겼다며 입을 모아 칭찬했다는 이야기를 아버지한테서 들은 기억이 있다. 하지만 막상 결혼사진을 보았을 때, 너무나도 사랑스러운 엄마의 모습에 깜짝 놀랐다. 사진 속 엄마에게는 부드러움과 강인함이 둘 다 보였다. 하지만 아마 강인함이 더 필요했을 것이다. 부모님 앞에는 더 많은 난관들이 기다리고 있었으니까.

아버지는 그다지 이념적인 사람이 아니었다. 천성이 불손해서 바깥세상에서 무슨 일이 일어나든 어디에서나 유머 감각을 발휘했고 사람들을 웃게 했다.

전후 헝가리에는 어느 곳을 가든 공산주의 지도자 동상이 하나쯤 있었다. 예를 들면 집단 농장 정육점에도 라코시의 동상이 있었다. 그런데 라코시는 대머리였다(실제로 사람들은 라코시를 "대머리 도살자"라고 불렀다. 물론 아버지 같은 푸주한을 말한 것은 아니었을 테지만). 그리고 정육점은 항상 추웠다. 그래서 아버지는 화려한 스카프로 아이들한테나 어울릴 모자를 만들어서 동상 머리 위에 얹어놓았다. 정육점에 들어오는 사람마다 왜 동상이 모자를 쓰고 있냐고 물으면, 아버지는 "이 안이 너무 추워서요. 높으신 분이니 따뜻하게 계셔야죠"라고 대답했다. 사람들은 웃었다. 그리고 긴장을 풀었다.

그러나 아버지의 농담에는 뼈가 있었다. 공산주의 아래에서 경제는 크게 휘청거렸다. 기초적인 생활조차 보장되지 않았다. 밀가루, 설탕, 빵, 고기 같은 기본적인 생필품도 배급되었는데,

모자라기 일쑤였다. 배를 곯는 사람이 흔했다.

또한 아버지는 공산주의자들이 사회를 장악하는 바람에 세상이 온통 기능 중심의 싸구려가 되었다고 분개했다. 아버지는 당이 평범한 시민의 재산을 빼앗은 것을 좋게 보지 않았다. 비록 자신은 몰수될 만한 것을 소유하지 않았지만, 그래도 옳고 그름은 분간할 수 있었다. 우리와 함께 마을을 걸어갈 때면 아버지는 어느 건축가가 지었다는 아름다운 저택을 아련한 눈으로 쳐다보곤 했다. 그러면서 그 건축물에 사용된 보와 못과 이음과 들보의 미묘한 차이를 자세히 설명해주었다. 아버지는 우리에게 이렇게 말했다. "저 저택은 앞으로 400년도 넘게 저기 저렇게 서 있을 거야." 그러고는 고개를 저었다. "그런 집을 빼앗다니. 제 손으로 집을 지은 사람을 내쫓고 생판 모르는 사람이 들어가서 살게 하는 건 말도 안 되는 일이야."

아버지는 집단 농장의 회합이 쓸데없는 시간 낭비라면서 질색했다. 한 회합에서는 지도자를 찬양하는 노래를 하라고 했다가, 또 다음 회합에 가면 그 사람의 치부가 드러나는 바람에 천하의 나쁜 놈이 되었다.

누가 들어오고 나가고, 누가 좋은 사람이고 나쁜 사람인지 일일이 꿰고 있기는 힘들었다. 아버지는 우린 저 작자들이 누군지조차 모른다고 말했다. 이곳 키슈이살라시에서 사람들은 모두 자기 힘으로 벌어 먹고 살았다. 그들에게는 먹여 살려야 할 가족이 있었다. 세상이 이데올로기 싸움으로 봉쇄되든 말든 아버지의 관심은 오직 우리 동네뿐이었다. 그리고 아버지는 무엇이 중요한지 알았다.

아버지는 고개를 저으며 이웃들에게 말했다. "그냥 집에 갑시다. 가족이 기다리고 있잖아요."

내가 태어난 지 1년 뒤인 1956년 10월에 부다페스트에서 역사적인 사건이 일어났다. 훗날 1956년 헝가리 혁명이라고 알려진 이 사건은 학생들로 구성된 소규모 시위자들이 공산당에 공개적으로 반기를 들면서 의회 건물로 향하는 행진을 시도한 것이 발단이었다. 수년의 독재와 경기 침체로 인해서 사람들은 개혁을 갈망했다. 그들은 헝가리에서 붉은 군대의 철수, 다수당 민주주의로의 귀환, 자유롭고 공개적인 언론, 헝가리 경제의 대대적인 개편 등을 요구했다.

시위자들은 희망을 품을 만했다. 몇 년 전에 스탈린이 사망했고, 이후 그의 "최고 학생"이었던 라코시가 강등되어 결국 소련으로 강제 망명했다. 헝가리 강제노동 수용소가 폐쇄되면서 정치범들이 풀려났고 비밀경찰의 수장이 체포되었다. 새로운 헝가리 지도자들은 삶의 수준을 개선하기 위해서 애쓰는 것처럼 보였다. 한편 다른 동유럽 국가인 폴란드는 개혁 정부를 선출하고 소련 군대의 퇴출을 성공리에 조율했다.

따라서 상황은 긍정적이었다.

당시 헝가리 시위자들의 영상을 온라인에서 볼 수 있는데, 그들은 어렸고 웃고 있으며 자신감에 차 있었다. 그런 낙관주의에는 강한 전염성이 있었다. 오래지 않아 시위에 참여한 군중의 수가 수십만으로 불어났다. 소비에트의 영향권에 있는 다른 나라들은 이렇게 모스크바에 맞서지 못했다.

결국 소비에트 탱크가 입성했다. 처음에는 소규모 충돌이었지만 무력 개입의 규모가 크게 확장되었다. 붉은 군대가 시위자들에게 발포하면서 수천 명이 죽거나 다쳤다. 1956년 봉기의 여파로 수만 명이 체포되었고, 2만2,000명이 재판을 받거나 수감되었다. 수백 명이 처형되었고 수만 명이 이 나라를 떠났다. 탈출하다가 국경에서 사형당한 사람도 부지기수였다. 최소한 17만 명이 오스트리아에서 시작해 결국에는 전 세계의 난민 캠프에 들어갔다.

반란은 진압되었다. 이 사실을 공개적으로 언급할 수 있게 된 것도 수십 년 뒤였다.

부다페스트에서 일어난 이 사건이 키슈이살라시에서는 멀리 떨어진 곳에서 벌어진 무관한 일처럼 여겨질 수도 있었지만, 아버지는 이미 산전수전 다 겪은 사람이었다. 상황이 어떻게 급변할 수 있는지, 이 조용한 마을에 어떻게 예고 없이 폭력이 들이닥칠 수 있는지 알았다. 아버지는 지역 방위대를 조직했다. 동네 사람들이 마을을 (비폭력적으로) 순찰하며 혹시 불안을 틈타 문제를 일으킬지도 모르는 사람들에게 눈에 띄는 존재가 되려는 의도였다. 그들의 메시지는 하나였다. 이곳에 폭력은 발을 붙일 수 없다. 또한 이 방위대는 문제가 생겼을 때 지역 주민들에게 신속하게 알리는 초기 경고 체계의 역할도 했다.

아버지에게는 무기가 없었다. 어떤 분쟁이 일어날 것이고 누가 그것을 부추길 것인지 섣불리 짐작하지 않았다. 아버지는 연설도 강요도 하지 않았다. 누군가를 타도할 생각이 없었고 그렇다고 누군가의 권력을 지키려는 시도도 하지 않았다. 오직 자기가 사는 동네를 안전하게 지키고 싶다는 생각밖에 없었다. 그러나 이런 혼란한 시기에는 거리에 나온다는 것 자체가 반란의 조짐이었다.

아버지는 당에 대항해 사람들을 선동한다는 혐의로 체포되었고 7개월의 징역형을 받았다. 그리고 혁명이 붉은 군대에 진압되고 불과 몇 개월 후인 1957년 2월에 아버지는 편지 한 통을 받았다.

키슈이살라시 농민 협동조합
키슈이살라시, 1957년 2월 9일
키슈이살라시 – 내선 번호 49
제목 : 계약 종료.
사건 번호 : 17/1957

야노시 커리코
키슈이살라시

헝가리 노동법 제29조 c항에 따라 1957년 2월 11일부로 귀하의 고용이 종료됩니다. 사유 : 키슈이살라시 농민 협동조합 이 사회는 1957년 2월 8일에 열린 회의에서 이상과 같이 결정했습니다. 농민 협동조합은 사회주의 건설 과정에 필요한 조직 및 교육 업무도 담당하고 있으며, 모든 고용인이 해당 과정에 참여해야 합니다. 귀하는 이 작업에 적합하지 않다는 것을 보였을 뿐 아니라 우리 체제를 반대하는 선동을 주도했기에 이런 결정을 내리게 되었습니다.

조합장 엘레크 비그흐

아버지가 잃은 것은 이 직장만이 아니었다. 당이 고용을 종료했다는 것은 다른 고용인도 아버지를 채용하면 안 된다는 말이었다. 아버지는 이제 공식적으로 어떤 직장도 가질 수 없게 되었다. 당은 아버지를 본보기로 삼아 자기들이 불순종 행위로 간주하는 행동을 시도한 것에 큰 불이익을 주었다. 아버지는 집에 어린아이가 둘이나 있다고 읍소하며 조합 임원들에게 재고를 간청했지만, 그들은 들은 척도 하지 않았다.

이제 정치적 부랑아로 전락한 아버지는 일용직 노동자가 되었다. 겨울에는 동네 사람들의 요청으로 그 집에 가서 비밀리에 돼지를 잡아 소시지를 만들고 훈제하는 일을 계속했다. 여름에는 밭이나 공사장에 나가서 일했다. 마을에 새로 지어지는 학교 건설 현장에서 벽돌을 올리고 벽과 천장에 진흙을 발랐다. 물론 아버지가 아주 잘하는 일이었다. 봄에는 먼 지역으로 가서 양털을 깎느라 몇 주씩 집을 비웠다. 모두 안정적이지 않은 임시직이었다. 그러나 아버지가 당이 내린 형을 살고 나온 후에도 키슈이살라시 사람들이 계속 아버지를 찾고 일거리를 주는 것을 보고 나는 아버지가 이곳에서 사랑받고 있다는 것을 알았다.

그리고 이 시기에 20여 년 전 이미 앞일을 내다본 할머니의 선견지명—푸주한이 되면 평생 밥 굶는 일은 없을 거라는—이 비로소 증명되었다. 우리는 굶지 않았다.

그렇게 세월이 흘렀다. 1961년에 아버지는 다시 합법적으로 취직하게 되었다. 술집이었다. 우리 가족은 아버지가 일을 나갈 때면 종종 따라나섰다. 다른 곳에서 하던 도축 작업의 마무리가 덜 끝났을 때는 엄마가 대신 가서 술집의 문을 열었다. 언니와 나는 테이블을 닦고 담배꽁초를 버리고 빈 병을 재활용했다. 또 커다란 술통에 튜브를 연결해 1리터짜리 병에 와인을 옮겼다. 가끔은 와인 맛을 보고 식초로 변했는지 확인하기도 했다. 요즘 같으면 있을 수 없는 일이지만 그 시절에는 아홉 살짜리가 와인 맛을 좀 본다고 해서 문제가 되지는 않았다.

맞다, 분명 어렵고 고된 시절이었다. 그러나 마냥 힘들기만 한 것은 아니었고, 사실은 대체로 힘들었다고 볼 수도 없다. 가장 배고픈 시절, 가장 어려운 시절에도 나는 많은 것을 가졌다.

내 이름 "커털린"의 영명축일은 11월 25일이다. 매년 그날의 공기는 상쾌했다. 미국에 있는 지금도 기온이 떨어지기 시작하면 내 영명축일이 다가온다는 생각에 흥분했던 기억이 새록새록 떠오른다.

우리 가족은 영명축일 일주일 전에 다 같이 훈연실에 갔다. 그리고 서로 도와가며 모두가 푸짐하게 먹을 양의 소시지를 만들었다. 재료는 마늘, 소금, 후추, 파프리카 정도가 전부였다. 돼지고기를 갈고 소시지 껍질로 쓸 창자에 공기를 불어넣고 그 안을 고기로 채운 다음 여러 번 꼬아서 소시지 사슬을 만들었다. 그렇게 만든 소시지를 훈연한 다음에 식히면 끝이다.

이런 큰 잔칫날에는 외할머니, 이모, 삼촌, 사촌들까지 총 스무 명의 가족이 우리 집 단칸방에 모두 모였다. 엄마가 음식 준비를 마치면 누군가는 어른들이 마실 술을 따랐다. 보통은 팔린커pálinka라는 그 지방에서 흔히 마시는 헝가리 전통 과실주를 마셨다.

우리는 세상에 공적인 대화와 사적인 대화가 있다는 사실을 오래 전에 배웠다. 바깥 세계에서는 누가 우리 이야기를 듣는지, 또 그 이야기를 빌미로 무슨 작당을 할지 알 수 없었다. 그러나 가족과 함께 있을 때는 무슨 말이든, 어떤 말이든 자유롭게 나눌 수 있었고 항상 큰 웃음이 따랐다. 한창 이야기가 꽃을 피울 때 엄마가 소시지를 내왔다. 우리는 커다란 냄비에서 고기를 퍼서 그릇에 담고 텃밭에서 키운 겨자무를 갈아서 곁들였다. 탁자 주변으로 향기롭고 맛있는 냄새가 소용돌이쳤다. 음식이 입에 들어가면서 육즙이 사방에 터졌다. 식사가 끝나면 엄마가 내온 각종 디저트를 먹었다. 아버지는 찬장에서 바이올린을 꺼내와 직접 켜거나 연주할 줄 아는 다른 가족에게 넘겼다. 사람들은 함께 노래했다.

나는 그 자리에 앉아 지금껏 살아남은 어른들을 둘러보았다. 그리고 그들이 겪은 모진 전쟁과 배고팠던 시절, 블랙리스트에 올라간 이야기들을 들으며 마냥 놀랐다. 비록 나이는 어렸지만 나는 자연스럽게 이런 생각이 들었다. 나한테는 부모님이 있고, 지붕 아래 내 몸 누일 곳이 있고, 발에는 신발을 신었고, 식탁에는 먹을 것이 있구나.

디저트까지 먹고 나면 아이들은 의자를 박차고 밖으로 나가 마당에서 술래잡기를 하면서 뛰어다녔다. 배는 부르고 공기는 시원했다. 우리는 나뭇잎과 흙의 냄새를 들이마셨고 얼굴에 차가운 바람을 맞았다. 집 안에서는 음악이 흘러나왔다. 더 필요한 것도, 더 바랄 것도 없는 순간이었다.

지금 나는 이렇게 내가 알았던 삶을 돌아보며 한없이 감사한다. 나는 그곳에 태어나서 행복하게 살았다. 그것이 내 삶이라서 행복했다. 아마 부모님도 한 번쯤은 다른 길, 더 쉬운 길을 갈망했을지도 모르겠다. 하지만 나로 말하자면, 나는 내게 필요한 모든 것을 가졌다. 어쩌면 그 이상으로 많은 것을 가졌을지도 모른다.

처음 들어간 학교에서 나는 키슈흐 커리코kish Karikó였다. "꼬마 커리코"라는 뜻이다. 항상 또래보다 키가 컸고, 심지어 나보다 몇 학년 위인 아이들보다도 컸지만, 그런 것은 상관없었다. 학교에서 나는 언니 조커의 뒤를 졸졸 쫓아다니는 어린 여동생이었다.

전교생이 언니를 알았고 좋아했다. 그래서 다들 나에게 잘해주었다. 처음부터 학교, 이 배움의 터전은 내 것이기도 하다는 사실이 분명했다.

키슈이살라시에는 일반 학교뿐 아니라 음악을 전문으로 하는 엘리트 음악 학교가 있었다. 부모님은 내가 그 특수 학교에 입학하기를 바랐다. 그러나 아무리 초등학교라도 소위 엘리트 학교에 들어가려면 노래든 악기든 남들에게 보여줄 수 있는 음악적 재능이 조금은 있어야 했다. 아버지가 그토록 애를 썼지만 언니나 나에게는 그런 재주가 없었다. 우리는 그냥 일반 학교에 어울리는 평범한 아이들이었다(내 인생 첫 번째 입학시험에서 떨어졌다는 뜻이다).

그러나 나는 처음부터 학교가 좋았다. 학교라면 모든 것이 좋았다.

입학하는 날, 나는 언니와 언니 친구들을 따라 깡충깡충 춤을 추다시피 뛰어서 학교에 갔다. 마을 중심가에 있는 교실 두 개짜리 이 건물은 일반 주택처럼 벽에 흰색의 회반죽이 발라져 있었는데, 학부모들(말하자면 마을 사람들 전체)이 와서 칠한 것이었다. 나는 학교 건물과 그 안에 있는 모든 것이 마냥 좋았다. 딱딱한 원목 의자도, 잉크 단지도(나는 잉크 방울이 종이에 떨어지지 않게 아주 조심했고, 얼룩이 번지면 처음부터 다시 썼다), 교실 벽에 붙은 포스터와 지도도 좋았다. 학교에 가면 일상복 위에 걸치는 짙은 파란색 상의도 너무 좋았다. 엄밀히 말해

교복은 아니었지만, 실은 교복이나 마찬가지였다. 이 푸른 상의
는 세상과 우리에게 배움이란 진지한 일이라고 알려주는 신호
같았다.

교실 앞에는 칠판이 있었고 뒤에는 겨울에 우리를 따뜻하게
맞아줄 커다란 석탄 난로가 있었다. 운동장 뒤로는 야외 변소가
있었다. 학교에도 수도는 없었다.

바깥세상에서는 공산주의 대 서유럽의 사상 대결이 한창이었다.
동유럽권 전역에서 헝가리 같은 국가는 자본주의에 대한 사회
주의의 우월성을 증명하고자 애쓰고 있었는데, 그 효과적인 방
법이 바로 교육이었다.

이 점은 확실하게 말할 수 있다. 나는 학교에서 제대로 교육
받았다. 아주 탄탄하게.

그러나 상황은 열악했다. 과거 1940년에서 1950년대 초반까
지 헝가리 인구는 정체되어 있었다. 전쟁 중에 거의 100만 명이
사망했고 그 직후에도 인구 성장은 침체 상태였다. 그에 대한
대책으로 급기야 헝가리 정부는 1953년에 임신 중절을 금지했
다. 또한 일련의 출산 장려 정책을 실시했다. 그 결과 1950년대
중반, 키슈이살라시를 포함해 전국에서 인구가 증가하기 시작
했다.

그러나 이곳도 헝가리의 다른 지역처럼 삶이 궁핍했다. 저 시
절에는 아기를 가졌다고 하면 주변 사람들은 걱정이 앞서서 제

대로 축하하지도 못했다. 저 아이는 어떻게 먹여 살리려고? 애를 키우려면 옷이랑 책이랑 신발이랑 필요한 게 한둘이 아닐 텐데 다 어떻게 감당하려나?

학교에서도 베이비붐이 문제가 되었다. 학생이 너무 많아진 것이다. 교실이 충분하지 않아 학교는 오전반, 오후반으로 나누어 운영되었다. 그러고도 우리 반에는 학생이 50명이 넘었다. 학생 수가 급격히 늘어나자 정부는 은퇴한 교사들까지 다시 학교로 불러들였다. 우리 엄마의 선생님이자, 할머니의 선생님이었던 머르기트 너지Margit Nagy 선생님이 내 2학년 담임이 된 것에는 이런 속사정이 있었다.

한 반에 50명이라고 하면 난장판이 된 교실을 상상하기 쉽다. 그런 환경에서 누가 배울 수 있겠는가? 그러나 우리는 수업 중에 조용히 기운을 아끼고 있다가 쉬는 시간이나 학교가 파하면 밖으로 나가 마음껏 에너지를 발산했다.

아이들에게 투자하는 또 한 가지 방법은 강력한 보건 시스템이다.

우리 마을에는 훌륭한 의사들이 있었다. 이들은 각 가정에 전화를 걸거나 직접 모터사이클을 타고 집집마다 돌아다니며 비타민, 필요한 경우에는 항생제 등을 배급해 아이들이 튼튼하게 자라게 했다.

더 광범위한 보건 사업도 있었다. 내가 유치원에 다닐 때 선생님이 반 전체 아이들을 줄을 세우고 학교 바깥으로 행진시켜

도심을 지나 병원으로 데려갔다. 거기에서 우리는 길게 줄을 서서 기다리다가 한 사람씩 가서 물약 한 숟갈을 받아먹었다. 세이빈 경구용 소아마비 백신이었다.

소아마비는 폴리오 바이러스polio virus라는 전염성 강한 바이러스가 옮기는 잔인한 질병으로, 특히 아이들에게 위험하여 엄마라면 이 병을 모르는 사람이 없었다. 폴리오 바이러스 유행은 끔찍했고 누가 걸릴지 예측할 수 없었다. 증상이 전혀 없는 아이들이 있는가 하면, 고열, 두통, 피로, 소화불량처럼 다른 바이러스성 감염의 전형적인 증상이 나타나는 아이들도 있었다. 하지만 만약 폴리오 바이러스가 은밀하게 신경계까지 침투하면 마비와 호흡 곤란을 일으키고 심지어 목숨까지 위협했다.

이 바이러스에 논리 같은 것은 없어 보였다. 왜 어떤 아이들은 아무 탈 없이 지나가고, 어떤 아이는 평생 걸을 수 없게 되는가? 왜 어떤 아이는 미열에 그치고, 어떤 아이는 평생 마비된 채로 지내야 하는가?

이 시대의 부모들은 소아마비의 공포가 없는 세상을 상상할 수 없었다. 그래서 소아마비 백신이 개발되었을 때(처음에는 주사로 접종하는 소크 백신이었고, 나중에는 접종이 수월한 세이빈 백신으로 바뀌었다) 당은 헝가리 아이들의 예방 접종에 적극적으로 나섰다. 당의 노력은 모든 면에서 칭찬할 만했다. 내가 열네 살이던 1969년에 마지막 소아마비 환자가 나왔는데, 미국보다 10년, 영국보다 15년 먼저였다.

그러나 지방에서는 예방 접종의 혜택이 제때 미치지 못한 가

정도 있었다. 우리 반 친구의 남동생은 소아마비에 걸려서 평생 다리에 교정기를 차고 힘들게 걸어야 했다. 약국에서 일하던 시절 엄마의 기억에 강하게 남은 일이 있다. 하루는 소아마비에 감염된 아이의 가족이 약을 타러 약국에 들어왔다. 그 사람이 나가고 나자 약국 주인이 엄마를 시켜서 피부가 갈라지고 손에 피가 맺히도록 구석구석을 표백제로 닦게 했다. 약사의 가족이 같은 건물에 살았는데 그에게는 어린 아들이 있었다. 그는 자식을 보호해야 했다.

그는 두려워했다. 모두가 마찬가지였다.

그 시절에는 예방 접종이 많았다. 나는 학교에서 결핵 예방을 위한 BCG 주사를 맞은 기억이 있다. 특이하게 우리는 병원을 두 군데나 갔다. 첫 번째 병원에서 먼저 예방주사를 맞고 두 번째 병원에서 의사가 우리의 피부를 긁는다. 그 자리가 붉게 변하지 않으면 주사를 한 번 더 맞아야 했다. 우리는 줄을 서서 서로의 긁은 자국을 비교했다. 넌 붉게 변했어? 나 좀 봐, 하나도 빨개지지 않았어. 너는 어때?

우리에게 주어진 혜택은 백신만이 아니었다. 가끔씩 학교 전체, 또는 반 전체가 단체로 치과나 소아과에 갔고 결핵에 걸린 사람을 찾기 위해서 가슴 엑스선 사진을 찍었다. 이런 조치에 누구도 반대하지 않았고 누구도 따지지 않았다. 보건과 교육은 별개이니 학교에서 예방 접종을 하면 안 된다고 우기는 사람도 없었다. 우리는 그 안에서 하나라는 느낌을 받았다. 이것이 우리가 서로를 돌보는 방식이었다.

내가 초등학교 3학년이던 1963년에 키슈이살라시에는 다른 종류의 바이러스 감염이 돌았다. 수족구병이었다. 이 병은 가축을 위협했다. 사람에게는 위험하지 않았지만 인간은 매개체가 될 수 있었다. 이 바이러스가 마을을 휩쓸면 우리가 기르는 가축이 죽을 것이다. 가축이 죽으면 우리는 무엇을 먹고 살 것인가?

따라서 이 바이러스는 사람의 목숨을 직접적으로 위협하는 것만큼이나 심각하게 받아들여졌다. 수족구 바이러스가 퍼지는 것을 막기 위해 마을 사람들 모두가 몇 주일 동안 집 안에 머물렀다. 마을 외곽의 집단 농장에서 소를 돌보는 사람들은 바이러스를 마을에 옮길까 봐 집에도 가지 못하고 한동안 그곳에서 생활했다. 몇 주일 동안 그런 식으로 마을이 완전히 봉쇄되었다.

일상으로 돌아가고 난 다음에도 우리는 계속 조심했다. 한동안 학교나 상점에 들어갈 때 입구에서 표백제를 적신 톱밥이 깔린 발판을 밟아 신발을 소독해야 했다. 우리는 소독약으로 손을 씻었는데 그러면 며칠 동안 손가락에서 염소 냄새가 가시지 않았다.

내가 열세 살이던 1968년에는 전 세계에서 독감이 유행했다. 당시에는 홍콩 독감이라고 불렸으며 나중에 인플루엔자 A 바이러스의 H3N2 균주가 일으켰다고 밝혀진 이 팬데믹은 사람들의 기억에 남아 있는 1918-1919 스페인 독감처럼 치명적이지는 않았다. 그렇다고 무시할 수준도 아니었다. 이 독감은 전 세계에서 100만–400만 명의 목숨을 빼앗고 나서야 사그라들었다.

이번에도 우리는 이동을 자제했고 다른 사람과의 접촉을 최소화했다. 우리는 손을 닦았고 사방을 소독했다. 당이 사람들에게 권장한 사항이겠지만 누구도 정부가 지나치다며 불평하지 않았다. 이것은 바이러스였으니까. 사상도, 정치적 의제도 아닌 바이러스. 우리가 조심하지 않으면 사방으로 퍼져나갈 테고 그러면 모두 고통받게 된다. 이것은 과학적 사실일 뿐이다. 그것이 바로 바이러스가 작동하는 방식이니까.

수확철에는 마을 사람들이 다 함께 모여서 일했다. 수확량이 많을 때는 일손이 부족해지는데, 그러면 집단 농장에서 학생들에게 도움을 요청했다. 반 전체가 버스나 트럭을 타고 시골로 향했고 그곳에서 우리는 토마토, 감자, 사탕무, 파프리카, 옥수수를 수확하는 일을 도왔다.

우리는 다른 이유로도 학교를 가지 않았다. 겨울에 석탄이 부족하면 한 주를 통째로 쉬면서 "석탄 방학"을 보냈고 다시 건물에 난방할 수 있을 때 돌아왔다. 그동안 우리는 집에서 숙제를 하면서 하루에 몇 시간씩 공부했다.

그리고 특히 나는 수시로 학교를 빠졌는데, 다른 것이 아니고 아파서였다.

나는 처음부터 건강한 아이가 아니었다. 약해빠졌고, 뼈와 가죽밖에 없었다. 그래서 넘어질 때마다 뼈가 부러졌다.

다섯 살 때는 쇄골이 부러졌다. 그리고 여덟 살 때와 아홉 살 때는 한 손에서 여러 개의 뼈가 부러졌다. 그 손이 나을 무렵 다시 넘어졌고 이번에는 반대쪽 손이 부러졌다. 의사는 이쪽 손에서 깁스를 제거했고, 그 자리에서 다른 쪽에 깁스를 해주었다.

나는 빈혈이 있었다. 그래서 의사는 내게 철분 약을 주었다.

나는 식욕부진이었다. 그래서 의사는 지금도 혀끝에서 기억이 나는 끔찍하게 쓴 물약을 마시게 했다.

나는 배가 아팠다. 그래서 의사는 충수를 떼어냈다.

나는 기관지염을 자주 앓았다. 그래서 의사는 편도선을 제거했다.

편도선을 제거할 때 처음으로 병원에 입원했다. 고작 여덟 살이던 나는 너무 무서웠고 부모님이 보고 싶었다. 병원은 너무 컸고 집은 너무 멀었다. 철제 침대에 누워서 창문 밖으로 병원 직원들을 보면서 그들이 다시 피를 뽑으러 돌아올까 봐 두려워했다. 공포가 잠시도 가시지 않는 끔찍한 시간이었다.

나는 피를 뽑는 것이 너무 싫었다. 그 느낌도, 그것을 보는 것도, 발상 자체도 싫었다. 내 팔에 주삿바늘을 꽂으려면 간호사는 나를 침대에 묶어야 했다. 검붉은 피가 주사기에 채워지는 것을 보면 악몽을 꾸는 기분이 들었다. 몇 년 후에는 다른 사람이 피를 뽑는 것을 보고 기절한 적도 있었다(나는 절대 의사는 되지 못할 거라고 확신했다).

몇 년 뒤에 다시 한번 병원 신세를 졌는데, 이번에는 A형 간염 때문이었다. 나는 배를 부여잡으며 토했고, 피부와 흰자위가 노랗게 변했다. 그래서 병원에 격리되었다. 내가 있던 병실 주변에는 이질과 그밖의 다른 병에 걸린 어른들이 있었다. 고통스러운 신음이 들려왔다. 나는 3주일 동안 그 병실에 있으면서 누군가 와서 나를 안아주며 위로하고 금방 괜찮아질 거라고 말해주기를 간절히 바랐다. 아플 때마다 내가 바란 것은 그것이 전부였다.

엄마는 내 걱정을 많이 했다. 나도 알고 있다. 엄마는 나를 사랑했고, 내가 건강하기를 바랐고, 내가 아플 때는 두려워했다. 엄마는 평생 많은 것을 보고 겪었기에 아이가 살아남는 것은 당연한 일이 아니었다.

상황이 두려워지면 사람들은 저마다 통제력을 발휘해 문제를 해결하고 싶어한다. 안타깝지만 이런 상황에서 엄마가 유일하게 해결 방법을 아는 것, 엄마가 통제할 수 있다고 느낀 단 한 가지가 바로 나였다. 그래서 엄마의 모든 노력은 나에게 집중되었다.

나는 아직도 엄마의 목소리가 들리는 것 같다. 네 식성이 까다로워서 그래. 네가 익힌 채소는 먹지 않고 생채소만 먹기 때문이야. 추울 때 모자를 안 쓰고 밖에 나가서 그래. 토하든, 통증이 있든, 열이 나든 상관없었다. 그것은 모두 내가 뭔가를 잘못했기 때문이었다. 내가 자신을 제대로 돌보지 않았고, 주는 대로 먹지 않았고, 옷을 따뜻하게 입지 않았기 때문이다. 그러니까 엄마가 나를 다그쳐 똑바로 살게 만들 수만 있다면 모든 문제는 눈 녹듯이 사라질 것이었다. 엄마의 공포와 함께.

열여섯 살이 되면서 처음으로 몸에 살이 붙기 시작했지만 나는 평생 병을 달고 살았다. 열심히 운동하고 건강하게 먹으면서 항상 나 자신을 잘 돌봐야 했다. 하지만 나이가 들면서 더 복잡한 문제가 찾아왔다. 나는 무릎도, 허리도 아팠다. 관절염 때문에 관절에 통증이 있고 잘 부었다. 유방의 종괴를 제거했고, 그런 다음에는 암 진단을 받았다. 귀밑샘에 생긴 종양이었다. 의사가 종양을 제거하면서 신경세포를 잘못 건드리는 바람에 그 후로 음식을 먹을 때마다 엄청나게 땀을 흘린다.

이 모든 일을 겪을 때마다 엄마의 목소리가 귓전에서 맴돌았다. 그건 다 너 때문이야……네가 제대로 하지 않아서 그래.

그러나 이런 상황에서도 나는 교훈을 찾았다. 나는 모든 것에서 배우려고 노력한다.

나는 매사에 조금 사무적이고 무미건조한 편이다. 하지만 엄마가 되고 내 딸아이가 아팠을 때 오래 전 기분이 되살아났다. 엄마가 문제는 나한테 있다고 고집할 때, 그래서 나는 최선을 다하는데도 자꾸 뭘 더 해야 한다고 말할 때 내가 어떤 기분이었는지 기억했다. 그래서 나는 몸을 기울이고 수전을 안아주면서 내가 엄마한테서 듣고 싶었던 말들을 아이에게 하곤 했다. 여기가 아파? 뽀뽀해줄까? 안아줄까? 사랑하는 아가야, 엄마가 널 힘나게 해줄게. 이 엄마가 어려서 아팠을 때 받지 못한 모든 걸 너한테 하게 해주렴.

자신에게 주어진 세상에서 교훈을 배우고, 다음 세대를 위해 좀더 나은 것을 남기려고 노력하는 것, 나는 그것이 우리가 살면서 할 수 있는 최선이라고 생각한다.

나는 초등학교에서 처음 정식으로 과학에 입문했다. 나는 담임 선생님이 담당한 화학 클럽에 들어갔다. 우리는 점토로 화학 원소를 만든 다음 이쑤시개를 꽂아서 분자로 조립했다. 또 소금 용액을 과포화시킨 다음, 실을 그 혼합물에 담그고 결정이 생기는 모습을 지켜보았다(수십 년 뒤, 펜실베이니아 대학교 실험실에서 아주 농축된 소금 용액이 들어 있던 오래된 시약병 바닥에 생긴 결정을 보았는데, 그때 키슈이살라시에서 화학 클럽 활동을 하던 오후가 떠올랐다).

가끔 생물 선생님이 우리를 데리고 밖으로 산책하러 나갔다. 우리는 텃밭과 나무와 관목과 초본과 꽃을 보았다. 동네의 작은 연못가에 서서 수련을 보고 있는데 선생님이 수면에 붙어 있는 잎을 보고 공기가 들어 있는 줄기가 그 잎을 떠오르게 하는 거라고 설명하셨던 기억이 난다.

비록 사회주의 사상은 학교 교육과정의 일부였고, 많은 학교들이 "우리는 이 학교에서 사회주의를 건설합니다"라고 외벽에 써 붙여놓았지만, 그 부분은 기억나는 바가 없다. 아마도 나를 가르친 선생님들이 대체로 공산주의 체제 이전에 교육을 받았기 때문일 것이다. 선생님들은 정치 철학보다는 학습 과목에 집중하여 우리가 다방면으로 폭넓게 배우게 허락했고, 나는 그렇게 했다.

성적은 1에서 5등급으로 나누어 매겼고 5가 가장 좋은 점수였다. 처음에 나는 대부분 4를 받았다. 6학년, 8학년 교육을 받은 노동자의 딸치고는 나쁜 성적이 아니었지만 그렇다고 반에서 최고는 아니었다.

나는 그냥 괜찮은 정도였다. 그 표현이 맞다. 괜찮은 정도.

나는 내가 특별히 똑똑한 사람이라고 생각한 적이 없다. 비상한 기억력 덕분에 애써 노력하지 않아도 쉽게 공부하는 영재들을 주위에서 많이 보았다. 또 초등학교 동급생 중에는 한 번 들으면 절대 잊어버리지 않는 아이가 있었다. 나는 그런 사람이 아니었다. 나에게는 있을 수 없는 일이었다. 그러나 어린 나이에도 나는 중요한 것을 깨우쳤다. 타고난 재능이 부족해도 노력으로 대신할 수 있다는 것을. 더 열심히 공부하면 된다. 더 많은 시간을 들여 더 많이 연습하고 더 철저히 공부하면 된다.

나는 1, 2학년 때도 공부를 열심히 했다. 틀리지 않으려고 노력했고 틀리면 처음부터 다시 했다.

나는 공부하고,

공부하고,

또 공부했다.

다행히 우리 뇌는 변할 수 있다. 연습하면 그만큼 강해진다. 나는 괜찮은 학생이 아니라 뛰어난 학생이 되려고 연습했다. 장차 농구선수가 되려는 학생이 수없이 골대에 공을 던지듯 적극적으로 연습했다. 그리고 연습으로 운동선수의 실력이 향상되듯 내 성적도 올라갔다. 학교생활은 점점 자연스러워졌다. 3학년 때부터는 완전히 학업에 매진해 처음부터 끝까지 모든 과목에서 5등급을 받았고, 그 이후로 뒤처지는 일은 없었다.

물론 연습을 게을리하지도 않았다.

한번은 역사 과목에서 지역 사람들이 영웅으로 생각하는 어른을 만나 인터뷰하는 숙제가 있었다. 우리는 그분들이 말하는 구전 역사에서 기억을 모으고, 그 내용을 바탕으로 그들을 칭송하는 에세이를 써야 했다. 나는 아버지 연배의 퇴역 군인을 맡았다.

아버지가 그 사람의 이름을 물었다. 내 대답을 들은 아버지의 표정이 어두워졌다. "그 사람은 나쁜 사람이야." 아버지가 말했다. 나는 아버지가 그런 목소리로 말하는 것을 들어본 적이 없었다. 매몰찼고, 화가 나 있었다.

"잔인한 사람이다." 아버지가 계속해서 말했다. "썩을 놈이지. 이 인터뷰도 그럴 거다."

나는 아직도 아버지가 이 사람에 대해 무엇을 알았고, 어떤 모습을 보았는지 알지 못한다. 그러나 나는 아버지의 말을 믿었다. 그렇지만 내가 해야 할 일을 했다. 그 사람을 만나서 인터뷰했고, 그의 기억을 수집한 다음 그것을 바탕으로 훌륭한 에세이를 썼다. 하지만 그러면서 한 가지 진실을 배웠다. 어떤 과제는 거짓투성이라는 것을.

내가 맡은 사람은 비열한 협잡꾼이었지만 세상에서는 때로 협잡꾼이 영웅으로 칭송받는다.

7학년 때부터는 화학, 생물, 지리 경시 대회에 나가기 시작했다. 다른 과목도 대회가 있었다. 같은 학년의 일로너Ilona라는 여자 아이는 큰 역사 경시 대회에 나가서 상을 탔다. 내 분야는 화학 과 생물이었다. 8학년 때 나는 키슈이살라시에서 생물학으로 최 고의 실력을 인정받은 학생이 되었다. 그런 다음에는 주에서 최 고가 되었다. 당시 아버지는 술집에서 일했는데 가끔 학교 선생 님들이 그곳에 들러서 술을 마시면서 내가 얼마나 훌륭한 학생 인지, 얼마나 대단한 대회에서 입상했는지 말해주었다. 아버지 는 자랑스러워했고 그래서 나는 행복했다.

주 대회에서 우승하면 우리 주 대표로 부다페스트에서 열리 는 전국 생물 경시 대회에 참가하게 된다. 그런데 마침 그 일정 이 천만 년 만에 가게 된 가족 휴가와 날짜가 겹치고 말았다. 엄 마가 조합에서 받은 허르카니푸르되 워터파크의 여행 상품권으 로 가는 휴가였다. 나는 몹시 들떴고 휴가를 꼭 가고 싶었으나 선택의 여지가 없었다.

결국 나는 부다페스트에서 열리는 생물 경시 대회에 혼자 참 석했다.

혼자 여행한 것이 처음은 아니었다. 당시 헝가리에서는 거의 모든 학생들이 당에서 운영하는 피오네르('개척자'라는 뜻)의 회 원이었다. 걸스카우트나 보이스카우트 같은 단체라고 보면 된 다. 피오네르 캠프에 참가했던 어느 해 여름에 나는 혼자 기차 를 타고 역에서 내린 다음, 숲 가장자리의 야영지까지 몇 킬로미 터를 걸어간 적도 있다.

그러나 이번 생물 경시 대회는 첩첩산중이 아닌 부다페스트라는 대도시에서 열렸다. 부다페스트에는 다섯 살 때 가본 적이 있었다. 이제 열네 살이 된 나는 차창 밖으로 아버지에게 손을 흔들며 잘 다녀오겠다고 인사를 하고 부다페스트로 향했다. 부모님은 기차에서 내리면 대회 관계자가 역에서 기다리고 있을 거라고 했다. 당시에는 휴대전화는커녕 전화망도 발달하지 않아서 일주일 뒤에 내가 돌아올 때까지 부모님은 내가 부다페스트에 잘 도착했는지, 그곳에서 별일은 없는지 알 수 없었다.

이 경시 대회에는 전국에서 총 50-60명 정도의 학생이 참가했다. 우리는 대회를 치르는 동안 근처 시각장애인 학교의 신축 기숙사에 머물렀다. 학생들은 마침 방학을 맞아 집으로 돌아간 참이었다. 이곳에는 신기하게 어디에나 점자가 표시되어 있었다. 오돌토돌한 점자에 손가락을 대고 훑으면서 이 신기한 언어를 해독해보려고 했던 기억이 난다. 처음 보는 촉각 알파벳이었다.

심사위원은 매일 우리의 지식을 시험했다. 인체에는 얼마나 많은 양의 피가 흐릅니까? 이 뼈의 이름을 대시오. 그들은 참가자의 식물 지식도 확인했다. 하루는 우리를 부다페스트의 어느 언덕에 펼쳐진 초원으로 데려갔다. 그곳에서 우리는 식물을 채집해 종이에 붙이고 이름을 적었는데, 다행히 내가 아는 식물이 정말 많았다! 예전부터 부모님은 텃밭에서 기르던 식물의 이름뿐 아니라 그 사이에서 몰래 비집고 올라오는 잡초까지 모두 알려주었다. 또 나는 할머니네 정원에서 할머니가 시장에 내다팔 꽃들을 준비하며 일한 오랜 경력이 있었다. 물론 학교 현장 체험학습과 피오네르 캠프에서도 식물에 대해 배웠고, 무엇보다 나는 수채화로 된 베러 처포디의 식물 도감과 수많은 시간을 함께 보내지 않았던가.

그날의 우승 덕분에 나는 결승까지 갔다. 그리고 결국 3등을 했다. 공식적으로 전국에서 세 번째로 생물학을 잘하는 학생이 된 것이다. 나 꼬마 커리코가, 키슈이살라시라는 작은 마을에서 온 푸주한의 깡마른 딸, 꼬마 커리코가!

아직도 나는 결선까지 올라간 다른 아이들의 이름과 그들이 받은 상품까지 기억한다. 커틸린 펜제시Katalin Pénzes라는 이름의 여자아이가 1등이었는데, 그 친구는 체코슬로바키아 일주일 여행권을 받았다. 2등을 한 언드라시 베르터András Berta는 아버지가 대학 교수였고, 쇼콜 라디오를 받았다. 3등인 나는 스메나 8-카메라를 받았다. 그때부터 나는 이 카메라로 우리 가족의 삶을 기록했고, 그 일을 멈춘 적이 없다. 입상자들은 어린이 라디오 프로그램 「허르션 어 쿠르트소Harsan a kürtszó」("집합 나팔") 에서 인터뷰도 했다. 정말 신나는 시간이었다.

그 대회에서 기억나는 또다른 한 가지는 참가자 중에 자가용이 있는 가족을 본 것이었다. 자기네 차가 있다니! 정말 놀라 자빠질 일이었다. 당시 헝가리에서는 자동차가 점점 주요 교통수단이 되고 있었고, 자동차 소유자가 10배로 늘어나면서 시대의 변화를 알렸다. 우리 부모님은 차를 소유한 적이 없지만 나는 커서 내 차를 몰게 되었다. 그러나 그 시절에 자가용이란 솔직히 상상도 할 수 없는 사치품이었고 자기 소유의 차가 있다는 것은 정말 어리둥절한 일이었다.

이 무렵 우리 가족은 우리가 새로 지은 집에 살았다. 이 집은 마을 중심에서 가까운 포장도로 옆에 위치한 최신 주택이었다. 마침내 우리는 집 안에 수도관을 설치하고 전기도 더 들여왔다. 심지어 작은 텔레비전도 있었다. 화면이 지직거리며 잘 나오지 않으면 안테나를 움직여 신호를 조정했다. 처음 텔레비전을 샀을 때는 방송 채널이 하나밖에 없다가 고등학교를 졸업할 무렵에 두 개로 늘어났다. 당시로서는 대단한 사건이었다.

헝가리는 변하고 있었다. 그리고 나도 변했다.

고등학교 때 받은 세 가지 영향
첫 번째

"네 생각은 어떠니, 꼬마 커리코?" 선생님이 물었다. 표정은 한없이 진지하지만, 눈은 호기심으로 반짝거렸다. 얼베르트 토트 Albert Tóth 생물 선생님이다. 언제나 알록달록한 스웨터에 완벽한 옷차림이었다. 선생님은 나 같은 학생들을 위해 방과 후 생물 클럽을 운영했다.

우리는 헝가리의 과학자 얼베르트 센트죄르지Albert Szent-Györgyi에 대한 이야기를 하고 있었다. 그는 처음으로 비타민 C를 분리했고, 세포 호흡에 대한 기념비적인 연구로 크레브스 회로Krebs cycle의 식별에 초석을 마련했다. 센트죄르지는 1937년에 노벨 생리의학상을 받았다. 토트 선생님이 나한테 물어본 것은 센트죄르지가 쓴 다음 구절에 관한 내 의견이었다. 생물을 연구하다 보면 높은 차원에서 점차 낮은 차원으로 내려가는 가운데 생명이 점차 사라지고 결국 손에 아무것도 남지 않는다.

우리는 특별히 분자생물학에 대해 토론했다. 생물이 생명 활동을 의존하는 방식과 유전물질이 전달되는 방식을 연구하는 학문이다. DNA와 RNA는 생물의 구성 요소이고 생명에 필수적이지만, 정작 자신은 살아 있지 않다. 그리고 분자로, 또 원자로 더 쪼개진다.

그렇다면 생명과 생명을 주는 비활성 블록 사이의 경계는 어디일까?

넌 어떻게 생각하니?

나는 토트 선생님이 학생들에게 지식만 가르치지 않는 점이 좋았다. 또 선생님은 자기 생각이나 의견을 많이 말하지 않았다. 대신 학생인 우리가 어떻게 생각하는지 알고 싶어했다.

그리고 더 중요한 것이 있다. 선생님은 우리 스스로가 자기의 생각을 알기를 바랐다.

토트 선생님은 나를 가르친 다른 선생님들처럼 우리 가족을 잘 알았다. 선생님네 집 돼지를 아버지가 비밀리에 도축하는 동안 망을 본 적도 있다. 선생님은 아버지가 블랙리스트에 올랐다는 사실도, 우리 집이 보잘것없는 집안이라는 것도 알고 있다. 토트 선생님은 내가 초등학교에 다닐 때 생물 클럽을 만들었고, 8학년 때는 지역 생물 경시 대회 심사위원장이었다. 하지만 선생님의 눈에 나는 푸주한의 딸도 아니고 꼬마 커리코도 아닌 번듯한 미래의 과학자였다. 내가 개인적으로 아는 과학자가 있든 없든 상관없었다. 토트 선생님은 내가 과학자가 될 수 있다고 믿었다. 나 스스로 원대한 생각을 품을 수 있다고 믿었다.

토트 선생님은 굵직한 개념들을 아주 잘 알았다. 수업 시간과 생물 클럽에서 학생들에게 얼베르트 센트죄르지는 물론이고, 이탈리아의 유명한 범죄학자 체사레 롬브로소Cesare Lombroso, 헝가리의 여러 생물학자들, 팔 유하스너지Pál Juhász-Nagy, 팔 여쿠치Pál Jakucs, 발린트 조요미Bálint Zólyomi, 가보르 페케테Gábor Fekete, 엘레크 보이나로비치Elek Woynárovich 같은 생태학자의 연구를 소개해주었다. 그들은 우리의 영웅이 되었다. 선생님 수업에서 우리는 교과서는 물론이고 「부바르*Búvár*」(다이버)와 「테르메세트 빌라거*Természet Világa*」(자연의 세계) 같은 학술지를 읽어야 했다. 그냥 읽기만 하는 것이 아니라 서로 가르쳐야 했다. 발표 수업은 우리가 그 주제를 서로에게 설명할 수 있을 정도로 잘 이해하게 하려는 목적이 있었다.

우리는 응용과학에 대해서도 이야기했다. 선생님은 자연재해나 인구 폭발 같은 전 지구적인 문제, 온실 가스가 지구의 대기에서 열기를 가두는 현상에 대한 새로운 이론, 그리고 자연 보전의 중요성을 가르쳤다. 당시는 호르토바지 국립공원을 포함해 헝가리에서 국립공원이 처음으로 지정되던 시기였기 때문에 우리는 당연히 그곳으로 체험학습을 떠났다. 우리 고등학교에는 작은 박물관도 있었다. 나이가 165세인 나일악어 표본, 매머드 이빨, 암석 컬렉션, 규화목硅化木 샘플, 부활초 같은 유물들이 전시되었다. 토트 선생님은 생물학이 그저 교과서 안에 갇혀 있는 것이 아니라는 사실을 알려주고 싶어했다. 생물학은 우리 안에, 주변 어디에나 있다. 생물학은 전 세계가 작동하는 방식이고, 환상적으로 멋있다.

내가 어떤 생각을 했을까?

나는 당시 선생님의 질문에 뭐라고 대답했는지 기억나지 않는다. 생명 현상의 중심을 차지하는 미스터리와 복잡성에 대해 뭐라고 대답해야 적절한 것일까? 하지만 이것은 생각난다. 나는 내 자리—언제나 창문 옆 맨 앞자리, 내 친구 어니코 옆—에 앉아 몸을 앞으로 기울이고 이렇게 생각했다. 언젠간 나도 과학자가 될 거야.

그해가 끝나기 전, 우리 반은 미국에 사는 센트죄르지에게 편지를 썼다. 하지만 주소를 몰랐고 찾을 방법도 없었다. 그래서 우리는 받는 이의 주소에 무작정 이렇게 두 줄을 써서 보냈다.

얼베르트 센트죄르지
USA

참으로 대책 없는 시도였고, 무모한 도박이었다. 우리 중에 그 편지가 제대로 도착할 거라고 믿은 사람이 한 명이라도 있었을까 싶다. 그러나 몇 개월 뒤, 우리는 답장을 받았다. 얼베르트 센트죄르지가 직접 쓴 서신이었다. 편지는 그가 쓴 책 『살아 있는 것의 상태*The Living State*』 한 권과 함께 도착했다. 책에는 "키슈이살라시의 열정적인 과학 꿈나무들에게"라고 적혀 있었다.

이제 내게는 일말의 의심도 남아 있지 않았다. 이 위대한 과학자가 나에게 말을 걸다니. 과학 꿈나무. 그래, 그건 바로 나야.

두 번째

토트 선생님이 나에게 알려준 책이 한 권 더 있었다. 300쪽이나 되는 이 책은 마치 나를 위해서 쓰인 것 같았다. 어쩌면 나만을 위한 책인지도 모른다. 저자가 오직 한 명의 독자를 위해 책을 썼고, 그 독자가 바로 나였다.

내분비학자 한스 셀리에Hans Selye가 쓴 『생명의 스트레스*The Stress of Life*』라는 책이었다. 나는 아직 10대였고 앞으로 아주 많은 책들을 읽게 되겠지만, 평생 이 책처럼 나에게 큰 의미와 영향을 준 책은 없었다.

이 책은 셀리에 자신이 "스트레스"라고 명명한 것을 탐구한다.

오늘날 정신적, 육체적 스트레스의 개념은 명확하다. 우리는 스트레스가 무엇이고, 스트레스가 어떤 느낌이며, 각 신체 부위가 어떻게 반응하는지 잘 알고 있다. 그러나 셀리에 이전에는 스트레스라는 생물학적 개념이 존재하지 않았다.

1925년, 열여덟 살의 의대생이자, 해부학과 질병의 진행에 관한 교과서적 지식에 해박했던 셀리에는 어느 날 문득 이상한 생각이 들었다. 오늘날 인터넷에서 여러 질병의 증상을 찾아본 사람이라면 셀리에와 같은 의문을 품었을지도 모른다. 분명히 다른 질병인데 증상은 비슷하게 나타난다는 점에 대해서 말이다.

통증, 쑤시는 관절, 고열, 위장 장애, 식욕 부진, 설태舌苔, 불쾌감. 이런 증상들은 일시적인 바이러스 감염이든, 만성 질환이든, 말기 환자든, 누구에게든 나타난다.

셀리에는 왜 "그저 몸이 아프다"는 증상을 조사한 사람은 없는지 궁금했다. 넓은 범위에서 공유되는 이런 증상들이 정확히 무엇일까? 그는 체계적으로 답을 찾기 시작했다. 그 탐색이 곧 생물학적 스트레스 반응이라는 현대의 지식을 낳았다.

나는 평생 이런 책을 읽어본 적이 없었다.

내가 그동안 경험한 것들(내가 겪었던 저 모든 병증, 명확한 답을 알 수 없는 저 일반화된 증상)을 저 책이 대놓고 다루었기 때문만은 아니었다. 물론 그것도 맞기는 하다. 그러나 그것보다 훨씬 더 중요한 것이 있었다. 셀리에가 저 질문을 시작했을 때, 그가 기존에 형성된 개념이 없어서 어떻게 일을 시작할지 감조차 잡지 못한 아웃사이더의 상황에 처했기 때문만도 아니었다(사실 그는 마치 가장 중요한 질문은 아웃사이더들이 던지는 것이라고 말하는 듯했다).

셀리에는 내가 바라던 사고방식, 즉 원대한 질문을 정의하고, 그것을 목표로 삼아 체계적이고 논리적인 방식으로 명확하고 구체적인 답변을 추구해가는 방식을 말하고 있었다. 책의 앞부분에서 셀리에는 자연은 "실험의 형태로, 네/아니오로 대답할 수 있게 묻지 않으면 우리가 던지는 질문에 잘 대답하지 않는다"라고 썼다. 나는 이 구절을 계속해서 읽었다. 자연이 네/아니오로 답할 수 있는……실험의 형태로 던지는 질문. 한 번에 한 가지씩. 수많은 네/아니오 질문들이 모여 지식의 모자이크가 확장된다.

다음에는 이런 문단이 나온다.

오직 자연을 향한 신실하고 깊은 애정만이 불러오는 이해력으로 축복받은 자만이……대략적인 답이나마 얻기 위해서 물어야 할 질문의 청사진을 그리는 데 성공할 것이다…….

오직 자연의 비밀을 향한 소모적이고 통제할 수 없는 호기심으로 저주받은 자만이 그 비밀을 푸는 데에 필요한 수많은 실험에 수반되는 엄청난 기술적 문제들을 하나씩 끈질기게 해결하며 평생을 보내게 될 것이다. 그러지 않고는 견딜 수 없기 때문이다.

축복을 받았든, 저주를 받았든 간에 나는 내가 바로 셸리에가 말하는 사람임을 확신했다. 나는 앞으로 내가 평생 수없이 많은 실험을 하며 수많은 기술적 난제들을 뚝심 있게 해결해 나가리라는 것을 분명히 알았다. 그러지 않고는 견딜 수 없을 테니까.

그렇다고 셸리에처럼 대단한 업적을 이룰 기대는 하지 않았다. 그러나 어쩌면 언젠가 나도 우주를 향해 질문을 던지고 실험을 설계하게 될지도 모른다. 그리고 어쩌면 명확한 "네/아니오”의 답변을 듣게 될지도 모른다. 그렇게 어쩌면 인류가 창조한 위대한 지식의 모자이크에 작은 일부를 기여하게 될지도 모른다.

『생명의 스트레스』는 또다른 이유로 내게 중요했다. 이 책을 읽으면서 나는 스트레스가 생리학적으로 부정적인 경험만이 아니라는 사실을 알게 되었다. 스트레스는 흥분과 기대, 의욕처럼 긍정적인 형태로도 존재한다. 부정적인 스트레스는 위험하고 심지어 사람을 죽음으로 몰고 갈 수도 있다. 그러나 긍정적인 스트레스는 충만한 삶을 위해 필요하다. 그리고 부정적인 스트레스를 얼마든지 긍정적인 스트레스로 바꿀 수 있다.

어떻게 하냐고? 자신의 힘으로 통제하지 못하는 것 대신에 통제할 수 있는 것에 초점을 맞추면 된다.

예를 들어 셀리에가 제안한 것처럼 우리는 다른 사람의 반응은 통제할 수 없지만 자기 자신의 반응은 어느 정도 통제할 수 있다. 그러므로 오로지 다른 사람을 기쁘게 하거나 그들의 인정을 받기 위해서 일해서는 안 된다. 그 대신 자신만의 목표를 정하고 그것을 달성하기 위해서 노력해야 한다. 일이 잘 풀리지 않거나 실패하더라도 다른 사람을 비난하지 않는다. 비난의 화살을 다른 곳으로 돌리면 자신의 힘으로 어찌할 수 없는 것에 신경을 쓰게 된다. 차라리 더 많이 배우고, 더 열심히 일하고, 더 창의력을 발휘하면 불운에 대처할 길이 열린다.

스트레스를 피할 수는 없을지도 모른다. 그러나 『생명의 스트레스』는 스트레스가 나를 도울 수도, 해칠 수도 있다는 것을 알게 했다. 그리고 그것은 어디까지나 내가 스트레스를 어떻게 지각하고, 어떻게 대응하느냐에 달렸다.

세 번째

일주일에 한 번씩 우리 집 식구들은 「형사 콜롬보Columbo」를 시청했다. 미국에서 수입한 이 드라마에서 배우 피터 포크Peter Falk는 LA의 살인 전담 형사로 등장하며, 사시인 눈에 낡은 트렌치코트가 트레이드마크이다. 「형사 콜롬보」는 헝가리 공중파에서 허용되는 몇 안 되는 미국 드라마였다. 정치색이 없고 무해한 오락물인 데다가 확인되지 않은 소문에 따르면, 피터 포크는 19세기 헝가리 정치가이자 저널리스트인 믹셔 펄크Miksa Falk와 관계가 있었다.

콜롬보 형사는 헝클어진 머리에 자세는 구부정하고 항상 펜을 찾아 주머니를 뒤진다. 담배를 입에 물고 늘 이발할 때를 놓친 사람 같다. 반대로 매번 그가 상대하는 용의자들은 모두 부유하고 완벽한 헤어스타일에 교활하기 짝이 없다. 그들은 교묘한 속임수로 모두의 눈에 완전범죄처럼 보이는 살인을 저지른다. 「형사 콜롬보」에서는 살인자의 정체를 감추지 않는다. 극이 시작할 때 처음부터 시청자에게 범인을 알려준다. 대신 이 드라마의 묘미는 어떻게 이 어리숙한 형사가 모든 단서가 살인자를 피해가는 난감한 상황에서 진실의 조각을 맞추는지에 있다.

그 답은, 매번 아주 기발했다.

콜롬보 형사는 용의자와 "고양이와 쥐" 게임을 한다. 그는 항상 용의자의 영역에 있다. 그들의 저택, 그들의 요트, 그들의 롤스로이스, 그들의 서재까지. 콜롬보는 활활 타는 그들의 벽난로 옆에서 그들의 크리스털 잔에 부은 그들의 독주를 마신다.

콜롬보 형사는 용의자에게 질문을 던지고 상대의 천연덕스러운 거짓말에 속아 넘어간 듯 고개를 끄덕거린다. 아무것도 모른다는 표정으로 눈을 껌뻑이면서. 그런 어설픈 태도에 용의자는 방심한다. 콜롬보는 용의자 자신이 더 잘났고, 똑똑하고, 영리하다는 확신에 완벽하게 호응한다.

그는 감사하다고 말하면서 자리를 떠난다. 그러다가 갑자기 생각났다는 듯이 뒤를 돌아서 "아차, 한 가지만 더요……"라고 말한다. 이 순간이 모두가 고대하는 극의 절정이다.

사실 콜롬보 형사는 겉으로 보이는 모습보다 훨씬 똑똑한 인물이다.

콜롬보 형사를 사랑한 것은 나뿐이 아니었다. 전 국민이 그를 사랑했다(현재 부다페스트 한복판에는 콜롬보 형사 복장을 한 실물 크기의 피터 포크 동상이 세워져 있다). 「형사 콜롬보」 이후에도 나는 로저 무어Roger Moore가 나오는 영국 스릴러 「세인트The Saint」, 로저 무어와 토니 커티스Tony Curtis가 주인공인 「전격대작전The Persuaders!」, 프랑스 범죄 드라마 「경감 메그레 Maigret」를 비롯해 수많은 드라마를 시청했고, 실제 범죄 수사도 많이 지켜보았다. 그러나 「형사 콜롬보」는 내가 애정을 쏟은 첫 번째 드라마였다.

그것은 콜롬보 형사가—내가 그렇게 되었듯이—힘 있는 자들 가운데 던져진 개밥에 도토리 같은 사람이기 때문만은 아니었다(저들은 나를 무시하지만, 내가 모든 것을 염두에 두고 있다는 사실은 알지 못한다). 그보다는 바로 콜롬보 형사의 이 한 줄짜리 대사 때문이었다. 한 가지만 더요.

　이 짤막한 구절에 진실이 있다. 과학 연구는 단조로운 작업의 연속이다. 그리고 그 결과 많은 데이터가 생산된다. 때로는 그 데이터가 모두 한 방향을 가리키는 것처럼 보인다. 거기에서 기존의 설명에 부합하는 데이터를 수색하고 그것을 찾게 되면 자신이 해야 할 일이 끝났다고 믿고 싶은 유혹은 얼마든지 느낄 수 있다.

　하지만 실험은 정확이 생명이다.

　한 번에 하나의 질문을 던지고 그 질문에 답해줄 실험을 한다. 그런 다음 변수를 한 가지만 고치고 또 묻는다. 그리고 또 다음 변수로, 또 다음 변수로 한 가지씩 바꿔간다. 한 가지만 더. 다음에 시도할 한 가지는 늘 남아 있다.

　인내심을 가지고 빠짐없이 조사하고, 작은 것도 놓치지 않는다. 자신이 기대한 바를 검증하는 것처럼 보이는 정보의 산은 옆으로 치우고, 기대하지 않은 한 가지를 애써 찾아야 한다. 예상과 어긋나는 그 작고 거슬리는 것에 주의를 기울이면 그것이 가리키는 곳에 진실이 있을 테니까.

고등학교에서 나는 여학생들에게 둘러싸여 지냈다. 원래 이 학교
는 남녀 합반이었지만 우리 학년에는 여학생이 남학생보다 두
배는 많았다. 학교에서는 남학생이 수적으로 밀리는 것이 좋지
않다고 판단해 아예 남녀를 다른 반으로 나누었다. 처음에는 여
학생이 두 반이 될 정도로 수가 많았고, 남학생은 한 반이었다.
그러나 이후 2년 동안 많은 여학생들이 학교를 그만두면서 결국
한 반이 되었다.

여자아이들은 대부분 옷과 머리에만 신경을 썼다. 당시 우리
가 동네에서 살 수 있는 옷은 칙칙하고 단조로웠다. 그래서 아
이들은 손수 옷을 세련되게 지어 입곤 했다. 나는 예외였다. 그
때나 지금이나 옷에는 신경 쓰지 않는다(당시에는 엄마가 유행
하는 블라우스나 스웨터를 만들어주었다. 몇 벌은 아직까지 가
지고 있고 옛날 생각이 날 때면 가끔 꺼내서 입기도 한다. 요새
는 언니가 내 옷을 골라준다). 무슨 옷을 입고 가든 학교에서는
푸른색 가운을 걸치면 되니까 좋았다.

우리 반 여자애들은 가끔 파격적인 짧은 머리나 밝은 염색으
로 선생님들의 조롱을 사곤 했다. 하루는 내 친구 일로너(내가
생물 경시 대회에 나갔을 때 역사 경시 대회에 나갔던 친구)가
평소보다 두 단계나 밝아진 머리로 나타났다. 선생님이 물었다.
"대체 어제 무슨 일이 있었던 거니? 과산화수소 통에 빠지기라
도 했던 거야?" 나는 한결같이 짧고 약간은 덥수룩한 갈색 머리
로 지냈다.

나는 남자애들 이야기, 데이트 이야기로 키득거리는 것도 별

로 좋아하지 않았다. 가끔 영화관에 가면(헝가리에는 "서부 개척 영화"라는 장르가 있었다. 보통 호르토바지 국립공원에서 촬영한 작품들이었다), 데이트 중인 같은 반 친구를 볼 때가 있었다. 설사 내가 데이트를 하고 싶었더라도 할 수 있었을지는 잘 모르겠다. 남자아이들이 보기에 나는 키가 너무 크고 말라서 별로 매력이 없었을 테니까. 어쨌거나 데이트를 신청하는 남학생은 없었고, 그래도 상관없었다.

우리 반에는 나와 수학의 경쟁자라고 부를 만한 아이가 딱 한 명 있었다. 머리Mari는 성품이 온화한 아이였고 조용하면서 뛰어난 학생 중 한 명이었다. 가끔 수학 선생님이 칠판에 문제를 내주고 각자 풀어보라고 할 때가 있었다. 나는 항상 문제를 풀어냈고 머리도 그랬다. 그런데 희한한 점이 있었다. 풀이 과정을 설명할 때 보면 머리와 나는 매번 다른 방식으로 풀었기 때문이다. 어떨 때는 누구의 방법이 옳은지를 두고 설전을 벌였다. 머리는 평소 승부욕이 강한 편은 아니었지만 자기가 선택한 방법에 대해서는 단호했고, 나도 그랬다. 선생님은 이런 상황을 즐기면서 우리가 논쟁하게 두었다. 두 사람이 각자 자기 방식을 옹호하며 우기다 보면 5−10분이 훌쩍 지나갔다. 눈치 빠른 아이들은 패턴을 발견했다. 커리코와 머리가 문제를 서로 다르게 풀면 그때가 쉬는 시간이라고. 앞에서 머리와 내가 서로 티격태격할 때 아이들은 낙서하거나 몽상을 하거나 쪽지를 주고받으며 놀았다.

다른 많은 친구들처럼 내 이름 옆에도 F가 적혀 있었다. 고등학교의 모든 기록에 언제나 커털린 커리코 : F라고 표시되어 있었다.

F는 미국 성적표와 달리 실패라는 뜻이 아니다. 헝가리어로 피지커이fizikai, "육체"라는 뜻이었다. 내 관련 문서를 보는 사람—이를테면 대학 행정실—에게 F는 부모가 의사나 교수인 아이와 비교해 내가 육체노동자의 자녀임을 뜻한다(엄마는 사무실과 약국에서 일했지만, 8학년에서 공부를 마쳤기 때문에 육체노동자로 분류되었다).

공산주의 헝가리에서 F는 교육자들이 나에게 추가로 신경을 써주겠다는 뜻이다. 당은 노동 계급의 승격을 원했기 때문에, 엘리트 자녀라면 좀더 쉽게 얻을 기회를 우리 같은 아이들에게 적극적으로 제공했다. 그렇다고 거저 받았다고 오해하면 안 된다. 이 기회를 잘 활용하려면 열심히 공부하겠다는 포부와 의지를 보여야 한다. 나는 둘 다 갖추고 있었으므로 내 이름 옆의 F는 나를 주목하게 했다. F의 지위 덕분에 고등학생 때 대학에서 주최하는 특별 여름 강좌에 참가할 기회가 주어졌고, 나는 그 기회를 놓치지 않았다.

당시 헝가리의 대학 체제는 미국과 상당히 달랐다. 미국에는 수천 개의 대학과 전문대학이 있다. 물론 아이비리그 같은 최상위 학교는 경쟁이 극심하다. 하지만 이런 일류 대학교에 갈 생각이 아니라면 미국 고등학생에게는 선택의 가능성이 차고 넘친다. 대학에 가고 싶다면 어딘가에는 학교가 있다. 1970년대 초 헝가리에서는 갈 곳이 훨씬 적었다.

그래서 대학교 여름 프로그램에 들어가는 것은 혹독한 입시 과정을 준비하는 데에 꽤 도움이 되는 좋은 기회였다. 하지만 그런 이점이 없었더라도 나는 참가하고 싶었을 것이다.

이제 내 모든 열망은 생물학에 있었으니까.

키슈이살라시에서 145킬로미터 떨어진 헝가리 남쪽 국경 근처에 있는 세게드는 밝고 매력적인 도시였다. 어디를 가든 북적대는 카페와 식당, 거리 음악과 공원이 있어서 기분 좋게 산책할 수 있었고 날씨가 항상 맑았다. 여름에는 사람들이 티서 강 백사장에 모여들었는데, 여느 해변 못지않게 북적였다. 이곳에서는 여유로운 여름을 보낼 수 있었다. 하지만 나는 즐기려고 그곳에 간 것이 아니었다.

1972년 여름, 열일곱 살에 나는 세게드 대학교에서 공부했다. 이보다 영광스러운 일이 또 있을까. 얼베르트 센트죄르지가 비타민 C를 발견한 곳도, 근육 조직의 호흡에 필요한 핵심 요소를 발견하여 세포 작용의 이해에 혁명을 일으킨 곳도 바로 이곳이었다. 도시를 반으로 가르는 티서 강 건너편에는 신설된 생물학 연구소BRC가 있었다. 헝가리 국립과학원 소속의 이 연구소에서는 헝가리에서 가장 저명한 생물학자들이 일하고 있었다.

세게드 여름 프로그램 내내 내 일정은 살벌했다.

오전 5시 기상.

숙제하기.

아침부터 저녁까지 수업 듣기.

숙제 좀더 하기.

수면. 그러나 조금만.

오전 5시 기상. 다시 시작이다.

나는 글씨와 공식이 뿌옇게 보일 때까지 읽고 또 읽었다. 책을 하도 봐서 목과 어깨가 아팠다. 나는 공부에 필요한 만큼만 먹었고, 다음 날 아침에 일어나서 다시 하루를 시작할 수 있을 만큼만 잤다. 세부적인 내용과 과학 용어 등 교수님들이 가르쳐주는 것을 하나도 빼놓지 않고 넙죽넙죽 받아먹었다. 하도 책을 많이 봐서 눈이 피곤하다는 사람도 있었지만 나는 그렇지 않았다. 내 눈은 전혀 피로하지 않았다. 나는 그것들을 모조리 배우고 싶었고, 배우면 배울수록 세상은 더 복잡하고 매력적으로 보였다. 하지만 그 이면에는 두려움도 있었다. 내가 과연 대학에 갈 준비가 되었을까? 입학시험에 통과할 수 있을까? 합격한다고 해도 가서 잘할 수 있을까?

몇 개월 뒤 어느 햇살 좋은 날, 고등학교 우리 반 아이들은 옥수수 수확에 동원되어 키슈이살라시 외곽으로 갔다. 학생들 각자 한 이랑씩 맡아 옥수수를 땄는데, 나는 마리어 프리에들Mária Friedl이라는 아이 옆줄이었다. 마리어는 켄데레시라는 작은 농촌 마을에 살았는데, 근처에 고등학교가 없어서 이곳까지 기차를 타고 통학했다(눈이 오나 비가 오나 매일 아침 켄데레시 학생들은 역까지 걸어와 기차를 타고 키슈이살라시에 왔고, 다시 고등학교까지 20여 분을 걸어서 등교했다). 마리어는 근성이 있는 운동선수였고, 성격이 솔직하고 단호했다. 그리고 일도 열심히 했다.

우리 집에도 할머니네처럼 옥수수밭이 있었고, 나는 평생 옥수수 따는 법을 몰랐던 적이 있었나 싶을 정도로 어려서부터 밭에서 일했다. 그래서 마리어와 나는 재빨리 일을 마쳤다. 어떤 아이들은 옥수수를 따본 경험이 없어서 우리보다 동작이 느렸고, 또 우리 바로 옆에 있던 소녀들은 손톱이 망가질까 봐 일을 빨리할 수 없었다. 무엇보다 아이들은 그저 이곳에서의 하루를 즐기고 싶어했다. 그래서 라디오를 듣거나 수다를 떨면서 다들 느긋하게 일했다. 굳이 빨리 해치울 필요는 없었다. 이건 시합이 아니니까. 각자 맡은 이랑이 있고, 제때 끝내기만 하면 된다. 하지만 마리어와 나는 후다닥 일을 마치고 여유를 즐기는 편이 좋았다.

우리는 밭 가장자리에 앉아 물을 마시고 얼굴을 들어 태양을 보았다. 나는 눈을 감고 가을의 온기를 느끼며 같은 반 친구들이 재잘대는 소리를 들었다. 그때 갑자기 그늘이 드리웠다. 크고 어두운 무엇이 내 앞에서 해를 가렸다.

나는 눈을 떴다. 내 앞에 러시아어 선생님이 서 있었다. 표정이 썩 좋지 않았다.

"커털린." 선생님이 신경질적으로 내 이름을 불렀다. 이유는 모르겠지만 마리어를 두고 내 이름만 말했다. "일어나. 얼른 가서 마저 일해라."

나는 이 선생님을 오랫동안 알았다. 예전에 같은 동네에 살았다. 선생님의 아내가 내가 다닌 초등학교 교사였고 나는 어려서 선생님의 아들과 놀았다. 그리고 여러 이유로 선생님 집에도 갔었다. 하지만 지금 선생님을 올려다보면서 깨달았다. 나는 이 사람을 별로 좋아하지 않는구나. 이 선생님은 항상 불만이 가득했고, 평소에도 어딘가 편치 않은 얼굴로 줄담배를 피워댔다.

"제 일은 다 끝냈는데요." 내가 설명했다.

"일어나라니까." 선생님이 다시 힘주어 말했다. 그래, 나는 확실히 이 사람을 싫어한다. 그는 모가 난 성격에, 매사에 남의 감정을 해치고 적대적이었다.

"다른 학생들이 아직 일하는 거 안 보이니." 그가 말했다. 이번에도 나한테만 말했다. 마치 마리어는 나처럼 놀지 않고 열심히 일했던 것처럼. 평소 마리어가 선생님들을 포함해서 다른 사람에게 직설적으로 말하는 편이라서 건들지 않는 것일까? 부당한 꼴은 못 보는 성격이어서? 나랑 달리 공부도 안 하고 대학에 진학할 생각이 없어서 아쉬울 게 없으니까? 아무튼 왜 그런지는 몰라도 지금 이 사람이 물고 늘어지는 것은 나였다. "밭으로 돌아가서 아이들을 도와라. 당장."

나는 생각해봤다. 다른 아이들이 아직 일하고 있는 건 사실이지만, 그것은 어디까지나 저 애들이 나와 마리어처럼 집중해서 일하지 않았기 때문이다. 우리가 일하는 동안 저 애들은 밭 한 가운데서 춤을 추거나 모여 앉아 다른 사람을 험담했다. 그런데 왜 벌은 내가 받아야 한다는 말인가? 그것은 옳지 않았다. 그러면 안 되는 거다.

내 안에는 항상 어떤 고집 같은 것이 있었다. 그래서 누군가가 나에게 부당한 것을 강요하면 반발하고 뻗대곤 했다.

"싫습니다." 내가 마침내 말했다. "안 하겠습니다. 전 피곤해요. 제가 해야 할 일은 이미 다 마쳤습니다. 그냥 여기에 있겠습니다." 내 앞에 있는, 정확히 말하면 내 위에 있는 이 사람이 점점 더 커 보였다. 그는 나를 노려보더니 입을 열었다가 다시 닫았다. 그의 표정이 굳었다.

그런 다음 선생님은 휙 돌아서 가버렸다. 이대로 끝날 리가 없다고 짐작은 했다.

교실로 돌아왔을 때, 선생님은 곧바로 나를 규율 위반으로 보고했다. 보고서에는 내가 태만했고, 규칙을 어겼으며, 공동체의 가치에 어긋나는 행동을 했다고 쓰여 있었다. 그리고 교실에서 모두가 보는 앞에서 그 서류를 내게 주었다. 보고서를 읽고 있을 때 마리어가 옆에서 같이 보았다.

헝가리에는 마음속에 있는 것은 입술에도 있다는 격언이 있다. 그것은 마리어를 두고 하는 말이었다. 마리어는 생각하는 대로 말하는 사람이었다. "그렇다면 저도 벌을 받고 싶습니다." 마리어가 말했다.

놀란 선생님이 몸을 돌려 마리어를 보았다. 선생님은 애초에 마리어는 생각하지도 않았던 것 같았다.

"저도 커리코와 같이 있었습니다." 마리어가 계속했다. 눈빛에 반항심이 가득했다. "저도 제 몫의 일을 끝내고 앉아 있었습니다. 그러니까 저도 벌을 받아야 합니다." 나는 억지로 웃음을 참았다. 마리어처럼 대담하고 두려움이 없는 친구가 곁에 있다는 것이 얼마나 행복한 일인지. 내가 나보다 힘센 누군가에게 위협을 받을 때 나를 지켜보고 지지해주는 사람이 있다는 것은 정말 든든한 기분이었다.

알고 보니 내 편이 되어준 사람이 마리어만은 아니었다. 그 선생님은 다른 선생님들에게 내 얘기를 하면서 정식으로 징계해야 한다고 요구했다. 그러면 결국 내 생활기록부에 기록이 남아 내가 지원한 대학에서 보게 될 것이다. 그것은 야망이 있는 소녀의 앞길을 막는 엄청난 일이었다. 그는 자신이 존중받아 마땅하다고 생각하는 뿔난 사람에게 대들었을 때 어떤 일이 일어날 수 있는지를 제대로 가르쳐주었다.

감사하게도 다른 선생님들은 나에게 징계를 내리는 일에 동의하지 않았다. 지금도 그 이유를 모르겠다. 어쩌면 다른 선생님들도 이 불쾌한 남성을 좋아하지 않았는지도 모른다. 어쨌든 그들은 동료 교사의 결정 대신 학생의 편을 들었다. 나는 그분들께 평생 감사한다.

그러나 러시아어 선생은 거기에서 멈추지 않았다. 졸업을 앞두고 하루는 선생님이 복도에서 나를 멈춰 세웠다. 기말 구술고사를 막 끝내고 나오는 길이었다. 밤새 공부했기 때문에 너무

지쳐 있었고, 다행히 시험은 잘 치렀지만 세게드 대학교 입학시험을 앞두고 걱정이 태산이었다. 그런데 갑자기 내 앞에 그 사람이 서 있는 것이다. 선생님은 분명 할 말이 있어서 나를 불렀다. "너 말이야, 커리코." 그가 말했다. 마치 방금 떠오른 생각인 듯 내뱉었지만, 그 목소리에는 냉랭하고 잔인한 기운이 서려 있었다. "내가 세게드 대학교에 아는 사람이 좀 있다. 내가 직접 연락해서 절대 네가 합격하는 일이 없게 할 생각이야."

젊은이의 패기였을까? 지나친 자신감이었을까. 순진함이라고, 아니면 똥고집이라고, 그것도 아니면 그냥 어리석었다고 해도 좋다. 하지만 나는 내 앞에 서 있는 그 선생님을 빤히 쳐다보았다. 나를 해치려고 작정한 그 사람을 보았다. 그리고 아무 말도 듣지 못했다는 듯이 태연히 가던 길로 걸어갔다. 복도에 선생님을 혼자 세워두고 나는 그냥 가버렸다.

그가 정말로 내 합격을 좌우할 수 있었을까? 그것은 나도 알수 없었다. 하지만 그에게 내 마음을 헤집어놓았다는 만족감을 주고 싶지는 않았다. 그것만큼은 확실했다.

얼마나 많은 학생들이 세게드 대학교에 지원했는지는 모르겠지만, 나는 그중의 한 명이었다. 지원자들 중에서 200명 이상이 선발되어 생물학과 입학을 위한 지필고사를 치른다. 나는 그중의 한 명이었다. 거기에서 다시 30-40명이 뽑혀서 구술고사를 본다. 그리고 그중에 15명이 최종 합격한다.

나는 그중의 한 명이었다.

합격증을 받았을 때, 나는 그 러시아 선생님을 생각했다. 내
몫의 일을 마치고 앉아 아름다운 가을볕을 즐기고 있었다는 이
유로 내가 원하는 대학에 들어가지 못하게 막으려고 했던 사람.
지금 생각해보면 그는 단지 대학 입학만이 아니라 그 이후에 펼
쳐질 내 인생을 통째로 훼방놓으려고 했다. 그는 내가 미래에 성
취하게 될 모든 것을 빼앗고, 내 연구가 영향을 미칠 모든 사람
에게서 그것을 빼앗으려고 했다. 이런 사소한 이유로.

그 사람은 실패했다. 그러나 나는 그 사람에게서 중요한 것
을 배웠다. 세상 모든 사람이 나를 응원하는 것은 아니며, 세상
모든 사람이 내가 잘되기를 바라는 것도 아니라는 사실을 알게
되었다. 세상 모든 사람이 나의 기여를 원하는 것은 아니다. 심
지어 어떤 사람은 나를 미워하기로 작심한다.

그렇다면, 알겠다. 접수했음.

헝가리의 대학교는 5년제이다. 생물학과 학생은 입학 첫날부터
교실과 실험실에서 수업한다. 학년이 올라갈수록 강의보다 실
험이 더 중요해진다. 헝가리의 교육 체계에서는 5년 뒤면 생물
학자가 된다.

5년이 지나 학부를 마치면 나는 생물학자가 될 것이다.

그러나 처음부터 나는 가능하면 박사 과정까지 밟고 싶었다.
박사 과정은 수년간의 주제 연구를 거쳐 학위논문과 시험으로

완료된다.

1973년 여름, 이 모든 것은 내가 정상까지 오를 수 없는 높은 산 같았다. 그러나 빨리 시작하고 싶었다.

어린 시절을 줄곧 한곳에서 살아온 사람에게는 그곳이 내가 아는 것이고, 내가 아는 전부이며, 으레 그러려니 생각한다. 소파 곳곳에 흩어진 작은 쿠션에 수놓아진 화사한 꽃망울, 이른 아침 같은 시간에 아일렛 커튼을 통해 흘러들어오는 햇살의 각도, 수천 번 식사와 숙제를 했던 단단하고 낡은 식탁, 아침마다 아버지가 집안일을 하며 깊고 따뜻한 음성으로 부르던 노래, 엄마가 양파와 고추와 사워크림을 엄마만의 비율로 섞어서 만든 퍼프리카시 특유의 냄새. 그 냄새는 지문처럼 고유하다.

이것이 삶이라고 생각했다. 이것이 내 삶이라고 생각했다.

그러던 어느 날 짐을 꾸린다. 전에도 집을 떠난 적이 있지만 이번에는 다르다. 일주일짜리 여행도 아니고, 여름을 보내고 돌아올 것도 아니다. 지금까지와는 전혀 다른, 완전히 새로운 삶의 시작이다. 그 사실은 나도 알고 있었다. 그 진짜 의미는 아직 이해하지 못했지만.

집 안을 둘러보았다. 아버지 옆에서 벽돌 하나하나 쌓아가며 이 집을 지었던 시간을 떠올린다. 그 이후로 이곳에서 보낸 모든 낮과 밤을 추억한다. 이 벽에, 이 탁자에, 이 문에 수만 번 시선이 닿은 시간을 기억한다. 이제 대학에 진학하기 위해 문을 나서며 마지막으로 모든 것을 눈에 담는다.

　내 앞에 펼쳐진 이 긴 여정. 이제 나만의 길이 시작된다.

2

과학에 대한 아주 짧은 막간 이야기

유치원에서 아이들과 줄을 서서 소아마비 백신 투약을 기다리던 즈음, 다섯 살의 어린 내가 아직 알지 못하는 사이에 전 세계의 과학자들은 놀라운 발견으로 내 삶을 바꿔놓고 있었다.

이 시기에 생물학자들은 이미 유전학에 대한 다양한 지식으로 무장했다. 이들은 유전자가 작은 DNA 조각이고 세포의 핵 속에 염색체 형태로 포장되어 있다는 것을 알게 되었다. 또한 DNA가 유기체의 유전 정보라는 것도 알았다. 이 정보는 유기체의 몸을 만들 뿐 아니라 그 유기체를 살아 있게 만드는 모든 활동의 청사진이다. 과학자들은 DNA가 아데닌(A), 티민(T), 구아닌(G), 사이토신(C)이라는 네 가지 염기로 구성된 네 종류의 뉴클레오사이드nucleoside를 사용해 "쓰였다"는 것을 알았다 (DNA나 RNA 같은 핵산을 구성하는 기본 단위체를 뉴클레오타이드라고 하는데 5탄당, 염기, 인산기로 이루어졌다. 뉴클레오타이드에서 인산기가 빠진 분자가 뉴클레오사이드이다/옮긴이). 알파벳 26개를 결합하고 조합하여 무수한 단어와 의미를 만들 수 있는 것처럼, 이 네 가지 뉴클레오사이드의 "염기"가 배열된 특별한 순서가 유전자의 기능을 결정한다.

각 유전자가 특정 단백질을 암호화한다는 사실도 밝혀졌다.

그 암호를 해독해서 만든 단백질은 몸에서 일을 시작한다. "유전자 발현gene expression"은 세포가 실제로 유전 정보를 사용해서 작업하는 과정으로, 특정 유전자에 해당하는 단백질을 제작한다는 뜻이다. 단백질이 세포질 안에 있는 리보솜ribosome이라는 세포 내 소기관에서 만들어진다는 것도 알려졌다.

이렇게 생물학자들은 세포에서 무슨 일이 일어나는지 알고 있었다. 하지만 어떻게 일어나는지는 몰랐다.

핵 속에 갇혀 염색체로 꽉꽉 포장된 DNA 안에 들어 있는 정보로 어떻게 핵 바깥에서 단백질을 만들 수 있을까? 핵을 결코 떠나지 않는 비활성 상태의 이 청사진이 어떻게 세포의 전혀 다른 부분에서 일어나는 작업을 지시할 수 있느냐는 말이다. 내가 태어난 시기에 그 문제는 아직까지 완벽한 수수께끼였다.

1950년대 후반에 프랑스 파스퇴르 연구소 연구자들이 가설을 세웠다. 그들은 어쩌면 중간에 관여하는 물질이 있을지도 모른다고 생각했다. 그 "세포질 전령"(어떤 과학자들은 간단히 X라고 불렀다)이 필요한 DNA 코드—A, T, G, C의 배열—를 복사해서 핵 바깥으로 빼내고 세포의 작업장까지 실어나른다고 말이다. 이런 가설을 듣고 많은 과학자들이 대놓고 비웃었다. 훗날 이 획기적인 발상의 공로를 인정받은 사람 중에서 프랑수아 자코브François Jacob는 다른 과학자들은 눈을 굴리며 조롱했던 것을 기억했다.

과학의 역사는 뛰어난 아이디어를 비웃은 아주 똑똑한 사람들의 이야기로 가득 차 있다.

그러나 연이은 도전 끝에 마침내 1960년에 독립적인 두 실험으로 그들의 가설이 옳았음이 증명되었다. 실제로 DNA에서 리보솜으로 정보를 넘기고 홀연히 사라지는 전령이 존재했던 것이다. 리보솜은 그 정보를 번역하여 단백질을 제작한다.

오늘날 우리는 그 작은 물질을 X가 아닌 전령 RNAmessenger RNA, 또는 mRNA라고 부른다.

전령 RNA가 RNA의 유일한 종류는 아니지만, 내 이야기에서는 가장 중요하다.

RNA 또는 리보핵산은 DNA처럼 뉴클레오타이드(정확히 말하면 RNA에서는 리보뉴클레오타이드라고 부르고, DNA에서는 디옥시리보뉴클레오타이드라고 부른다)로 언어를 구성하는 유전 재료이다. 그러나 DNA는 영구 보존이 목적인 반면에 모든 RNA는 임무 수행을 위해서 일시적으로만 존재한다. 제 임무를 끝내고 나면 세포에 의해서 파괴되는 임시직이다.

RNA의 단명하는 특징은 모두 구조 때문이다. DNA는 두 가닥 사슬로 된 이중나선(꽈배기처럼 꼬인 사다리 형태인데, 당-인산의 두 가닥이 "버팀대"를 이루고 그 사이에서 한 쌍의 염기가 결합해 "디딤대"가 된다)이지만 대부분의 RNA는 단일 가닥이다. 톱을 들고 사다리 가운데를 위에서부터 수직으로 썰어 내려온 모양새라고 생각하면 된다(고로 각 디딤대에는 염기가 하나뿐이다). 또한 RNA의 반쪽짜리 사다리에서 버팀대에 해당하는 당 분자에는 수산기hydroxyl가 있는데, 이 수산기가 뉴클레오사이드를 연결하는 인산기와 결합하면서 긴 RNA 사슬을 끊어버린다.

마지막으로 DNA와 RNA는 염기의 알파벳에 차이가 있다. RNA에도 염기가 네 종류이다. 이 중에서 A, C, G는 DNA와 동일하다. 하지만 DNA에는 티민이 있는 반면, RNA는 우라실 uracil이라는 염기로 구성된다. 우라실이 당 분자에 결합한 뉴클 레오사이드를 유리딘uridine이라고 부른다. 그래서 RNA의 언어 는 A, C, G, 그리고 U로 구성된다.

DNA에서 mRNA로, mRNA에서 단백질로. 이 과정에서는 각각 전사와 번역이라는 두 단계가 순차적으로 진행된다.

전사는 DNA 형태로 핵 속에 존재하는 유전자 염기 서열, 즉 염 기 종류의 순서가 RNA에 복사되는 과정을 말한다. 핵 안에서 어 느 특별한 효소(생화학 반응이 일어나게 하는 단백질의 일종)가 유전자를 따라 움직인다. 그때마다 조금씩 그 유전자 이중가닥 DNA의 "지퍼가 열리면서" A, C, G, T의 고유한 배열이 노출되 면, 효소가 이 정보에 상보되는 핵산 가닥을 만드는데, 그것이 바로 mRNA이다. 효소가 mRNA를 만들고 지나간 DNA 가닥 은 다시 합쳐진다.

전사가 완료되면 mRNA는 핵을 떠나 세포질의 리보솜으로 간다. 그러면 리보솜에서는 저 염기 서열에 암호화된 지시에 따 라 단백질을 제조한다.

번역은 유전 암호를 해석하여 단백질을 만드는 과정이다.

유전 정보가 복사된 mRNA를 읽고 단백질을 생산하는 것은 리보솜이다. DNA가 뉴클레오타이드의 사슬로 만들어지는 것처럼 단백질도 기본적으로는 아미노산이라고 하는 더 작은 단위체가 사슬처럼 연결된 것이다. 아미노산에는 총 20가지 종류가 있고 단백질 내에서 아미노산의 순서는 mRNA를 구성하는 염기의 순서에 따라 결정된다. 일단 아미노산 사슬이 만들어지면 마치 색종이로 종이접기 하듯이 이리저리 접히고 꼬여서 복잡한 3차원 구조가 된다. 단백질의 구조는 그 단백질이 자기 일을 하는 데에 필요한 특정한 모양을 형성한다.

제작이 완료된 단백질은 주어진 업무를 시작하고 그렇게 우리의 생명을 유지한다.

그렇다면 핵 속의 DNA에서 정보를 복사해 실어온 mRNA 분자는 어떻게 될까? 단백질이 만들어지고 나면 mRNA는 사라진다. 효소가 mRNA를 염기, 당, 인산의 원재료로 분해한다. 그 재료 대부분은 몸에서 재활용되고, 일부는 배출된다. 단백질도 임무를 완료하면 분해된다.

이 과정은 우리 몸에서 매시 매분, 쉬지 않고 일어난다. 먼저 세포의 핵에서 mRNA가 만들어진다. mRNA는 세포 안에서 정보와 활동을 연결하는 중개인으로 한때는 의문에 싸여 있었다. mRNA가 핵에서 세포질로 이동하고 그곳에서 단백질 제작을 지시한다. DNA와 RNA에서 뉴클레오사이드 염기의 순서로 암호화되는 모든 정보, 생명의 언어를 이루는 저 작은 글자들이 DNA에서 mRNA로, 그리고 단백질로 이동한다. 이 과정은 몸속 어디에서나 계속해서, 지금 이 순간을 포함해 늘 진행된다.

　물론 나는 여기에서 전 과정을 아주 단순하게 설명했다. 이런 식으로 대강 뭉뚱그리는 설명이 나한테는 (그리고 아마 대부분의 과학자에게) 자연스럽지 않다. 과학 용어에는 일반적인 어휘가 담아내지 못하는 간명하고 정확한 엄밀함이 있다. 게다가 나는 논리적이고 사실을 바탕으로 생각하는 사람이라서 은유나 뜬구름 잡는 묘사는 선호하지 않는다. 하지만 이 책을 읽는 독자가 나처럼 분자생물학이나 생화학에 40년씩 몰두한 사람이 아니라는 것쯤은 잘 알고 있다. 과학자에게는 일상적인 용어와 이름들이 아마 독자에게는 낯설고 어려우며 별 의미가 없을 것이다. 내 평생의 연구에 바탕이 된 이 개념들을 독자는 아예 배우지 않았거나 잊어버렸을 것이다. 그래서 지금까지 긴 세월 동안 내가 해온 일과 그 일의 중요성을 비과학자인 독자가 이해할 수 있도록 여기에서 짧지만 몇 쪽을 할애하여 저 복잡한 개념을 간략하게 설명했다.

　그러나 이 책에서 저것들이 나오려면 아직 멀었다. 일단 1970년대 헝가리로 돌아가자. 호기심 많고 포부도 야무진 한 소녀가 세게드 대학교에 도착한 그때로.

3

목적의식

우리는 정원이 18명인 하나의 팀이었다. 우리는 무엇이든 함께 했다.

1973년 가을, 세게드 대학교 생물학과에 입학한 우리는 매일 붙어다녔다. 이 대학은 학년별 교육과정이 모두 이미 정해져 있었고 우리가 선택할 수 있는 수업은 없었다. 그 말은 매 학기 모든 수업을 다 같이 들어야 한다는 뜻이다. 수업과 수업 사이에 우리는 같이 점심을 먹었다. 밤에는 모둠을 나누어 숙제를 함께 했다. 그리고 대부분 같은 기숙사에 살았다. 우리는 18명으로 구성된 하나의 단위 공동체였다.

그렇다고 우리가 똑같은 것은 아니었다. 각자 나고 자란 배경이 달랐다. 부모가 교수인 학생도 있었고 농장에서 자란 학생도 있었다. 작은 마을에서 온 학생, 수도인 부다페스트에서 온 학생도 있었다. 누구는 벌러턴 호의 고급 리조트 동네에서 왔다. 내 친구 주저 칼만Zsuzsa Kálmán은 부모님이 교육대학교에서 음악을 가르치는 작곡자 겸 음악가였다. 그래서 주저는 음악에 대해서 모르는 것이 없었다. 주저의 남자친구는 우리 과 1년 선배인 처버Csaba였는데, 두 사람은 주저가 열다섯 살 때부터 사귀었다. 주저는 남자와 몇 년이나 깊은 사이—나한테는 있을 수도 없는 일—였기 때문에 그 방면으로도 아주 잘 알았다.

외국인 학생도 있었다. 헝가리는 동유럽권은 물론이고 쿠바나 레바논처럼 공산주의에 우호적인 국가에서도 유학을 왔다. 우리 과에는 유고슬라비아에서 온 헝가리계 학생 두 명과 저 멀리 베트남에서 온 여학생 두 명이 있었다.

잠깐 이 이야기를 언급하는 것이 좋겠다. 우리 과에 들어온 헝가리 학생의 절반이 이름 옆에 F 표시가 있었다. 다른 나라도 저소득층 학생이나 노동자 자녀에게 이런 세계적인 수준의 교육을 받을 기회를 주었을까? 미국 대학교에서 몇십 년 동안 일하면서 나는 새삼 궁금해졌다. 그렇게 되려면 무엇이 필요할까?

입학할 당시에 나는 유전학에 전혀 관심이 없었다.

첫 학기를 시작하면서 우리 학년의 지도 교수가 각 학생에게 어떤 분야에 관심이 있는지 물었고, 우리의 답변을 녹음했다. "저는 식물이 좋습니다." 나는 이렇게 대답했다. 그때까지 나는 내내 식물을 공부해왔다. 나는 식물이 생태계 안에서 저마다의 특성과 쓸모를 갖추고 제자리를 지키는 방식을 배우는 것이 좋았다. 그리고 공기와 음식과 물, 그리고 아름다움까지 인간의 삶에 중요한 모든 요소들 가운데 식물에서 온 것들을 모두 사랑했다. 나는 동물처럼 식물도 세포라는 작은 단위로 쪼개지고, 식물의 세포 역시 호흡하고 영양소를 흡수하고 단백질을 만들고 이곳저곳으로 필수 분자를 옮긴다는 사실을 알아가는 것이 좋았다.

그러나 동기들에게 내 관심사를 말하면 어이없어하는 것 같았다. 불과 20년 전, 제임스 왓슨James Watson과 프랜시스 크릭 Francis Crick이 (로절린드 프랭클린Rosalind Franklin의 연구를 바탕으로) 맨 처음 DNA의 이중나선 구조를 기술한 이후로 과학자들은 유전자 서열, 복제, 기능의 기초적인 이해에 괄목할 만한 진전을 보여왔다. 심지어 작고 재주 많은 유전자 전령이자 단백질 제작을 지시하는 mRNA까지 발견되었다. 유전학은 아름답고 우아하고 솔직히 감동적이기까지 했다. 많은 친구들이 주장하기로 유전학은 진정한 생명 활동이 일어나는 분야였다.

머지않아 나 역시 그렇게 확신하게 되었다.

기숙사는 티서 강에서 멀지 않은 아름다운 공원 옆에 있었다. 우리는 매일 벨바로시 다리를 건너 강의실과 학교 식당에 갔다. 헤르먼 오토 기숙사는 우리가 세게드에 도착하기 불과 몇 개월 전에 완공되었다. 그래서 벽돌과 유리로 지은 이 10층짜리 건물은 모든 것이 새것이었다.

사실 그 시절 내게는 모든 것이 다 새것 같았다.

신입생은 선배 두 명과 같은 방을 사용했다. 과에 좀더 쉽게 적응하게 돕는 배려였다. 방에는 침대 세 개, 싱크대 하나, 그리고 공부할 수 있는 책상과 의자가 있었다. 벽이 통창이라 아주 밝고 현대적이었고 지내기에도 좋은 곳이었다. 나는 이곳에서 공부하는 것이 너무 좋았다.

기숙사에는 300명쯤 되는 학생이 살았는데 그러다 보니 조용할 때가 없었다. 옆방 학생들의 웃음소리와 음악 소리가 늘 들려왔고, 복도에서도 명랑한 대화가 끊이지 않았다. 창문으로 비틀스나 롤링 스톤스의 음악이 흘러들어올 때도 있었다. 사람이 밖으로 나가는 소리도 수시로 들렸다. 음악을 들으러 가거나, 농구를 하러 가거나, 심지어 단체로 도서관에 가는 소리였다.

학생 각자에게는 자기만의 자리와 진로, 목적이 있었다. 우리 앞에는 끝없는 기회가 펼쳐졌다.

물론 헝가리는 아직 소련의 영향권에 있었다. 기숙사 내부나 사교 클럽 회원 등 동료 학생들 중에 비밀경찰의 정보원이 있다는 소문이 파다했다. 아마 거짓은 아니었을 것이다. 그 시절에 비밀경찰은 특히 세게드 주변에서 늘 맴돌고 있었다.

세게드는 당시 유고슬라비아(현재의 세르비아) 국경에서 고작 16킬로미터, 루마니아 국경에서도 32킬로미터밖에 떨어지지 않은 도시이다. 그 시절에 유고슬라비아는 헝가리보다 여행 제한이 심하지 않아서 서유럽권 상품이 흔했다. 대학생들은 국경을 넘나들며 청바지 같은 물건들을 구했다. 한 친구가 청바지를 사다준 적이 있었는데 확실히 모던하고 세련된 디자인이었다. 여행 제한이 없었기 때문에 유고슬라비아를 통해서 불법으로 헝가리를 빠져나가려는 사람들도 많았다. 이 지역의 기차나 거리에서 비밀경찰을 보는 것은 드문 일이 아니었다. 그들은 주로 심각한 표정의 사각 머리 남성이었고, 쥐새끼 한 마리 놓치지 않겠다는 비장한 눈빛으로 사방을 감시했다.

　그러나 내가 어렸을 적에 비하면 세상은 많이 달라졌다. 여전히 국가는 공산당이 장악하고 있었지만 이제 헝가리는 "굴라쉬 공산주의goulash communism"를 경험하며 과거보다는 좀더 자유롭고 유연해졌다. 몇몇 학생들은 실제로 비밀경찰의 정보원이었을지도 모르지만 그들의 스파이 활동이 예전처럼 체포나 축출로 끝나는 일은 흔치 않았다. 이 시절에 당은 학생들에게 직접적인 고초를 안겨주기보다는 캠퍼스 초청 강연이나 연주회를 취소하는 일이 더 잦았다. 학생 조직의 해체를 강요하거나, 외국에 가려는 사람에게 여권을 내주지 않는 경우도 있었다. 완벽한 자유는 아니었지만 그렇다고 공포 속에 사는 삶도 아니었다. 이 당시의 사람들은 헝가리가 "공산주의 캠프에서 가장 행복한 막사"였다고 농담 삼아 말했다. 내 동급생들만 보아도 맞는 말이었다. 헝가리 친구들이 경찰이나 이데올로기를 간접적으로 비유하며 농담을 주고받을 때에도 베트남 친구들은 늘 입을 다물고 있었다. 그렇게 가깝게 지냈어도 나는 그들이 문제가 될 만한 말을 내뱉는 것을 한 번도 보지 못했다.

이곳에서는 내가 똑똑하다는 기분이 들지 않았다. 키슈이살라시에서도 나는 상대적으로 평범한 학생으로 출발했다. 하지만 누구보다 열심히 공부했고 마침내 누구 못지않은 실력을 갖추게 되었다. 대학에서도 같은 이야기가 반복되었다. 우리 과의 다른 친구들은 나보다 훨씬 수월하게 배우는 것 같았다. 하지만 이번에도 나는 노력해야만 얻을 수 있었다.

우리는 진화생물학, 유기화학, 분석화학, 물리화학, 물리학, 수학 수업을 들었다. 영어를 접해본 적 없는 일부 소도시 출신 학생들은 영어 수업도 들었다. 나는 영어를 아예 배운 적이 없었기 때문에 솔직히 말해서 저 수업들을 듣느라 상당히 애를 먹었다. 대학교 3학년 과정을 마치고는 여름 내내 영어 공부만 했다. 시험이야 통과했지만 언어로서의 영어는 결코 자연스럽지 않았다. 평생, 심지어 미국에서 수십 년을 보내고 나서도 내 영어에는 진한 헝가리 억양이 남아 있다. 그리고 과거형을 틀리게 사용하곤 한다. 내가 영어로 말을 하면 모국어가 영어인 사람들이—나를 한참 알았던 동료들도—눈을 찡그리고 나를 볼 때가 있는데, 내가 무슨 말을 하는지 알아듣지 못해서 혼란스럽다는 신호였다.

나를 힘들게 하는 것들은 또 있었다. 이를테면 나는 화학 실험 경험이 없었다. 고등학교에서 화학 실험 수업을 들었던 다른 학생들은 실험 시간에 시험관과 비커, 피펫, 뷰렛 등 유리 용기를 능숙하게 다루며 효율적으로 움직였다. 이 친구들은 스포이드로 자연스럽게 용액을 빨아올렸고, 저울의 0점을 어떻게 맞추는지도 묻지 않았다. 어설픈 것은 나뿐이었다. 이런 일에 대해서는 근육 기억도, 직관도 없었다. 게다가 우리가 하는 공부는 원래 어려웠다.

예를 들면 분석화학 실험 시간에 교수님이 학생들에게 정체를 알 수 없는 용액을 건넨다. 이를테면 아무런 정보도 없이 다짜고짜 투명한 용액이 든 단지를 주는 것이다. 용액의 정체를 알아맞히는 것이 우리 임무이다. 우리는 각자 실험을 거쳐 그 용액이 무엇으로 구성되어 있는지 추정해야 한다. 그러려면 한 번에 한 단계씩 논리적으로 해결해야 한다. 먼저 용액을 불꽃에 떨어뜨려본다. 불꽃 색깔이 주황색이 되면 그것은 그 안에 나트륨이 들어 있다는 뜻이다(요새도 나는 가스레인지에 음식을 조리하면서 습관처럼 불꽃에 소금을 떨어뜨리고 색깔이 변하는 것을 지켜본다). 반면에 색깔이 푸른색이면 구리가 들어 있다는 뜻이다. 이런 과제는 갈수록 복잡해져서 최종 답안을 제출하기까지 세 시간씩 걸릴 때도 있었고 가끔은 아예 헛다리를 짚기도 했다. 저 시절에 나는, 특히 처음에는 내가 나와 어울리지 않는 곳에 있다는 기분이 들었다. 그럴 때면 나 자신에게 이렇게 말했다. 이것이 바로 한스 셀리에가 말한 "우주를 향해 던지는 네/아니오 문제"가 아니던가? (이 용액이 산성인가? 리트머스 종이가 붉게 변하면 네, 푸르게 변하면 아니오.)

그리고 이것이 바로 콜롬보 형사의 일 아니던가?

한 가지만 더. 그것이 내가 점점 나아진 비결이었다. 질문 한 가지만 더, 실험 한 번만 더, 한 가지만 더 생각해보자, 내가 할 수 있는 과제 한 가지만 더 시도해보자. 나는 읽고, 또 읽고 그런 다음 다시 시작했다. 나는 외우고, 방금 공부한 것을 시험해보고, 그런 다음 확실하게 이해할 때까지 더 공부했다. 또 하고, 또 하고, 한 가지만 더, 한 번만 더.

만약 나에게 초능력이 있다면 이런 것이 아니었을까. 열심히 꼼꼼하게 일하고, 절대 포기하지 않겠다는 의지.

우리는 과제가 많았지만 나는 하나도 허투루 하지 않았다. 하지만 그 많은 지식을 계속 유지하기가 너무 힘들었다. 머리에 새로운 지식을 채우면 전에 있던 것은 빠져나가는 듯했다. 나는 새벽 2시까지 깨어 있는 날이 많았다. 겨우 서너 시간 자고 일어나서 강의 시간 전에 과제를 더 했다. 몸이 지치면 정신을 차리려고 창문을 열었다. 그러다 보니 비가 오나 눈이 오나 창문은 늘 열려 있었다. 늘 피곤했으니까(지금도 잠을 깨려고 창문을 열어놓곤 한다. 여름이든 겨울이든).

매일 아침 나는 차들이 쌩쌩 달리는 다리를 건너 수업을 들으러 갔다. 처음에는 자전거를 타고 다녔지만 얼마 지나지 않아 도둑맞았고 그후로 다시 사지 않았다. 식사는 학생 식당에서 주는 대로 먹었다. 기숙사 건물에 조리실이 있어서 입맛에 맞지 않으면 직접 해 먹는 학생들도 있었지만 나는 그런 적이 없었다. 나는 음식을 가리지 않았다. 학교 식당 음식도 맛있었다. 그리고 뭐, 요리할 시간이나 있었나?

모든 학생이 나처럼 공부하지는 않았다. 다른 학생들은 대체로 과제를 좀 대충했던 것 같다. 동급생 중에는 마지막 주에 몰아서 벼락치기를 하는 애들도 있었다. 그 친구들은 기말고사 직전에 밤을 새워가며 수백 쪽의 자료를 스펀지처럼 흡수했고, 그렇게 시험을 치르고 나면 술집에 가서 축하주를 들이켰다. 그들이 시험이 끝난 다음에도 내용을 기억했는지는 나도 모르겠다. 다만 나한테는 그런 방법이 통하지 않았고 그렇게 할 수도 없다는 것만 알았다.

내 친구 라슬로 서버도시László Szabados 같은 학생은 좀더 다방면으로 배움을 추구했다. 이런 친구들은 과학만이 아니라 문학, 재즈 음악, 민속 전통까지 닥치는 대로 파고들었다. 라슬로는 아버지가 철도 회사 직원이어서 어디든지 여행할 수 있었고, 실제로도 돈을 아끼느라 기차역에서 쪽잠을 자가면서 모험을 즐겼다. 그리고 특유의 함박 미소와 함께 많은 이야깃거리와 새로운 생각들을 잔뜩 채우고 돌아왔다.

나는 어땠느냐고? 나는 그저 이 세상에는 알아야 할 것이 너무 많다는 생각밖에 들지 않았다. 배워야 하는 것이 있다면 배우려고 했다. 그러지 않고는 견딜 수가 없었다.

그렇다고 내가 공부만 한 것은 아니었다. 디스코가 유행하던 시절이라 가끔은 주말에 친구들과 함께 밤늦게까지 춤을 추면서 기분을 풀었다.

음악을 들으러 갈 때도 있었다. 그 시절에 젊은이들 사이에서 흥미로운 것이 유행했는데, 바로 헝가리 민속의 재발견이었다. 일부 예술가들이 전국을 돌며 각 고장에서 전통 음악과 춤을 배운 다음 도시와 대학가로 돌아와서 사람들에게 전파했다. 대학마다 포크 댄스 모임이 있었고 나는 그들이 주최한 행사에 참석해서 동급생들이 옛날식으로 춤추고 소리 지르는 것을 보았던 기억이 있다.

나는 농구도 했다. 나 대학 때 농구 했었어라고 말하면 대단하게 들리는 모양이지만 그렇지는 않았다. 큰 팀도 아니었고 특별히 실력이 좋은 것도 아니었다. 가끔은 경기에 나갈 선수를 채우기에 급급했다. 하지만 우리는 골대를 왔다 갔다 하면서 열심히 공을 패스했고, 땀에 흠뻑 젖도록 뛰어다녔다. 체육관 바닥에서 신발이 끼익하는 소리가 울려퍼졌다.

경기 중이나 경기가 끝나고 기숙사로 걸어가면서, 아니면 몇 시간 뒤 졸린 눈을 비벼가며 창문을 열고 앉아 있을 때면 이런 생각이 들곤 했다. 나는 참 운이 좋구나. 이곳에 올 수 있어서 정말 감사했다.

고된 공부와 행복이 서로 반대라는 말은 믿지 않았으면 좋겠다. 노는 것만이 진정한 즐거움이라는 말도 믿지 말아라. 세게드에서 보낸 이 시간이 내 인생에서 가장 행복한 시간이었다.

대학에 들어갔어도 농촌 활동은 끝나지 않았다. 여전히 헝가리는 공산주의 국가였고, 할 일은 많았으니까. 풍성한 햇빛을 자랑하는 세게드는 포도 재배에 이상적이었다. 그리고 이제 막 새 학년을 시작해 잠시 공부에서 벗어나고픈 학생들보다 가을철 포도 수확에 적합한 일꾼이 또 있을까?

대학의 모든 학과가 포도 수확에 동원되었다. 이곳에서도 고등학교 때처럼 어떤 학생은 좀더 열심히 일했다. 대학에 들어간 지 얼마 되지 않았을 때였는데, 그날따라 비가 와서 날씨가 좀 쌀쌀했다. 이런 날 밖에서 포도를 따는 처량한 신세를 한탄하며 다들 움직임이 굼떴다. 그러자 농장 측에서 학생들의 사기 진작을 위해서 포도를 가장 많이 수확하는 그룹에게 소정의 상금을 주겠다고 제안했다.

우리 동기들은 다들 시큰둥했지만 나는 이때다 싶었다. 마침 동급생 대표로 뽑혀 야심 찬 계획을 세우던 참이었다. 하지만 그 계획을 실행하려면 돈이 필요했다. 이 시합으로 비용을 마련하자. 나는 과 친구들을 불러 모으고 이렇게 말했다. "애들아, 우리 한번 도전해보지 않을래?" 주위를 돌아보니 주저가 내 시선을 피하면서 애꿎은 니켈 색 하늘만 쳐다보았다. 나는 친구들을 설득했다. "잘 들어봐. 어차피 밖에서 비까지 맞으며 일하는 건데 이왕이면 뭐라도 얻어가는 게 좋지 않겠어?" 나는 상금을 받으면 그 돈으로 다 같이 서로의 집에 놀러 가자고 꼬셨다. 각 집을 돌아가면서 찾아가보면 재미있지 않을까?

나는 다시 주저를 보았다. 이번에는 주저도 내 눈을 보았고 입술은 웃고 있었다.

우리는 열심히 포도를 땄고, 우승했다. 그렇게 우리들의 단체 가정 방문이 시작되었다.

장발에 청바지 차림인 10여 명의 대학생들이 주말에 캠퍼스를 벗어나 왁자지껄 몰려다니는 모습을 떠올려보라. 우리는 기차에서 내려 함께 웃고 떠들며 우리 중 누군가의 집을 향해 행진했다.

다른 사람들이 사는 모습을 본다는 것은 정말 신기하고 재미있는 일이었다. 당시의 헝가리는 지금처럼 빈부 격차가 심하지 않았지만 그래도 사는 모습은 제각각이었다. 우리는 어느 여름날 벌러톤 호수를 따라 한 친구의 집을 방문했다. 그 친구의 아버지는 어느 지역 단체 재무 담당자였고 그 친구의 집은 무려 이층집이었다. 나는 그때까지 이층집에 사는 사람을 한 번도 본 적이 없었다. 하지만 조금 이상했다. 친구네 집은 내가 아는 그 누구보다 가진 것이 많았지만 친구 부모님은 우리가 그 집에서 자는 것을 허락하지 않았다. 대신 차고에서 우리를 재웠다. 그리고 식사도 챙겨주지 않아 우리끼리 돈을 모아 가까운 가게에 가서 빵과 라드lard를 사다가 배를 채웠다.

바로 다음 날 우리는 다른 동급생 집에 갔다. 이 가족은 형편이 좋지 않았다. 우리 집보다 더 힘들어 보였다. 하지만 이 가족은 우리를 환대해주었다. 마당에서 (가장 저렴한 고기인) 돼지족에 허브와 양념을 넣고 정성껏 고아 진하게 우린 스튜를 잔뜩 준비해 양껏 먹게 했다. 우리는 영양만점의 맛있는 음식을 따뜻하고 배부르게 먹었다. 이 집에는 방이 하나밖에 없었는데, 친구 부모님은 우리에게 방을 내어주고 본인들은 친척 집에 가서 주무셨다.

이런 관대함의 차이를 보고 나는 새로운 사실을 알게 되었다. 때로는 가장 적게 가진 자가 가장 많이 베푼다는 것을.

물론 모든 친구의 집을 찾아갈 수는 없었다. 베트남에서 온 흐엉Huong은 대신 세게드에 사는 다른 동기 집에 가서 베트남 음식을 거하게 한 상 차려주었다. 음식 맛도 일품이었지만 무엇보다 흐엉이 친구들과 자기 고향의 음식을 나누면서 즐거워하는 모습이 보기 좋았다.

우리 집 차례가 되었을 때 나는 무척 설렜다. 우리는 키슈이살라시까지 가는 기차 안에서 내내 깔깔대며 떠들었다. 역에 내려서는 집까지 걸어갔다. 가을이 한창이었다. 부모님이 집 밖에 마중 나와 있었다. 아버지는 우리를 보고 큰소리로 껄껄 웃었고 엄마는 너그러운 미소를 지으며 즐겁게 고개를 끄덕였다.

우리는 방 안 여기저기에 앉아 음악도 듣고 끝도 없이 수다를 떨며 웃었다. 부모님은 매번 말로만 듣던 내 동급생의 이름과 얼굴을 마침내 매치할 수 있게 되었다며 기뻐했다. 아버지는 모든 친구와 돌아가면서 이야기했다. 질문이 꼬리에 꼬리를 물고 이어졌다. 넌 고향이 어디니, 가족은 어떤 분들이시니, 졸업하면 뭘 하고 싶니? 한편 엄마는 내내 부엌에서 음식을 준비하느라 바빴다. 아침에는 우리가 마당에서 암탉을 쫓아다니며 모은 달걀 30개로 오믈렛을 만들어주었다. 저녁에는 아버지가 양고기 스튜를 준비하고, 엄마는 주특기인 거위발 케이크를 구웠는데 친구들이 모두 싹싹 긁어 먹었다(한 친구는 엄마한테 거위발 케이크 만드는 법을 배워서 매년 크리스마스 때마다 구웠다). 나는 친구들을 데리고 마을로 가서 내가 다닌 고등학교와 작은 생물학 박물관을 보여주었다.

나는 내가 지금까지 알고 지냈던 고향 사람들과 앞으로 계속 알고 지내게 될 대학 친구들이라는 두 세계를 연결하게 되어 정말 기뻤다.

제 친구들이에요. 나는 만나는 사람마다 소개했다. 죽을 때까지 말할 수 있을 것 같았다. 저처럼 생물학을 공부하는 같은 과 학생들이에요. 세상은 정말 크고 배울 게 너무 많아요. 그리고 우린 그걸 배우게 될 거예요. 우린 전국에서 모였어요. 얼마 전까지만 해도 공통점이라고는 하나도 없는 사람들이었지요. 하지만 이제 우리를 보세요. 어엿한 한 팀이 되었어요.

또 한 번의 수확철, 또다른 포도밭. 대학에서 다섯 번째로 맞는 가을이었다. 1977년 9월. 그날은 밝고 따뜻했다. 밭은 황금빛 초록색으로 빛났다.

여학생들은 포도를 따서 바구니에 담았고 남학생들은 푸토니puttony라는 커다란 나무통을 배낭처럼 등에 짊어지고 다녔다. 바구니가 다 차면 우리는 남자들을 불러서 푸토니에 포도를 쏟았다. 푸토니가 다 차면 대형 트레일러에 포도를 실었다.

태양이 살갗을 따뜻하게 데워주었다. 교수님들도 우리 옆에서 함께 포도를 땄고 가끔은 대화에도 끼어들었다. 이날의 어떤 것도 포도 수확이 공부하는 학생들을 불러내어 방해하고 있다는 느낌은 주지 않았다. 우리는 다시 한번 공동의 목표를 향해 함께 일하는 팀이 되었다.

한 남학생이 내 바구니가 다 찼다면서 푸토니를 짊어지고 다가왔다. 그는 자신을 야노시 루드비그János Ludwig라고 소개했다. 화학과 학생이었다. 그러더니 갑자기 당황스러울 정도로 적극적으로 나에게 보이저 2호가 4년 뒤에 토성에 도착하는 것을 어떻게 생각하느냐고 물었다.

나는 그런 이야기는 들어본 적이 없다고 솔직하게 대답했다.

그가 인상을 찌푸리더니 설명했다. 우주선 보이저 1호와 2호가 최근 지구를 떠나 태양계 여행을 시작했다. 이 두 우주선은 우리가 한 번도 가까이서 본 적 없는 행성을 지나갈 것이다. 계획대로라면 보이저 2호는 2년 뒤에 목성에, 4년 뒤에 토성에 도달하고, 그런 다음 천왕성(9년!)과 해왕성(12년!)을 향해 날아갈 예정이다. 발사 후 40년이 지나면 마침내 태양계를 벗어나 성간 우주를 여행하게 될 것이다.

내게 와닿는 것은 그 숫자들뿐이었다. 2년……4년……12년……40년. 그때마다 내 삶은 어떤 모습일까? 물론 나는 상상도 할 수 없었다.

"너, 앞으로 과학자가 될 생각이지?" 야노시가 내 생각을 가로막으며 말했다. "그렇다면 동료 과학자들이 어떤 일을 하는지쯤은 알고 거기에 대해 네 의견을 얘기할 수 있어야 해."

야노시 루드비그는 훗날 내 동료가 되었다. 하지만 이 첫 만남만큼 야노시라는 사람을 잘 요약하는 것도 없다. 야노시는 직설적이었다. 상대에게 대놓고 자기 생각을 말한다는 뜻이다. 그는 예의상 나누는 잡담이나 사교적인 대화를 좋아하지 않았다.

이 남자는 한 번도 남에게 친절해지려고 애쓴 적이 없었다. 그는 이 지구에 지식을 기여하기 위해 태어난 사람이었다. 그 말인즉 슨 그가 동료 과학자들에게 자극을 준다는 뜻이다. 나 역시 그로 인해서 긴장을 늦추지 않았다.

포도밭에서 돌아온 후 나는 곧장 도서관에 가서 보이저 호의 임무에 대해 샅샅이 조사했다. 그것이 내가 야노시를 좋아한 이유이다. 그는 처음부터 나를 다그치고 몰아붙였다. 그 덕분에 나는 더 많이 배웠고, 더 나아졌다. 나는 그와 평생 알고 지내게 된다.

하지만 일단 대학부터 마쳐야 한다.

모든 노력에는 합당한 보상이 뒤따랐다. 나는 첫 2년 동안 최고의 성적을 받았고, 3학년 때는 헝가리 인민공화국 학업 우수상에 추천되었다. 이 상은 학생이 받을 수 있는 가장 영예로운 상이었다. 그리고 물질적인 혜택도 있었다. 나는 기숙사에 무료로 살았고 적지만 생활비도 받았다. 대학에서 이 상의 추천자 명단을 정부 기관에 보냈다. 총 15명이었다. 그 명단에 내 이름이 적혀 있었다. 커털린 커리코, 생물학과 학생.

그런데 영문 모를 일이 벌어졌다. 정부에서 그 명단을 돌려보냈을 때 거기에는 14명의 이름밖에 없었기 때문이다. 내 이름은 빠져 있었다.

하지만 실수가 아니었다. 누군가 일부러 나를 지운 것이었다.

참 이상하네.

하지만 그렇게 이해 못 할 일은 아닐 수도 있다. 어쨌든 나는 1957년에 공산당에 반기를 들었다는 죄목으로 기소된 사람의 딸이니까. 아버지가 체포된 적 있다는 사실이 10년하고도 5년이 더 지나도록 우리의 삶에 영향을 미친 것이다.

나는 내 이름이 누락된 상황을 두고 대학 측에서 어떤 논의가 오갔는지 알지 못한다. 누군가가 나를 대신해 나서주었는지, 그런 사람이 있었더라도 그가 누구인지 모른다. 내가 아는 것은, 이름이 지워졌다고 해서 내 삶이 달라지지는 않았다는 것이다. 나는 그 상을 받았다. 정부에서 내 이름을 누락시킨 사건을 다시 떠올린 것은 40년쯤 지나 전 세계에 내 이름이 알려졌을 때뿐이다. 대학 측에서 내 과거를 들춰보던 중 서류상의 차이를 발견했다. 나를 포함해 모든 사람이 내가 헝가리 인민공화국 학업 우수상을 받았다고 주장했지만, 누구도 증명할 수 없었다. 내 이름은 공식적인 정부 문서 어디에도 없었으니까.

"정말 그 상을 타셨나요?" 기자들이 물었다. 그것도 여러 번 확인했다. 내가 헷갈렸나? 내가 거짓말을 하고 있나?

아니, 나는 분명히 그 상을 받았다. 공산당은 그 사실을 인정하지 않고 싶었는지도 모르지만 말이다.

대학에서의 마지막 학년을 앞둔 여름에 나는 서르버시에 있는 수산연구소에서 일했다. 서르버시는 쾨뢰시 강 지류의 한 호수 근처에 있는 조용한 동네였다. 이 연구소에서 나는 양식된 물고기의 지질 함량을 분석했다. 옥수수를 사료로 먹인 물고기에 불포화 지방산이 있는지 확인하는 일이었다.

이 연구는 실질적인 영향력이 있었다. 알다시피 지방에는 몸에 좋은 지방과 좋지 않은 지방이 있다. 아버지를 비롯한 전 세계 정육업계 종사자에게는 미안한 말이지만 돼지고기나 소고기에 들어 있는 포화 지방은 식물성 지방보다 몸에 좋지 않다. 어떤 지방이 더 몸에 좋은지 대략 비교할 방법이 있다. 지방이 액체에서 고체로 바뀌는 온도가 낮을수록 더 건강한 지방이다. 예를 들어 베이컨의 지방은 실온에서 완전히 고체이다. 그러니까 별로 몸에 좋지 않다. 반면에 올리브유는 액체이고 냉장고에 넣어야만 굳는다. 그러니까 베이컨보다 몸에 좋다.

그러나 참기름이나 어유魚油 같은 일부 기름은 냉장고 안에서도 액체 상태이다. 그러면 가장 낮은 온도에서 굳고, 그래서 가장 건강에 좋은 어유는 바로 북해의 차가운 바닷물에 사는 물고기의 어유일 것이다. 이렇게 서로 다른 지방산이 어떻게 형성되고, 수온이 어류의 건강에 어떤 영향을 미치는지 정확히 파악하는 일은 양식업에 큰 영향을 미쳤다.

그러나 내가 연구소로 출근한 첫날, 내 상관은 휴가를 떠났다. 그래서 나는 2주일 동안 실험실에 혼자 있었다. 누가 봐도 혼자서는 할 수 없는 일을 맡은 채 말이다. 하지만 일단 시작해 보기로 했다.

내가 해야 할 일들 중에는 박층 크로마토그래피라는 기법으로 물고기에서 지질을 분리, 분석하는 실험이 있었다. 그 실험을 하려면 아세트산에틸이라는 용매가 필요했다. 나는 실험실에서 나와 뭘 좀 알 것 같아 보이는 여성 동료를 찾아갔다.

"실례합니다." 내가 물었다. "아세트산에틸은 어디에 보관하나요?"

그 여성은 고개를 가로저었다. "어쩌죠, 여긴 아세트산에틸이 없는데요."

아세트산에틸이 없다고. 흠, 일이 좀 까다롭게 되었군. 나는 아세트산에틸 제조법을 찾아 책을 뒤지기 시작했다. 그리고 시간이 조금 걸렸지만 결국 방법을 찾아냈다. 이제 나는 아세트산에틸을 만들기 위해서 에탄올과 황산과 아세트산(아세트산은 아주 농축된 식초와 같아서 피부에 닿으면 화상을 입을 수 있다)이 필요했다.

나는 그 동료에게 다시 갔다. "아세트산에틸이 없다면, 에탄올과 황산과 아세트산은 있나요?" 내가 물었다.

그녀는 잠시 나를 쳐다보더니 머리를 긁적이며 천천히 입을 열었다. "아세트산은 없어요. 하지만 벼 연구소에는 있지 않을까요?"

좋아. 내 직접 가서 물어보리다. 연구소까지 어떻게 가는지만 알려주시오.

"제법 걸어야 하는데요." 그녀가 난감하다는 듯이 덧붙였다. 그러더니 마침내 한숨을 쉬며 말했다. "자전거를 타고 가는 게 나을 거예요." 나는 그녀가 빌려준 자전거를 타고 출발했다. 그리고 약 30분 뒤, 아세트산 병 하나가 든 가방과 함께 돌아왔다.

나는 증류용 유리 기구를 찾아 일을 시작했다. 꼬박 하루가 걸렸지만 아세트산에틸을 만들어냈다. 이제 드디어 내 일을 시작할 수 있게 되었다.

나는 핑계를 댈 수 있었다. 좌절의 연속인 이 상황을 얼마든지 핑계로 삼을 수 있었다.

내 상관이 이곳에 없다.

실험에 필요한 시약이 없다.

이 시약을 어떻게 만드는지 모른다.

방법을 안다고 해도 실험실에 재료가 없다.

아니, 이 연구소 내에 그 재료가 없다.

그러나 핑계는 일을 할 생각이 없을 때나 찾는 것이다. 나는 진심으로 그 일을 하고 싶었고, 그래서 방법을 찾아냈다. 사람들은 자리에 앉아 일을 시작하고 현재 자기에게 있는 것으로 자기에게 필요한 것을 만드는 법을 배운다. 나? 나는 방법을 찾고 싶었다.

나는 서르버시에서 물고기 말고 다른 연구도 했다. 작은 곤충이 어떻게 기온 하강에 반응해 불포화 지질을 생산하는지 분석했는데, 마침내 그 실험이 내 첫 번째 논문의 토대가 되었다. 공식적으로 출판되기까지는 몇 년이 더 걸렸지만(「리피드*Lipids*」 1981년 6월호) 나에게는 큰 의미가 있는 논문이었다.

과학자가 아닌 사람에게 과학 학술지에 논문이 실린다는 것이 어떤 의미인지 설명하기는 조금 어렵다. 물론 논문을 내는 것이 그 사람의 경력에 얼마나 중요한지 말하기는 쉽다. 학계에는 "출판하지 않으면 도태된다publish or perish"는 말이 있는데 아주 틀린 말은 아니다. 많은 분야가 그렇지만 과학계에도 계층이라는 것이 있다. 좋은 학술지에 연구 결과를 발표하는 사람은 이 계층사회에서 좀더 높은 서열에 오른다. 그 논문을 다른 과학자가 인용하면 더 좋다. 출판한 논문 편수와 그 논문의 인용 횟수가 많을수록 승진과 연구비 확보와 수상과 순회강연 초청의 가능성이 더 높아진다. 여기까지는 설명하기도 쉽고 이해하기도 쉬운 부분이다.

그러나 이것이 다가 아니다.

과학의 핵심은 인류의 지식에 기여하는 것이다. 과학은 현재 상태의 세계를 기술할 방법을 찾는 학문이다. 그중에서도 생물학은 다양한 유기체의 세포 안에서 무슨 일이 일어나는지 밝혀 생명을 이해하려는 시도이다. 모든 발견은 질문에 답을 할 뿐 아니라 지금껏 물어볼 엄두조차 내지 못한 새로운 질문을 끌어내기도 한다. 과학은 모양과 크기가 무한한 퍼즐 같아서, 전 세계에서 수많은 사람들이 함께 조각을 맞춘다. 그 퍼즐의 어느 작은 구역을 맡은 사람이 그 자리에 들어갈 조각 하나를 찾기 위해 몇 년씩 씨름하기도 한다. 그리고 마침내 그 조각을 찾았을 때(아하, 딱 맞네!), 그것은 퍼즐 일부를 완성한 것에 그치지 않는다. 퍼즐이 더 커질 수 있는 새로운 길을 확장한 것이기도

하다.

또한 원칙상 과학 학술지는 동료 과학자들의 철저한 검증을 거친다. 논문을 투고하면 다른 과학자들이 당신의 연구를 샅샅이 살펴본다는 말이다. 그들은 당신의 발견을 다시 확인하면서 오류나 당신이 놓쳤을지도 모르는 부분을 적극적으로 찾아낸다. 자신의 연구를 해당 분야 최고의 전문가가 눈에 불을 켜고 들여다본다고 상상해보라. 그만큼 살 떨리는 일도 없지만 이 과정은 반드시 거쳐야 하는 중요한 단계이다. 동료 검증은 과학자가 사실과 미신을 구분하고, 의도적인 합리화(보고 싶은 것을 보는)와 확증 편향(볼 것이라고 예상한 것을 보는)을 최소화할 수 있는 가장 좋은 방법이다.

하여 과학 학술지에 논문을 게재한다는 것은 자신이 지적으로 정직하기 위해 최선을 다했음을 검증받는 한 방법이다. 내가 과학을 제대로 하고 있다고 공식적으로 인정받았다는 뜻이다.

그래서 저 첫 논문이 나에게는 중요했다. 지금도 그렇고.

나는 서르버시에서 정말 즐거운 여름을 보냈다. 내가 하던 일 때문만은 아니었다.

학기 중에 서르버시에서는 두 개의 대학이 운영된다. 하나는 농업대학으로, 학생 대부분이 남자였다. 유치원 교사를 양성하는 대학도 있었는데 그곳은 여학생이 대부분이었다. 그러나 여름에 유치원 교사 지망생들은 고향으로 내려간다.

그래서 나는 약 200명의 남자가 사는 기숙사에서 지냈다. 그 중에 마침 세게드 대학교에서 같은 과 동기였던 친구가 있었다. 그는 내가 이 사내들 중 하나인 것처럼 무리에 기꺼이 끼워주었다. 그해 여름에 나는 어디에 가더라도 남자들에게 둘러싸여 있었다. 그것도 한 번에 여러 명씩. 영화를 보러 갈 때 나는 스무 명의 남성 중 홍일점이었다. 디스코장에 갈 때는 또다른 스무 명의 남자와 함께였다. 카누를 타러 가거나 산책하러 갈 때 동행하는 남자들은 또 달랐다.

이 남자들은 어쩜 하나같이 잘생기기도 했다.

그동안 우리 과에서는 슬슬 커플이 생기기 시작했다. 내 친구 주저는 이미 고등학교 때부터 사귄 남자 친구와 결혼했다. 나? 평생 남자 친구는커녕 데이트 신청 한 번 받아본 적이 없었다! 커트 머리에 키도 크고 마른 데다가 성격은 무뚝뚝하고 낭만적인 구석도 없었으니까. 그런 내가 이곳에 와서 서르버시의 절세미녀로 거듭난 것이다. 나는 이 남자들 중 누구하고도 데이트하지 않으면서 모두와의 데이트를 즐겼다. 그러니까 내 평생 남자한테 이렇게 많은 관심을 받기는 처음이었다는 말씀.

그리고 내 첫 데이트도 그리 멀리 있지는 않았다.

매해 12월에 우리 과에서는 송년회를 열었다. 졸업생까지 합세하는 엄청난 규모의 파티였다. 학생들은 촌극을 공연하고 교수님들을 놀리며 장난을 쳤다. 다 같이 먹고 마시고 환호하고 춤추면서 또 한 번의 힘든 학기를 잘 마친 것을 축하했다.

1977년 12월의 송년회는 도시 반대편에 있는 한 직물 공장 구내식당에서 열렸다. 워낙 넓은 공간이라 우리 행사에 이어서 디스코 파티까지 열렸다. 디스코장에서 웬 잘생긴 남자 하나가 눈에 띄었다. 호리호리하고 각이 진 얼굴에 자유분방하고 활기가 넘쳐 보였다. 게다가 키도 컸다. 나보다 몇 센티미터 더 큰 것 같았는데 그런 사람을 만나기는 드물었다. 우리는 서로를 쳐다보다가 둘 다 시선을 돌렸다. 그러다가 내가 다시 그를 쳐다보려던 차에 그만 눈이 마주쳤다. 그러자 그가 다가오더니 물었다. "춤출래요?" 눈빛이 초롱초롱했다. 유머러스해 보이기도 했다. 나도 모르게 미소가 지어졌다.

우리는 함께 무대로 걸어 나갔다. 음악 소리가 너무 커서 통성명하기도 힘들었다. 그의 이름은 벨러Béla였다. 그는 춤을 잘 췄다. 부드러우면서도 우스꽝스러웠다. 나도 즐겁게 춤을 췄다. 그러다가 무대에 사람이 너무 많아져서 잠시 쉬려고 좀더 조용한 복도로 나왔다.

"콜라 마실래요?" 벨러가 물었다. 나는 분명히 기억한다. 그는 맥주가 아니라 콜라를 권했다. 이마가 땀에 젖은 채로 활짝 웃었다. 그는 온몸으로 미소를 짓는 그런 사람이었다. 나는 고개를 끄덕였다. 그가 자리를 떠나면서 말했다. "가지 말고 기다려요."

바로 앞에 술집이 있었지만 벨러는 무슨 영문인지 춤추던 방으로 되돌아갔다. 그러더니 빈 병을 잔뜩 들고 나타났다. 당시 헝가리에서는 빈 병을 현금으로 바꿀 수 있었다(그 시절만 해도 쓰레기가 별로 없었다). 나는 벨러가 빈 병들을 술집에 가져가서 콜라로 바꾸는 것을 보았다. 그는 돌아와서 콜라를 내밀었다.

그때 알았다. 이 남자는 돈이 한 푼도 없구나.

벨러와 나는 한동안 이야기를 나누었다. 그는 세게드에 산다고 했다. 고향은 키슈텔레크이지만 지금은 이곳에서 학교를 다니고 있었다. "대학이요?" 내가 물었다.

"아뇨." 그는 내 동급생 몇몇이 학생들을 가르치는 학교 이름을 댔다. 그곳은 취업을 준비하는 학생들이 가는 기술 고등학교였다.

고등학생이라고. 내 나이는 스물두 살이고, 이제 곧 대학을 졸업해서 생물학자가 될 예정이다. "그러면 대체 몇 살이에요?" 나는 황당하다는 듯이 물었다.

그는 열일곱이었다. 경비원에게 와인 반 병을 약속하고 친구들과 기숙사에서 몰래 나왔다고 했다.

어이없기는 해도 나는 그의 웃는 얼굴이 좋았다. 그리고 나를 웃게 해줘서 좋았다. 게다가 이건 이 밤에 어쩌다 만난 남자가 나한테 술이 아닌 음료수를 권한 건전한 상황 아닌가? 나는 콜라를 마셨다. 우리는 얘기를 계속했고 춤도 더 췄다. 그리고 디스코볼과 현란한 조명 아래에서 함께 웃었다. 어느새 폐장 시간이 되었다. 그가 기숙사까지 데려다주겠다고 했을 때 나는 그러라고 했다. 안 될 게 뭐람? 그냥 집까지 걸어가는 건데. 그게 뭐 대단히 의미 있는 일이라고.

기숙사까지는 다리를 건너 5킬로미터 정도를 걸어야 했는데 한 시간은 족히 걸리는 거리였다. 추운 겨울밤이었고 나는 외투와 장갑으로 무장했는데도 손이 시렸다. 벨러는 기숙사에서 몰래 빠져나오느라 옷도 제대로 갖춰 입지 않았지만 그런 것은 안중에도 없는 것 같았다.

그는 자기가 다니는 고등학교에 관해서 이야기했다. 공립 기숙학교였는데, 남학생 200명에 여학생은 4명뿐이었다. 그가 고개를 절레절레 흔들며 말했다. "왜 오늘 우리가 몰래 나왔는지 알겠죠? 이런 비율은 말도 안 된다고요!" 그는 열네 살에 집을 떠나 이 학교에 왔다고 했고, 졸업하면 뭘 할 건지도 말했다. 그는 금속 도구를 제작하는 기계에 대해 배웠고 금속 가공을 할 수 있었다. 그는 자기가 일을 잘하고, 사실 아주 뛰어나다고 했다. 봄에 졸업하면 바로 취업할 예정이었다.

벨러라는 이 남자한테는 뭔가 특별한 것이 있었다. 그는 여유가 있었고 자기를 낮추는 편이었고 나를 편안하게 해주었다. 또 호기심이 많았다. 그는 나에 대해서 오만가지를 물었다. 고향이 어디고, 전공이 무엇이고, 생물학이 왜 좋은지, 무슨 공부를 하는지 계속해서 캐물었고, 내 대답을 진심으로 흥미롭게 듣는 것 같았다. 발밑에 흐르는 강에서 진하고 살아 있는 냄새가 났다.

다리가 끝나는 지점에 요새 상영 중인 영화 포스터가 붙어 있었다. 벨러가 몸짓으로 포스터를 가리켰다. "저기 있잖아요. 저 영화 엄청 재밌대요." 그가 포스터를 보고 다시 몸을 돌려 내 눈을 보았다. 입술 한쪽이 둥글게 말려 올라갔다. "언제 한 번 같이 보러 가면 좋을 것 같아요."

나는 피식 웃었다. 속으로 그런 일은 절대 없을 거라고 생각하면서.

기숙사에 도착했더니 새벽 2시였다. 나는 벨러에게 데려다줘서 고맙다고 했다. 진심이었다. 그가 자기 기숙사까지 돌아가려면 다시 또 저 다리를 건너고 디스코장도 지나서 한참을 더 가야 했다. 몇 시에나 들어가게 될지 몰랐다.

"그럼 우리 그 영화 같이 보는 거죠?" 그가 물었다.

그때 나는 진심으로 말했다. "난 다시는 너 안 만날 건데."

아침이 되어 나는 다시 일터로 돌아갔다.

그다음 주, 방에서 공부하고 있는데 한 친구가 방문을 두드렸다. "저기……누가 아래에서 기다리고 있어." 그리고 잠시 주춤하더니 말했다. "남자야."

나는 1층으로 내려갔다. 그가 거기에 있었다. 디스코장에서 기숙사까지 데려다준 열일곱 살짜리 어린애. "아무래도 그 영화 같이 보러 가야겠어요." 벨러가 말했다.

이렇게 갑작스럽게 나타나지만 않았어도 거절했을 것이다. 하지만 너무 놀라 얼떨결에 대답하고 말았다. 나는 그와 데이트했다.

만나기로 한 날 저녁, 나는 영화관 앞에서 한참을 기다렸다. 하도 안 와서 이대로 바람맞는 줄 알았다. 발길을 돌리려는 찰나에 나타난 벨러는 미안하다면서 말도 안 되는 변명을 했다. "코피가 나서요."

나는 그 말에 속은 척하면서 고개를 끄덕이고 영화관에 들어갔다. 영화가 끝나고 우리는 거리를 걸었다. 벨러가 긴 손가락으로 짧은 머리를 쓸어내리면서 물었다. "저……뭐 좀 먹을까요?" 바로 옆에 식당이 하나 있었는데 좀 허름해 보였지만 밖으로 풍기는 음식 냄새는 기가 막혔다. 게다가 나는 배가 좀 고프기도, 아니 사실은 엄청나게 배가 고팠다.

음식은 아주 맛있었다. 고기를 넣고 튀긴 크레이프였는데, 향이 좋고 촉촉하고 양도 많았다. 그리고 벨러는 먹는 내내 나를 웃겨주었다. 그는 자기 가족에 대해 더 많은 이야기를 했다. 벨러의 아버지는 목수였고 주로 가구를 제작했지만 공사 현장에서 일하거나 건물에 쓸 목재를 자르기도 했다. 그의 아버지는 뭐든지 만들고 고칠 수 있었다. 재봉틀, 자동차 엔진, 무엇이든 말만 해보라.

"너는?" 내가 물었다. "너도 그렇게 만들고 고칠 수 있어?"

그는 의자에 몸을 뒤로 기댔다. 이런 자신만만한 미소라니.

"당연하죠."

그의 가족은 헝가리 남부에 약간의 땅이 있었다. 그래서 그도 나처럼 밭에서 일했다. 벨러네 집은 양봉도 했기 때문에 그는 벌통을 들고 그 지역을 돌아다녔다. 더 어려서는 시장에서 과일과 채소를 팔았다고 했다.

사실 우리는 공통점이 많았다.

식사가 끝날 무렵, 갑자기 벨러가 벌떡 일어섰다. 그러더니 화장실을 다녀오겠다고 하면서 사라졌다. 그리고 내가 식사를 다 마칠 때까지도 돌아오지 않았다. 계속해서 기다려봤지만 올 생각을 하지 않았다. 진짜 바람맞은 건가 하는 생각이 슬슬 들었다. 밥값을 내고 좀더 기다리다가 결국 포기하고 일어섰다.

식당 문을 열고 나오는데 웬 낯선 사람이 다가오며 물었다. "혹시 커티라는 분이세요? 당신 데이트 상대가 지금 화장실에 있어요. 코피가 나는데 좀 많이 나는 것 같아요. 전 누구한테 맞은 줄 알았어요."

나는 웃음을 터트렸다. 그가 약속에 늦으면서 했던 변명이 사실이었던 것이다. 벨러는 거짓말쟁이도 아니고 나를 두고 가버린 것도 아니었다. 그냥 그는 가끔 코피를 심하게 쏟는 착한 남자였다.

우리는 또 기숙사까지 걸어갔다. 이번에 그는 고개를 쳐들고 낯선 남자의 손수건으로 콧구멍을 누른 채로 걸었다.

벨러와 나는 새해 첫날을 함께 보냈다. 그런 다음 1월에는 내 생일 파티에 왔다. 심지어 선물도 들고 왔다. 작은 구슬이 달린 목걸이였다. 비싼 것은 아니었지만 색깔이 화려하고 밝아서 보고 있으면 행복한 기분이 들었다.

얼마 지나지 않아 그는 우리 생물학자 모임에도 합류했는데, 어떤 기술 고등학교 학생보다도 잘 어울렸다. 그는 급기야 우리 동기들 가정 방문에도 따라나서기 시작했다. 나는 그가 아주 재미있고 사람들하고도 잘 어울리지만 여러 사람들 앞에서는 좀더 조용하고 수줍어진다는 것을 알게 되었다. 그런 점이 좋았다.

내 친구들도 벨러를 좋아했다. 심지어 그의 숙제를 도와주기도 했다.

좋다, 사실대로 말하겠다. 나와 데이트하러 갈 때 내 친구들이 벨러 숙제를 대신 해준 적이 있다.

벨러는 계속해서 경비원에게 뇌물을 바쳐가며 나를 만나러 왔고, 결국에는 고등학교 기숙사 정문을 통과하는 열쇠를 아예 들고 다녔다. 100년 된 커다란 나무 문을 열어주는 그 열쇠는 아주 크고 쇠로 만들어져서 마치 중세 때부터 내려온 물건 같았다.

나는 그를 좋아했고 그가 찾아오는 것이 좋았다. 하지만 그는 내 집중력을 흐트러놓았고 나에게는 할 일이 있었다. 그래서 여러 번 그와 헤어지려고 했다. 하지만 벨러가 이별을 받아들이지 않았다. 그는 계속해서 돌아왔다.

봄이 되어 부활절에 벨러는 우리 가족을 보러 키슈이살라시에 왔다. 부모님과 언니가 그를 기다리는 동안 나는 안절부절못했다. 마침내 벨러가 집 앞에 도착해서는 들고 온 꽃다발을 바로 엄마한테 건넸다. 나는 더 이상 그 자리에 있을 수가 없어서 그대로 밖으로 뛰쳐나갔다. 당황해하는 벨러의 얼굴이 눈에 스쳤다.

나는 벽에 기대고 앉아 안에서 식구들이 어색하게 웅성대는 소리를 들었다. 무슨 말인지는 들리지 않았지만 대화가 좀더 부드럽게 흘러가는 것을 보고 그제야 안으로 들어갔다.

"왜 그랬어?" 우리 둘만 있을 때 벨러가 속삭이듯 물었다.

"너무 긴장돼서." 내가 말했다.

하지만 쓸데없는 걱정이었다. 벨러는 매력적이었다. 친근하고 솔직했으며 우리 집의 모든 것에 관심을 보였다. 그와 아버지는 둘 다 농담을 좋아했다. 곧 두 사람은 우스갯소리를 주고받으며 쉬지 않고 웃었다. 벨러가 우리 집에 온 지 하루도 되지 않아 엄마가 나를 붙잡고 말했다. "얘, 있잖니, 벨러 같은 아들 하나 있으면 좋겠다."

하지만 역시나 한마디 덧붙였다.

"근데 네 짝은 아니야." 엄마는 벨러와 내가 너무 다르다고 했다. 나는 벨러보다 학력이 너무 높고 나이도 너무 많았다. 이런 관계는 절대 이루어질 수 없다. 이게 엄마의 표현이었다. 잘될 리가 없다.

엄마는 나 자신이 이미 수차례 벨러에게 했던 것과 똑같은 말을 하고 있었다. 잘될 리가 없어. 하지만 나한테는 한 가지 못된 성격이 있었다. 상대가 뭔가를 고집하면 왠지 그 반대로 하고 싶은 충동이 드는 것.

나는 엄마의 말에 토를 달지 않았다. 하지만 벨러를 보면서 생각했다. 아니, 잘될 거야.

그 시대에 유전학은 대단히 극적이고 빠른 속도로 발전하고 있었다. 대학에서의 마지막 학년에 들었던 생화학 수업이 아직도 기억난다. 핵산의 생화학에 대한 강의였는데, 하루는 교수님이 우리에게 DNA와 그 DNA를 주형으로 만들어진 mRNA의 염기 서열은 일대일 대응이 된다고 설명했다. 이는 그때까지 학계에서 수년간 합의된 사실이기도 했다.

그런데 바로 다음 주 수업에서는 과학자들이 방금 놀라운 사실을 발견했다면서 일대일 대응 관계는 존재하지 않는다는 것이 아닌가! 많은 유전자의 염기서열에서 곳곳에 삽입된 인트론intron이라는 구간이 발견되었다. 인트론은 단백질 합성 정보를 담고 있지 않아 해당 유전자의 최종 mRNA에서는 누락되었다. 이 발견으로 게놈에 대한 이해 전체가 뒤집어졌다.

생물학 역사에서 가히 혁명적인 순간이었다. 곧 나도 그 일부가 될 터였다.

나는 헝가리 국립과학원에서 장학금을 받았다. 2년 동안 어느 연구기관이든 갈 수 있는 돈이었다. 내가 가고 싶은 곳은 처음부터 정해져 있었다. 세게드 대학교에서 큰길을 따라 내려가면 나오는 생물학 연구소BRC였다. 그렇게 나는 학부를 다니면서 이미 그곳에서 일을 시작했다.

BRC는 헝가리뿐만 아니라 동유럽 전체에서 주목받는 곳이었다. 이 기관은 불과 몇 년 전에 유네스코와 유엔개발계획UNDP에서 120만 달러의 보조를 받아 설립되었다. 그래서 이곳은 서유럽권 실험실 기준으로도 최고 수준에 해당하는 장비와 시설을 갖출 수 있었다. 전 세계의 석학들이 자문위원으로 연계되었고, 유네스코–유엔개발계획 기금 덕분에 헝가리 연구자들이 해외 기관으로 파견되어 학문을 배우고 그 지식을 가지고 돌아왔다. BRC는 헝가리를 비롯한 세계 최고의 두뇌가 총집합한 장소였다.

나는 지질lipid 연구실에서 티보르 퍼르커시Tibor Farkas의 지도로 일을 시작했다. 나를 서르버시 수산연구소로 보낸 생화학자가 티보르였다. 우리 팀에는 다른 과학자들과 공동으로 진행하는 프로젝트도 있었다. 그중에서도 나는 에버 콘도로시Éva Kondorosi, 에르뇌 두더Ernő Duda와 협업했다. 티보르, 에버, 에르뇌는 훌륭한 과학자였다. 영민하고 꼼꼼하고 겸손하며, 나를 열심히 가르쳐주었고, 함께 일하기 정말 좋은 사람들이었다. 그들은 과학은 물론이고 문화적인 면에서도 미래지향적 사고로 유명한 BRC의 대표 주자였다.

헝가리어에는 다른 로망스 어군(라틴어에서 나온 여러 언어의 총칭/옮긴이)처럼 "you"라는 2인칭 대명사에 존댓말과 반말의 형태가 있다. 헝가리어를 쓰는 사람들은 대화 상대가 누구냐에 따라 다른 말을 쓴다. 친구나 아이들한테는 반말인 "너te"를 쓰고, 연장자나 선생님, 교수님, 상사에게는 존칭인 "당신ön 또는 maga"을 사용한다. 그러나 BRC에서는 모두가 서로를 "너"라고 불렀다. 이것은 단순히 어떤 말을 쓰고 안 쓰고의 문제가 아니다. 이것은 관계의 본질을 반영한다.

BRC에서는 모두가 똑같은 과학자였다. 박사학위가 있든 없든, 수십 년의 경험자든 이제 막 시작한 신참이든 모두가 세계를 위한 지식 생산에 기여하기 위해서 모인 사람들이었다. 이곳에서는 한 사람 한 사람이 모두 존중받았다.

일을 시작한 지 며칠 되지 않아 하루는 티보르와 이야기를 나누다가 아버지가 도축 일을 하셨다고 말했다. "정말? 나도 어려서 정육점 주인이 되고 싶었는데!" 그가 환하게 웃으며 말했다.

이때 나는 내가 이곳을 좋아하게 되리라는 것을 알았다.

에버, 에르뇌와 하는 프로젝트에서 우리는 리포솜liposome을 개발했다. 리포솜은 세포막과 동일한 재료로 만들어진 작은 주머니이다.

세포막은 세포의 바깥 경계로서 세포를 나머지 세계와 분리하는 구조물이다. 하지만 아예 통과할 수 없는 장벽은 아니다. 그랬다가는 다른 세포가 보내는 영양소, 에너지, 신호가 들어가지 못하고, 반대로 세포에서 만들어진 노폐물이나 호르몬, 신호가 바깥으로 나가지 못할 테니까. 그러나 이 막을 통과하는 일이 만만치는 않다.

이 막은 중세의 요새를 둘러싼 성벽과 비슷한 면이 있다. 성벽을 통해서 사람이나 물건이 들어오고 나갈 수는 있지만 초소를 거쳐야 한다(세포에서는 수용기라고 하는 단백질이다). 그리고 안으로 데려다줄 관리를 동행해야 할 수도 있다(수송단백질).

우리 실험실에서는 유전물질을 세포 바깥에서 막을 통과해 세포 안으로 데리고 들어갈 리포솜을 개발하고자 했다. 성공하면 외부 DNA를 세포 안으로 들여올 수 있게 되는데, 그렇게 되면 이 기술을 유전자 치료에 적용하여 사람들의 생명을 살릴 수도 있다. 리포솜은 중요한 치료 물질을 세포 안으로 전달할 뿐 아니라 세포 안에 있는 분해 효소로부터 이 약물을 보호하는 역할도 할 것이다.

리포솜은 1965년에 처음 만들어졌기 때문에 최첨단 과학에 속했다.

실험실에서 리포솜을 만들려면 체내에서 자연적으로 발생하는 지질의 일종인 인지질phospholipid이 필요했다. 세계의 다른 지역에서는 인지질을 구입할 수도 있었지만 철의 장막 너머에서는 불가능했다.

하지만 에르뇌가 기발한 방법을 생각해냈다. 그는 가까운 도축장에 가서 갓 잡은 소의 뇌를 받아왔다. 실험대 위 밝은 조명 아래에서 뇌의 주름이 반짝거렸다. 우리는 아세톤, 알코올, 클로로포름, 에터 같은 유기 용매를 이용해 꼬박 일주일 동안 소의 뇌에서 인지질을 추출했다.

그때는 다들 이렇게 일했다. 돈을 주고 살 수 없다면? 직접 만들면 된다. 그것이 도축장에서 동물의 뇌를 들고 오는 일일지라도 말이다.

마침내 리포솜 제작에 성공한 우리는 그 안에 작은 플라스미드 DNA(세균의 세포질에서 추출한 작은 원형 DNA) 조각을 집어넣은 다음 포유류 세포에 들여보냈다. 참고로 말하면 살아 있는 포유류가 아닌 배양된 세포에서 작업한 생체 외 실험이었다.

리포솜을 삽입한 다음 우리는 어떤 일이 일어나는지 지켜보았다. 리포솜 안에 넣은 외부 DNA가 실제로 세포 안으로 잘 들어갈까? 그리고 나서 핵 안까지 들어갈 수 있을까? 용케 핵에 들어간다면 거기에서 그 DNA가 전사되고 번역될까? 그렇게 세포는 우리가 넣은 DNA에 암호화된 단백질을 생산하기 시작할까?

결과는 대성공이었다. 놀랍고 기쁜 결과였다. 리포솜은 배양된 세포의 표면에 들러붙었고, 우리가 그 안에 주입한 DNA를 세포 안으로 들여보냈다. 그 DNA는 세포의 핵까지 들어가 그곳에서 전사되었다. 그리고 전사된 mRNA는 핵을 떠나 번역되어 리보솜에서 단백질을 만들었다. 며칠 후 우리의 포유류 세포는 실제로 외래 유전자를 발현하고 있었다.

이렇게 놀라운 일이 또 있을까?

아직 대학도 졸업하기 전인데, 이미 내가 무슨 연구를 하는지 부모님에게 제대로 설명하기 어려운 지경에 이르렀다. 두 분은 세포생물학과 생화학에 문외한이었고, 세포막이 뭔지, 세포질이 뭔지, 플라스미드와 인지질이 뭔지 들어본 적도 없었다. 물론 유전자가 RNA로 전사된 다음 단백질로 번역된다는 개념도 전혀 이해하지 못했다.

사실 오늘날에도 사람들 대부분은—과학을 제대로 배운 사람들조차—자신의 건강을 책임지는 약물을 제대로 이해하지 못한다. 얼마나 많은 당뇨 환자가 자신의 목숨이 달린 인슐린이 사람의 유전자를 세균의 유전자 안에 넣어서 만든 것이라는 사실을 알고 있는가? 백혈병 환자들 중에 자신이 받는 치료가 암세포의 빠른 복제를 막는 뉴클레오사이드 유사체에 기반한다는 것을 아는 사람은 몇 명이나 되겠는가?

우리가 사는 세계는 너무 복잡하다. 이 세상에는 한 사람의 지혜로는 모두 이해할 수 없는 막대한 양의 지식이 있다. 세계의 복잡성이 자기의 이해력을 넘어서는 순간 사람들이 반응하는 방식은 저마다 다르고 또 대단히 흥미롭다. 어떤 이들은 그런 상황에 화를 낸다. 나는 단지 자기가 이해하지 못한다는 이유로 격분하는 사람들을 너무 많이 보았다. 급기야 복잡성 자체를 사악한 음모로 취급하는 경우도 있다(물론 이 분노는 불확실성이 주는 두려움으로부터 자신을 보호하기 위한 반응이다).

그러나 부모님의 반응은 달랐다. 아버지는 내 설명을 최대한 따라잡으려고 애쓰다가 결국 내 팔을 토닥거리며 이렇게 말했다. "커티야, 너는 쿠터토kutató가 되었구나." 너는 수색자가 되었구나. 그리고 웃으셨다. "아빠 주머니를 뒤져서 동전을 찾던 우리 딸이 이제는 다른 더 중요한 것을 찾고 있구나."

쿠터토. 내가 답을 찾고 있다는, 아직 알려지지 않은 것의 답을 찾고 있다는 의미였다. 아버지는 내가 진실을 찾고 있다고, 한 인간이 평생 밝힐 수 있는 만큼의 진리를 좇고 있다고 이야기하신 거였다. 그리고 찾는다는 행위 자체가 중요하다고 말하고 있었다. 아버지는 틀리지 않았다. 기초 연구에 평생을 바쳐오면서 나는 사실상 과거에 아직 누구도 하지 않은 일을 하고 있었다. 이 일에는 보고 그대로 따라 할 모델이 없었다. 그 말은 내 시간의 대부분 동안 나는 내가 정확히 무엇을 찾고 있는지 모르고, 그것을 어떻게 찾을지도 모르며, 과연 찾을 수 있을지도 확실하지 않고, 그것이 미래에 어떻게 쓰일지는 더군다나 알지 못했다는 뜻이다. 하지만 여전히 찾고 있다.

너는 수색자가 되었구나. 지금까지도 아버지의 말을 떠올리면 미소가 지어진다. 일의 핵심을 파악하는 데에 세부적인 것을 모두 다 알 필요는 없다.

티보르—나를 지도하는 뛰어난 연구자이자, 헝가리 국립과학원 회원—가 어려서 푸주한이 꿈이었다는 말을 전했을 때 아버지는 진심으로 황홀해했다. 그래서 내 대학교 졸업 기념으로 소시지를 만들어 보냈다. 우리 지질 연구팀은 그 소시지를 실험실에서 요리해 먹었다. 우리는 4리터짜리 비커 안에 뜨거운 물과 소시지를 넣고 분젠 버너로 가열해서 익혔다. 사방에 진한 소시지 냄새가 진동했다. 우리는 다 익은 소시지를 사무실로 가져가서 행복하게 먹었다. 소시지를 깨물자 육즙이 사방으로 터지면서 실험복에 얼룩을 묻히고 바닥에 똑똑 떨어졌다. 원래 소시지는 그렇게 먹는 것이다. 맛있었다. 아니, 완벽했다. 바로 고향의 맛이었다. 수십 년이 지난 지금도 지질 팀원들은 비커에 익혀 먹은 그 환상적인 소시지를 추억한다.

졸업 후 나는 기숙사에서 나와 룸메이트와 함께 아파트에서 살

앗다. 내 룸메이트 언너Anna는 조용하고 나처럼 쉬지 않고 일만 하는 사람이라 우리는 거의 얼굴을 볼 일이 없었다. 그런 점에서 우리는 참 잘 맞았다.

벨러는 고등학교를 졸업했다. 나는 졸업식 날 벨러의 가족을 처음 만났다. 벨러의 가족은 자기 아들과 연애하는 이 나이 많은 생물학자에 대한 생각을 겉으로 드러내지 않았다. 벨러는 졸업 후에 세게드에 있는 전화 케이블 제조 공장에 취직했다. 그리고 세게드에서 30킬로미터 떨어진 키슈텔레크의 본가로 이사했다. 그는 3교대로 일하면서 가끔씩 나를 보러 왔고, 우리는 매번 즐겁게 지냈다.

그러나 그는 바빴다. 나도 바빴다. 그런 점에서 우리는 참 잘 맞았다.

박사학위를 받으려면 몇 년간 연구할 실험실을 찾아야 했다. 티보르 퍼르커시는 BRC에서 뉴클레오타이드 화학 연구실을 운영하는 유기화학자를 내 박사 과정 지도교수로 소개해주었다. 예뇌 토머스Jenő Tomasz는 제약회사에 있다가 BRC에 온 사람이었다. 그의 연구실에는 마침 나랑 안면이 있는 대학원생이 있었다. 야노시 루드비그. 오래 전 포도밭에서 보이저 호 이야기로 나를 강하게 몰아붙인 퉁명스러운 학생. 과학자가 될 생각이라면 동료 과학자들이 어떤 일을 하는지 쯤은 알고 거기에 대해 네 의견을 얘기할 수 있어야 해.

우리는 함께 인터페론 시스템을 연구하게 되었다.

인간의 세포는 바이러스 감염에 맞서 상당히 창의적인 방법으로 자신을 보호한다. 이런 방어 작용 중에는 고열처럼 확연하게 드러나는 것도 있지만, 눈에 잘 띄지 않는 방식도 많다. 예를 들어 우리 세포는 바이러스 감염과 연관된 이중가닥 RNA를 감지하면, 인터페론이라는 단백질을 방출하여 파괴한다.

인터페론은 1957년에 처음 발견되었는데, 여러 가지 기능 중에서도 바이러스 복제를 "방해한다interfere"고 해서 인터페론 Interferon이라는 이름이 붙었다. 내가 유기화학 RNA 연구실에 들어간 1978년은 인터페론의 분자 메커니즘이 막 밝혀지기 시작한 시기였다. 그중에서도 런던의 이언 커Ian Kerr는 2'-5' 올리고아데닐레이트(이하 2-5A)라는 아주 작은 분자가 인터페론의 항바이러스 효과에서 핵심적인 역할을 한다는 중요한 발견을 이끌었다.

대략적인 작동 방식은 다음과 같다. 세포가 바이러스 RNA의 침입을 인지하면, 인터페론은 ATP(세포에 에너지를 전달하는 분자)를 3-4개의 염기로 이루어진 극도로 짧은 RNA 분자로 바꾸는 시스템을 "켠다". 이 짧은 분자가 2-5A이다. 이렇게 생성된 2-5A가 리보뉴클레아제 LRNase L이라는 효소에 결합하면 그때부터 그 효소는 바이러스 RNA를 찾아서 조각내는데, 그것이 바로 인터페론의 항바이러스 효과이다.

이것은 눈에 보이지 않고 잘 드러나지도 않는 하나의 시스템에 불과하다. 그러나 세포에서 일어나는 모든 일이 그렇듯이 우리의 주목을 받을 만하다. 대단히 복잡하고 눈부시게 정밀하면서도 아주 일상적인 작용이어서 우리 몸이 감기나 독감, 또는 다른 바이러스성 질병과 싸울 때마다 작동한다.

이제 누군가 실험실에서 2-5A를 만들고 그것을 예컨대 리포솜 같은 매개체에 실어서 세포에 들여보냈다고 하자. 그렇다면, 이것은 엄청난 항바이러스 무기가 될 수 있다.

약물로 사용될 수 있는 RNA라니. 그 발상이 내게는 환상적으로 들렸다.

이 무렵 과학자들은 실험실에서 간단한 RNA 분자를 합성하기 시작했다. 특히 2-5A는 웬만한 RNA 분자보다 훨씬 짧기 때문에 합성 가능성이 높았다. 리포솜 실험의 성공을 바탕으로 우리는 실제로 그 분자를 세포 안에 넣을 가능성까지 기대하기 시작했다.

그전까지는, 그러니까 1970년대 후반까지는 이런 연구가 아예 불가능했다. 그 어디에서도, 그 누구도. 왜냐하면 방법도 모르고, 재료도 없었으니까. 그런 실험을 우리가 최초로 시도했다.

그러나 먼저 갖춰야 할 것들이 있었다.

첫째, 연구비가 필요했다. 예뇌는 제약업계 인맥을 동원해 헝가리 제약회사인 레어널Reanal과 접촉했다. 레어널은 연구 계획을 듣고 감동했다. 미래의 항바이러스제라니! 성공하면 전 세계가 사용하게 될 것이다! 그들은 우리 연구를 지원하기로 했다.

다음으로 실험실. 우리의 비전을 실현할 장비가 갖춰진 새로운 실험실이 있어야 했다. 내 동료들은 모두 유기화학자였기 때문에 항바이러스 실험실을 꾸리는 것은 오롯이 생물학자인 내 몫이 되었다. 이런 엄청난 도전이 또 있을까!

오늘날에는 웬만한 실험 기자재와 소모품을 쉽게 구입할 수 있다. 실험에 필요한 까다로운 생화학적 조건을 모두 충족하고 도착 즉시 바로 사용할 수 있는 배양용 배지가 전화 한 통이면 해결된다. 배지 외에도, 무한히 다양하게 변형된 RNA 시약, 버퍼, 배양기, 방사성 물질, 멸균 후드 등 필요한 것은 무엇이든, 심지어 간편하게 온라인으로도 주문할 수 있다.

조언을 구할 전문가도 많다. 요즘에는 실험실 설계사, 시설 관리자, 엔지니어, 건축가 등이 모두 연계하여 실험실을 구축한다. 실험실 설치 솔루션을 한번에 해결해주는 전문적인 컨설턴트 산업까지 등장했다. 이런 업체에서는 체크리스트, 장비 대 직원 비율, 훈련 프로그램 등 실험실 운영에 필요한 자료와 자원을 무한히 제공한다.

그러나 1978년에 나는 누구의 힘도 빌릴 수 없었다. 모든 것을 처음부터 나 혼자서 알아내야 했다.

나는 먼저 BRC 내의 다른 부서를 방문했다. 도와줄 의향이 있어 보이는 사람이라면 누구든 조언을 구했다. 나는 다른 생물학자들이 실험하는 모습을 지켜보면서 노트에 적고, 목록을 작성했다. 묻고 또 물으며 상대가 귀찮다는 눈치를 줘도 멈추지 않았다. 조직배양실에 어떤 장비가 있어야 하는지 알아냈고, 배지 만드는 법과 멸균 여과장치를 설치하는 가장 좋은 방법을 찾았다. 유리 제품별 미묘한 차이점과 청소법, 실험실을 보호할 멸균 후드 설치법을 배웠다. 그리고 우리가 제작한 2-5A의 바이러스 억제 효과를 측정할 실험 절차도 준비했다.

과학자를 꿈꾸는 대학원생에게는 실로 귀한 기회였다. 바닥부터 배우는 일이 생물학 전체에 대한 시야를 넓혀주었다. 누가 무엇을, 어떻게 하고 있으며 어떤 큰 질문에 답하려고 하는지 알게 되었다. 예를 들면 나는 세포배양법을 배우려고 유전학과 실험실에 갔다. 그 실험실에서는 세포 안에 있는 염색체를 보기 위해서 김자 염색Giemsa stain이라는 것을 사용하고 있었다. 내가 접해보지 못한 기술이었다! 또 나는 예전에 에버, 에르뇌와 일했던 지질 실험실에도 갔다. 그들은 세포에 얼음 결정이 생기지 않게 얼리고 녹이는 방법을 실험하고 있었다. 세포를 냉동할 때 결정이 생기면 구조가 파괴될 수 있기 때문이다.

한편 나는 꾸준히 읽었다.

이 문단을 쓰고 있는 지금의 나는 관련 분야의 과학 논문을 대략 9,000편쯤 읽었다(관심 분야가 아닌 것까지 포함하면 훨씬 더 많이 읽었다). 나는 과학 논문을 읽을 때 초록이나 결론만 대강 훑지 않고 배경, 실험 방법, 그림과 표까지 전체를 다 읽는다. 참고 문헌도 읽는다. 참고 문헌은 내가 읽고 싶은 새로운 논문으로 가는 징검다리가 된다. 나는 매일, 매주, 매년, 그렇게 수십 년간 이 학술지에서 저 학술지로 옮겨다니며 살았다. 이 모든 읽기가 BRC에서 시작되었다.

나는 사석에서도 배웠다. BRC에는 약 100명의 박사들이 있었고, 나처럼 박사학위를 위해서 연구하는 사람은 훨씬 더 많았다. 그중에 일부는 매일 일과를 시작하기 전에 모여서 함께 영어를 공부했다. 나는 종종 이 수업에 들어오는 사람들에게 그들의 연구에 대해서 물었다. 그리고 점심시간에는 다른 연구자들과 같이 점심을 먹으며 그들에게서 배울 만한 것이 있는지 알아보았다. 반대로 나 역시 그들의 질문에 대답했다. 이곳에서는 누구도 텃세를 부리지 않았다. 인류의 지식은 공동 자산이다. 모두 자신이 아는 것을 나누려고 열심이었다. 우리는 아이디어를 함께 논의하고 각자 읽은 논문을 이야기했다. 여기에는 과학, 과학, 과학, 과학, 오로지 과학밖에 없었다.

모든 것이 나에게는 절실했다. 모든 것이 서로 연관되어 보였다. 당장은 관련이 없을지 모르지만 언젠가는 그렇게 될지도 모른다. 나는 하나도 놓치고 싶지 않았다.

내가 있는 곳은 바이러스 실험실이었기 때문에 나는 바이러스에 대해서도 최대한 많이 알아두었다. 그해 데이비드 볼티모어David Baltimore라는 노벨 생리의학상 수상자가 동료들과 함께 대표적인 바이러스 교과서를 출판했다. 영어로 쓰인 이 책을 나는 처음부터 끝까지 독파했다.

바이러스는 정말 대단히 매력적인 존재이다. 상상도 못 하게 작고 기만적으로 단순하지만 자기보다 수백만 배는 더 큰 유기체를 무참하게 짓밟는다.

바이러스는 작다. 게다가 가진 것도 별로 없다. 바이러스는 가느다란 유전물질 조각(대개 외가닥 RNA이지만, DNA 바이러스, 이중가닥 RNA 바이러스도 있다)이 보호막으로 둘러싸인 것에 불과하다. 단, 그 표면의 단백질은 숙주 세포에 존재하는 수용기와 결합하게 진화했다. 일반적으로 그렇게 해서 바이러스가 숙주 세포 안으로 들어간다.

바이러스 입장에서는 필히 세포 안에 들어가야 한다.

살아 있는 세포 바깥에 존재하는 바이러스는 비활성 휴면 상태이다. 그 상태에서는 복제는커녕 아무것도 할 수 없다. 그러나 일단 숙주 세포에 들어가면 그때는 상황이 180도 역전된다. 침입에 성공한 바이러스는 숙주 세포의 장비를 장악하여 그 세포를 바이러스 제조 공장으로 탈바꿈시킨다. 바이러스의 손아귀에 들어간 세포는 하던 일을 모두 멈추고 바이러스의 유전물질 복사본과 새로운 바이러스 단백질만을 무차별적으로 찍어낸다. 그리고 생산된 부품들이 합체하여 새로운 바이러스가 탄생한다. 이윽고 새로 만들어진 바이러스로 채워진 숙주 세포는 파열되면서 죽는데, 이때 주변으로 바이러스를 대량 방출하면서 다른 세포가 감염된다.

바이러스의 활동은 어떤 이유로든 그 사이클이 멈출 때까지 기하급수적으로 진행된다.

나는 데이비드 볼티모어의 책을 완전히 몰입해서 읽었다. 바이러스는 정말 은밀하고 부지런해 보였다. 그리고 인간의 뇌로는 감히 생각할 수 없는 천재적인 능력을 보여주었다.

그러나 인간도 가만히 있지는 않았다. 볼티모어의 책이 출간되기 1년 전에 인류는 역사상 최초로 한 바이러스를 지구에서 완벽하게 제거하는 데에 성공했다. 바로 천연두를 일으키는 바이러스이다. 이 고대의 바이러스는 전염성이 높고 치명적이어서 감염자의 30퍼센트가 목숨을 잃었다. 20세기에만 천연두로 사망한 사람이 3억 명에서 5억 명으로 추산된다. 내가 한창 걸음마를 배우던 시기에 세계보건기구가 천연두 바이러스 박멸 캠페인을 시작했고, 내 유년기와 청소년기 내내 전 세계가 합심하여 집단 백신 접종에 나섰다.

캠페인은 성공했다. 내가 청년이 되어 이제 막 생물학자의 길을 걷기 시작했을 때, 마지막 천연두 환자가 기록되었다. 그리고 2년 뒤 세계보건기구는 지구를 천연두 청정 지역으로 선포했다. 이는 과거에는 꿈도 꾸지 못했던 위업으로, 전 세계인이 다 함께 안도의 숨을 쉬게 되었다.

물론 당시 나는 바이러스 백신을 연구하고 있지 않았다. 그것은 훨씬 나중의 일이다. 그러나 RNA로 바이러스 치료제를 개발할 수 있다면 인류는 바이러스와 대적할 엄청난 무기를 갖추게 될 것이다.

이제 우리에게는 (내가 맨땅에 삽질부터 시작해서 꾸리는 데에 일조한) 실험실이 있었다. 그리고 2-5A라는 RNA를 치료제로 변신시켜야 한다는 과제가 있었다. 게다가 그 일에 필요한 자금까지 마련되었다.

나는 정말로 이곳을 떠나고 싶지 않았다.

인터페론 연구를 본격적으로 시작한 지 얼마 되지 않아 하루는 저녁에 혼자 집에 있는데 누군가 문을 두드렸다. 나가보았더니 처음 보는 남성 두 명이 서 있었다. 비교적 젊은 축으로 나보다 나이도 그렇게 많아 보이지 않았다. 심각한 얼굴에 정장 차림. 나는 이내 그들이 누군지 알아챘다. 그런 식으로 입고 다니는 것은 비밀경찰밖에 없으니까.

비밀경찰이 우리 집에 왔다고? 나는 놀라서 기절할 뻔했다.

저들이 일하는 기관은 내 어린 시절 동네 사람들에게 이웃을 감시하도록 부추긴 조직과 공식적으로는 같지 않았지만, 크게 다르지도 않았다. 그들을 내가 사는 집 문 앞에서 보고 있다는 것이 너무 혼란스럽고 솔직히 실감도 나지 않았다.

둘 중 한 남자는 평균 체격에 전혀 말이 없었다. 다른 남자는 좀 더 덩치가 있었고 나보다 컸는데, 그 사람 혼자서만 말했다.

"커리코 씨," 그가 입을 열었다. 내 이름을 알고 있네. "우리를 좀 도와주셔야겠습니다." 이 남성은 학력이 높은 것 같았다. 말을 자연스럽게 잘했고, 심지어 친근하게까지 보이려는 것 같았다. 그러나 그런 억지스러운 친근함은 전혀 신뢰가 가지 않았다. 나는 뼛속까지 긴장했다.

"BRC의 직원으로서 커리코 씨는 세계의 여러 국가에서 온 과학자들과 일하고 계시지요. 그런데 그들 중에 외국 첩보원으로 활동하는 사람이 있다는 정보가 들어왔습니다. 아마 우리 헝가리 연구자들이 이룬 발견과 성과를 훔쳐가려는 속셈일 겁니다." 그러더니 내 동료 몇몇의 이름을 댔다. 내가 어디에서 일하는지 알고 있구나. 나와 같이 일하는 사람들의 이름을 알고 있어.

"우리는 그들을 감시해야 합니다." 남자가 말을 이어갔다. "우리는 유출을 방지해야 합니다. 우리의 가치를 보호해야 합니다. 당신이 도와준다면 우리도 당신을 돕겠습니다." 그가 대놓고 입 밖에 내지는 않았지만 나는 무슨 말인지 이해했다. 나한테 방첩 활동을 하라는 뜻이었다. 내 동료들을 감시하고 고발하라고 말이다. "그렇지만", 그는 혼잣말처럼 말했다(이번에도 아주 태연하게, 별것 아닌 일을 말하고 있다는 듯이) "만약 돕지 못하겠다면, 우리는 당신의 삶을 아주 힘들게 만들 수 있어요."

그는 다음 말을 꺼내기 전에 뭐랄까 리듬을 탔다. 내가 자신의 말에 최대한 집중하게 하려는 극적인 침묵이 동반되었다. "제가 최근에 키슈이살라시로 여행을 갔었어요." 그가 말했다. "술집에서 우연히 당신의 아버지를 만났지 뭡니까." 나는 고향의 아버지를 떠올렸다. 아마 아버지는 이 사람을 보고 성격 좋은 외지인이 술 한잔하러 들렀다고 생각했을 것이다.

"아버지가 당신을 아주 자랑스러워하시더군요." 남자가 말했다. "그런데 누가 아버님께 따님의 성공과 미래가 끝장났다고 말씀드린다면 어떻게 될지 한번 생각해보시겠어요? 특히 아버지 본인이 국가에 저지른 죄 때문에 딸의 창창한 앞날에 문제가 생겼다고 한다면 말이지요. 정말 슬퍼하시지 않을까요?"

내 머릿속은 남자가 직접 언급하지 않은 조각들을 맞춰가며 질주했다. 그는 내가 협조하지 않으면, 내가 그들의 스파이가 되지 않겠다고 하면 나를 쫓아내겠다고 말하고 있다. 그것도 모자라 아버지에게 모두 아버지 탓이라고 말하겠다는 것이다.

그러나 그들이 정말 나를 BRC에서 해고할 수 있을지 확신할 수 없었다. 어쨌든 지금은 1978년이니까. 세상이 내가 어렸을 때와 많이 달라졌다는 것은 확실했다.

하지만 정말 그럴까?

아마 아버지는 당신 때문에 딸의 일에 차질이 생겼다고만 해도 바로 믿었을 것이다. 딸이 성공할 기회를 자신이 망쳤다고 믿고 괴로워할 것이다. 아버지는 나를 정말 자랑스럽게 생각했다. 언제나 그랬다. 그리고 우리 가족이 더 나은 삶을 살게 하려고 이 긴 세월 동안 모든 역경을 헤쳐왔다.

그래서 나는 그 크고, 위협적인 남성에게 그런 상황에서 할 수 있는 유일한 대답을 했다. "알겠습니다."

나는 그들과 논쟁해봐야 소용없다는 것을 알았다. "알겠습니다." 나는 한 번 더 대답했다. 그러나 속으로는 당신들이 나에게서 얻을 건 없을 것이라고 말했다. 나는 누구도 보고하지 않을 것이고 누구에게도 전화를 걸지 않을 것이다. 그리고 실제로도 그렇게 하지 않았다. 한 번도.

내가 아무것도 하지 않아서 나에게 돌아온 불이익이 있었을까? 진실은 나도 모른다. 박사학위를 받은 후에 일한 것까지 포함해 BRC에서 총 7년을 근무하면서 나는 한 번도 연구원 이상으로 승진하지 못했다. 그리고 결국에는 연구비 부족으로 해고되었다. 그러나 내가 적극적으로 방첩 활동을 했다면 승진했을지는 알 수 없다. 그냥 내가 별로 생산적이지 못해서, 또는 내 연구가 뛰어나지 않았기 때문이라고 믿는 것이 속 편하겠다.

돌아보면 사람들이 서로 감시하고 국가에 신고하기를 요구하는 사회는 그로 인해 발생하는 일 자체도 문제지만, 그보다 더 교활한 측면이 있다는 생각이 든다. 바로 보이지 않는 힘에 의해서 자기 인생이 얼마나 영향을 받았는지 평생 의심하게 만든다는 것이다.

BRC에서 2-5A/인터페론 연구가 한창일 때 나는 다시 몸이 아팠다. 어린 시절의 모든 증상이 그대로 돌아왔다. 고열과 두통, 식욕부진이 시작되었고, 무릎과 허리, 손목과 손가락까지 온몸에 통증이 되살아났다. 그렇게 나날이 쇠약해졌고, 정말이지 기운이 하나도 없었다.

의사가 내릴 수 있는 최고의 진단은 결핵이었다. 하지만 몇년 뒤 그것은 오진이었고 실은 한 번도 결핵에 걸린 적이 없다는 말을 들었다. 사실 내 증상은 결핵과는 맞지 않았다. 나는 기침을 하지 않았고 가슴에 통증도 없었으며 폐에서 피가 섞인 가래도 나오지 않았다. 내 엑스선 사진은 깨끗했다. 그러나 몇 개월 동안 결핵 치료를 받으러 감염병 전문병원에 다녀야 했다. 그곳에서는 거의 모든 사람이 결핵 또는 성병에 걸려 있었다. 사방에서 환자들이 기침을 해댔고 끔찍한 통증을 호소했다. 한쪽에서는 사람들이 죽어가고 있었다. 의사는 내게 듣지 않는 약을 주었다. 증상이 호전되지 않자 더 강한 약을 주었는데 그 바람에 몸이 더 약해졌다.

이런 식으로 몇 달이 흘렀다.

나는 무기력해졌다. 도저히 일을 할 수가 없어 병가를 내고 쉬었지만 나아지지 않았다.

어느 날 아침, 병원에 갔다가 집으로 걸어가는 길이었다. 햇빛이 밝아서 눈이 아팠다. 한 발짝 떼는 것도 고통스러웠다. 자고만 싶었다. 아니면 그냥 아무것도 하지 않고 침대에 누워만 있고 싶었다. 배터리가 다 된 장난감이 된 기분이었다. 그때 불현듯 머리를 스쳐가는 것이 있었다. 정체 모를 기분, 아니면 뭔가를 깨닫게 된 것 같기도 했다. 아무튼 원래는 없었다가 갑자기 생겨났다는 말로밖에는 설명할 수 없는 어떤 절박감이 나를 덮쳐왔다.

이대로 있을 수는 없어. 나는 생각했다. 이대로 일을 그만둘 수는 없어. 이런 상태에 만족할 수 없어.

내가 아직 해내지 못한 일을 기다려줄 사람은 없다는 생각이 들었다. 물론 일을 아예 그만두면 BRC에 있는 동료들도 내 부재를 알아채겠지만, 곧 그 빈 자리를 다른 사람으로 채우고 계속 일할 것이다. 일을 그만두지 않고 타협할 길이 있는 것도 안다. 그 길에서는 나 자신에게 요구하는 기준을 낮추기만 하면 된다. 서서히, 한 번에 조금씩, 그러나 어떤 핑계로든 그런 일은 항상 일어나게 되어 있다. 물론 핑계가 아닐 수도 있다. 내가 지금 아픈 것처럼 질병일 수도 있고, 가족으로서의 의무(배우자를 내조하고 아이들을 키우고 나이 드신 부모님을 돌보는 것 같은), 또는 인생이 던져놓을 다른 수많은 장애물 중 어느 것이든 될 수 있다.

이런 장애물은 내가 아직 이루지 못한 성과보다 언제나 더 눈에 띌 것이다. 그 장애물은 모양과 구조가 있어서 쉽게 볼 수 있지만, 한 사람의 미래가 가져올 결과물은 마침내 그 미래가 당도할 때까지는 눈에 보이지 않고 가설의 상태에 머문다.

누구도 우리 집 문을 두드리며 이렇게 말하지 않을 것이다. "커티, 이 세상에는 아직 당신이 하지 못한 연구와 찾아내지 못한 발견이 필요합니다." 지금 이 시점에 내 기여는 하나도 존재하지 않는다. 그것은 어디까지나 잠재력일 뿐이다. 그리고 언제나 아무것도 없는 것에서 출발한다. 그 공간이 어떻게 채워질지, 그리고 무엇이 될지는 모두 내게 달려 있다.

나는 일터로 돌아갔다. 그리고 그때부터 내 페이스를 유지했다. 몸이 부서질 것처럼 아파도 계속 앞으로 나아갔다. 이제 나는 절대 나 자신이 맥없이 물러나게 두지 않을 것이다.

마침내 몸이 좀 나아졌을 때, 나는 벨러와 함께 폴란드와 불가리아로 여행을 떠났다. 우리는 서로 배려하며 함께 잘 여행했다. 그는 여전히 그 누구보다 나를 웃게 했다.

우리는 때로 미래를 이야기했다. 나는 일을 그만두는 일은 절대 없을 거라고 그에게 여러 번 말했다. 벨러의 일정이든 다른 누구의 일정이든 그것에 맞추기 위해서 일을 그만두지는 않을 거라고 다짐했다. 나한테는 일이 가장 먼저라고. 그때마다 그는 항상 똑같이 대답했다. 알겠어.

여행에서 돌아왔을 때도 그는 똑같이 말했다. "알겠어." 그때가 1980년 8월, 우리는 거의 3년을 만났다. 어쩌면 그가 진심일지도 모른다는 생각이 들었다.

"진심이야, 커티." 벨러가 말했다. "네 일이 가장 먼저야. 그래도 돼." 나는 그의 말을 받아들였다. 내 일이 먼저야. 그래도 돼.

나는 앉은 채로 몸을 조금 일으킨 다음 그의 눈을 마주 보고 말했다. "그렇다면 우리, 결혼하자."

헝가리에서는 약혼식 때 금반지를 받는다. 그러나 우리는 금을 구할 데가 마땅치 않았고 어쨌든 너무 비싸기도 했을 것이다. 그래서 벨러가 케이블 공장에서 구리로 직접 반지를 만들어주었고 부모님 집에서 약혼식을 했다.

엄마는 여전히 반신반의했다. 엄마가 나를 따로 불러서 말했다. "벨러는 좋은 청년이야. 하지만 커티, 너는 자기중심적이고 성격이 너무 강해. 그래서 너희가 오래가지 못할 것만 같구나."

그리고 아니나 다를까 다섯 살이라는 나이 차에 대해 덧붙였다. "지금이야 너와 벨러가 서로 비슷해 보이지. 하지만 네가 마흔다섯이 되면 상황이 달라질 게다. 여자 마흔다섯은 중년이야. 하지만 마흔 살 남자는 아직 팔팔한 청춘이지."

나는 어떻게 대답할지 잠깐 고민했다. 그리고 심호흡하고 말했다. "그럼 엄마, 내가 마흔다섯이 되면 벨러랑 이혼할게."

내 키가 너무 커서 웨딩드레스를 빌릴 수 없었다. 그래서 흰색 천을 떼다가 세게드의 한 동네 아주머니에게 맞춤 제작을 부탁했다. 내가 생각할 수 있는 가장 단순한 스타일로. 그리고 모자와 짧은 흰색 털코트를 대여했다(10월이어서 추웠다).

결혼식 날, 스리피스 정장을 입은 벨러가 부케를 들고 나타났다. 우리는 세게드 시청으로 함께 걸어갔다. 결혼식에는 벨러네 가족, 우리 가족, 내 동료 몇몇이 참석했다. 혼인 신고서에는 이모가 서명했다. 그런 다음 우리는 차를 타고 케크 칠러그(푸른 별)라는 식당에 갔다.

아버지는 피로연에 쓸 고기를 직접 준비하겠다고 고집했다. 결혼식 비용을 아끼는 장점도 있었지만 그보다는 이것이 아버지 자신이 우리 두 사람을 축복하는 가장 진심 어린 방식이었다. 아버지는 정성껏 고기를 준비해서 아침에 식당으로 배달시켰다. 우리가 도착했을 때 식당에서는 고기를 근사하게 요리해서 내놓았다. 늘 그랬듯이 아버지의 고기는 정말 최고였다.

스냅 사진처럼 떠오르는 장면이 있다. 벌러톤 호수만큼이나 커다란 미소를 짓고 있는 아버지가 최상의 양고기를 높이 쌓아 올린 그릇을 자랑스럽게 들고 서 있다. 이 안에 아버지가 딸에게 줄 수 있는 모든 것이 들어 있었다. 아버지의 기술, 아버지의 시간, 아버지의 역사, 아버지의 노력, 아버지의 배려와 관심, 그리고 사랑까지.

지금 다시 한번 아버지의 고기 향을 맡을 수만 있다면 내주지 못할 것이 없을 것 같다.

헝가리 전통 집시 밴드의 연주에 맞춰 우리는 춤추고 노래했다. 와인과 맥주를 마시고 웃고 떠들며 또 춤을 추었다. 파티는 소박했지만 밤늦게까지 끝날 줄을 몰랐고 나는 행복했다.

헝가리에서는 여자가 결혼을 하면 남편의 이름 전체를 받고 그 뒤에 "–의 아내"라는 뜻의 "né"라는 글자를 붙인다. 그리고 그것이 남은 평생 사람들이 부르는 이름이 된다. 사람들은 그 여자의 진짜 이름을 모른다.

나는 그런 관습이 싫었다. 나는 내 이름이 좋았고, 이름을 바꿀 납득할 이유도 찾지 못했다. 그래서 벨러에게 그의 이름을 받는 조건을 이야기했다. 내가 그의 이름을 받으면, 그는 내 이름을 받는 것으로. 의논 끝에 결국 우리는 원래 자신의 이름으로 살기로 기쁘게 합의했다.

식이 끝나고 우리는 둘이 걸어서 집에 갔다. 새벽 2시에. 처음 만났던 날처럼. 우리는 지금까지 그랬듯이 여전히 커틸린 커리코와 벨러 프런치어였지만 둘의 관계는 달라졌다. 이제 우리는 남편과 아내이다.

나는 원래 아이를 좋아하는 사람이 아니었다. 친구나 동기들이 어린아이를 보면 가까이 다가가서 몸을 숙이고 평소라면 절대로 내지 않을 요상한 하이 톤으로 말을 거는 것을 보고 의아했던 적이 한두 번이 아니었다. 게다가 엄마들이 아기 앞에서 자신을 3인칭으로 지칭하는 것도 이상했다. 아가야, 지금 엄마 보고 있는 거야? 맞아, 엄마한테 한번 웃어봐! 엄마가 된다는 것과, 아기 앞에서 자기 이름과 정체성을 가진 독립적인 사람이 되는 것은 절대 양립할 수 없는 일일까. 나는 사람들의 이런 모습들과, 또 몇 년씩 온전히 매달려 돌봐야 하는 작은 인간을 보면서 생각했다. 이건 보통 일이 아니다.

아기들은 손이 너무 많이 가고, 너무 많은 시간을 잡아먹는다. 게다가 혼자서는 아무것도 할 수 없다. 나는 이런 작고 성가신 생명체에게 아무런 끌림도 느끼지 않았다.

그러나 1982년 11월 8일, 논문 심사를 성공적으로 통과하고 박사학위를 받은 지 몇 주일 만에 나는 병원에서 아기를 낳았다. 그날은 마침 헝가리 유급 공휴일이었다. 나는 유급 공휴일에 아기를 낳아서 정말 좋았다. 아기와 내가 대단히 실용적인 출발을 한 것 같았다.

많은 출산이 그렇듯이 분만 과정은 고통스러웠지만 다행히 큰 문제 없이 진행되었다(벨러는 군에 입대해서 복무 중이었기 때문에 이 과정을 대부분 함께하지 못했다). 마침내 아기의 머리가 나왔을 때 의사가 소리 질렀다. "잘생긴 남자아이입니다!" 그러다가 몇 분 뒤 아기가 완전히 나오자 의사가 아까 한 말을 정정했다. "아들이 아니네요, 예쁜 딸입니다! 너 정말 아름답고 건강한 아기구나!"

간호사들이 아기의 몸을 닦는 동안 나는 의사에게 왜 머리가 나왔을 때 아들이라고 했는지 물었다. "아, 아기 머리가 너무 커서요." 그가 말했다. "그렇게 머리가 큰 아이는 대개 남자아이이

거든요."

의사는 내가 가져온 요에 아기를 눕혔다. 나는 아기를 내려다보았다. 그리고 고개를 숙여 좀더 자세히 들여다보았다. 섬세한 눈꺼풀, 작은 코, 10개의 완벽한 손가락을 가진 주름진 생명체였다.

수전. 나의 주지.

나는 아기의 손을 들어올렸다. 그리고 가볍게 흔들면서 말했다. "안녕, 수전." 나는 하이 톤의 요상한 목소리로 말하지 않았다. 아마 하려고 해도 못 했을 것이다. 대신 평소 직장에서 동료를 처음 만날 때처럼 인사했다. "난 네 엄마야. 만나서 정말 반가워." 내 인사에 대한 답으로 수전은 앙앙 울어젖혔다.

아기가 태어난 뒤에는 전혀 예상하지 못한 일들이 많이 일어난다. 나는 수전이 이렇게 영특할 줄은, 이렇게 활발하고 의욕이 넘치는 아이일 줄은 미처 알지 못했다. 중고등학교 때 수전이 참가한 스포츠 경기장에서 내가 얼마나 큰소리로 응원하고, 또 이 경기가 어떻게 더 큰 대회로 바뀔지도 짐작하지 못했다. 또 반대로 내가 상을 받았을 때 수전이 나의 가장 든든한 지지자로서 나를 응원하게 되리라는 것도 몰랐다.

그러나 이것만은 알고 있었다. 지금 내 눈앞에 누워 있는 아기, 손을 붙잡고 흔들면서 나를 소개했을 때 피로슈퍼프리커(pirospaprika. 붉은 고추)처럼 얼굴이 벌게지던 이 아기가 단번에 나를 바꿔놓으리라는 것만큼은 곧바로 알았다.

앞에서 내가 아기에 대해 했던 말들은 다 잊어버리기 바란다. 이 새로운 생명체는 하나도 문제가 되지 않았다. 아니, 그 반대였다. 아이는 인생의 가장 중요한 의미이자 사랑 그 자체였다.

수전을 눕힌 요는 내가 태어났을 때 누워 있던 것이었다. 엄마가 태어났을 때도 이 요에 처음 누웠고, 그 전에 외할머니도 갓난쟁이였을 때 여기에 누워서 지냈다. 가장자리에 작은 아일릿과 레이스로 장식된 이 요의 바느질은 완벽했다.

앞으로 수전이 아기를 낳게 된다면 그 아기 역시 이 요에 누이고 싶었다. 그러려면 이 요를 30년 가까이 잘 간직해야 한다. 그래서 이사할 때마다, 심지어 바다를 건너갈 때에도 이 요를 신경 써서 챙겨갔다. 할머니부터 시작해 다섯 세대에 걸쳐, 그리고 그후로도 자손들이 똑같은 요에서 세상을 맞이하고, 상상할 수 없는 변화 속에서 잠시나마 연속성과 안정감을 느끼길 희망하면서 말이다.

수전도 언젠가는 아기를 낳게 되겠지만, 지금 이 요는 한 세기에 한 번 있을까 말까 하는 세계적인 팬데믹의 혼돈과 혼란 속에 잊힌 채 아직은 다락방 상자 안에 들어 있다. 이 팬데믹 역시 누구도 예측하거나 상상하지 못한 것이었다.

집에서 수전에게 젖을 먹이는데 누군가가 문을 두드렸다. 수전이 태어난 지 몇 주일이 지났을 때였다. 한동안 제대로 잠을 자지 못해서 세상이 흐릿하게 보였다.

나가 보니 연구실 동료 야노시 루드비그였다. "커털린." 그가 특유의 퉁명스러운 목소리로 나를 불렀다. 심지어 수전에게 눈길 한 번 주지 않았다. "아직까지 집에서 뭐 하는 거야? 이제 실험실로 돌아와야지."

나는 아직 모유 수유 중이고, 출산에서 회복하려면 시간이 필요하다고 설명했다. 그가 중간에 손을 들어 내 말을 막았다. "실험을 더 늦출 수는 없어. 당장 돌아와야 해."

야노시는 나가려고 몸을 돌리다가 다시 돌아섰다. 그때의 표정이 세게드 외곽의 포도밭에서 그를 처음 만났을 때와 똑같았다. 짜증과 조급함이 섞여 있었고, 무엇보다 내가 자신을 진지하게 생각하고 좀더 정신을 집중하면 정말 특별한 사람이 될 거라는 어떤 기대 같은 것이 있었다.

야노시가 마침내 입을 뗐다. "실험실에 할 일이 많아. 지금 이렇게 아기한테 시간을 쏟고 있을 때가 아니야."

수전은 11월에 태어났다. 그리고 다음해 2월에 어린이집에 들어갔다.

공산주의 헝가리에서는 아주 적은 비용으로 아이를 보육 시설에 맡길 수 있었다. 어린이집은 크고 사랑스러웠고 믿음직한 전문가들이 아이들을 보살폈다. 많은 직원들이 공인 간호사였다. 매일 소아과 의사가 들러서 아이들의 상태를 확인했다. 아이마다 건강과 발달 상황을 기록한 수첩이 있어서 부모가 의사에게 질문이 있으면—이런 증상이 정상인가요? 발진이 생겼는데 따로 치료해야 하나요?—이 수첩에 질문을 적었다.

의사는 매일 부모의 문의를 읽고 아기를 살핀 다음 세심하게 답했다. 네, 정상입니다. 발진은 나아지고 있어요. 하지만 한동안 기저귀 발진 크림을 계속 발라주세요.

아기들이 걷기 시작해도 관심은 계속된다. 예를 들어 수전은 계단을 올라가기 시작했을 때 한쪽 무릎을 제대로 구부리지 못했다. 의사가 바로 허벅지 근육 손상을 인지하고 물리치료를 권했다(다행히 치료가 도움이 되어 장기적인 운동 능력에 문제가 되지는 않았다).

어린이집에서는 아기에게 여분의 옷이나 기저귀를 충분히 보냈는지 걱정할 필요가 없었다. 천 기저귀는 무료였고 충분히 준비되어 있었으며, 아이들에게 부드러운 원복을 제공해 항상 깨끗하고 몸에 잘 맞는 편안한 옷을 입고 생활하게 했다. 수유 중인 부모는 모유를 맡길 수 있었고, 이후에도 아기의 발달 연령에 따라 건강한 음식을 제공했다. 매일 점심 후에는 아이들을 따뜻하게 챙겨 입히고 담요를 두른 다음 밖으로 데리고 나가서 신선한 공기를 마시며 낮잠을 자게 했다. 이것이 유럽 방식이다. 유럽에서는 계절에 상관없이 바깥에서 낮잠을 재운다.

이런 장면을 한번 그려보라. 주위에는 눈이 내리고 있고, 줄지어 늘어선 작은 침대에 40명의 아이들이 누워서 마치 동화 속 주인공처럼 평화롭게 잠을 잔다. 나는 이 야외 낮잠이 아이들을 원기 왕성하고 튼튼하게 만든다고 들었다. 그 말을 뒷받침하는 연구 결과가 있는지는 모르겠지만, 한 가지는 확실하다. 초등학교 이후로 수전은 아파서 결석한 적이 한 번도 없었다.

오늘날 사람들이 내게 여성이 좋은 엄마이자 성공한 과학자가 되기 위해 필요한 조건을 물을 때가 있다. 답은 간단하다. 내가 헝가리에서 누렸던 것 같은 수준 높고 저렴한 보육 시설이다.

안타까운 일이지만 양질의 어린이집이 없거나 비용이 많이 드는 경우, 육아를 위해 자신의 커리어를 희생하는 쪽은 대개 엄마이다. 실제로 나는 지금까지 미국 과학계에 있으면서 우리 집처럼 남편이 주 양육자이고 아내가 전업 연구자인 가정은 거의 본 적이 없다.

물론 남편과 아내 모두 수준 높은 직장에서 일하는 집도 분명히 있다. 그러나 이것을 알아야 한다. 부부가 맞벌이하는 집은 이미 어느 정도 경제력이 뒷받침되어 있다. 경제적인 바탕이 하나도 없는 가정이라면 거의 불가능하다.

과학 하는 여성이 늘어나기를 원한다면, 그리고 어느 분야든 더 많은 여성의 진출을 원한다면 먼저 이 부분이 해결되어야 한다. 서두를수록 좋다. 저렴한 양질의 보육 시스템은 국가를 위한 투자이고, 내 생각에 그 수익은 몇백만 배로 돌아올 것이다.

BRC에서의 연구는 흥미진진했고 큰 진전이 있었다. 우리는 2-5A—항바이러스제로서 미래를 약속한 짧은 RNA 분자—를 합성하고 더 나아가 리포솜을 사용해 배양세포에 전달할 수 있었다. 그러나 몇 가지 난관이 있었다.

RNA는 실험실에서 다루기가 어렵기로 악명 높은 재료이다. 연구에 쓰려면 RNA 샘플을 온전한 상태로 유지해야 하는데, 그게 그리 간단한 일이 아니다. 대부분의 분자생물학 실험은 세균에서 분리한 작은 원형 DNA인 플라스미드로 시작한다. 플라스미드를 분리할 때는 먼저 세균의 RNA를 제거해야 한다. 이를 위해서 리보뉴클레아제RNase라는 특별한 효소를 처리한다. 이 효소는 말 그대로 RNA를 파괴하기 위해서 생겨난 물질이다. 그러나 저 효소가 당신의 소중한 RNA까지 망가뜨리면 큰일이다.

게다가 심각한 문제가 있다. RNase는 어디에나 존재하기 때문이다. 사람들은 피부, 혈액, 소화관에 자연적으로 RNase를 지니고 있다. RNase는 땀과 콧물에도 있다. 따라서 실험대나 실험 기구가 이 효소로 오염되는 것은 순식간이다.

모든 실험실이 RNase로 오염되었다. 실험실에서 일하는 사람들도 오염되었다. 옷과 실험 장비와 물도 예외가 아니다. 실험실 샘플과 시약도 RNase에 오염되어 있을 수 있다.

RNase는 아주 소량만 있어도 RNA 샘플 전체를 파괴할 수 있다. 일반적으로 실험실에서 세균과 바이러스를 죽일 때 사용하는 고압 증기나 고온 가열 처리가 RNase에는 통하지 않는다. 고열 처리로 가까스로 비활성화시키더라도 온도가 내려가면 종종 다시 살아난다. 오죽하면 RNA 연구자들 사이에서는 실험실에서 RNase를 제거하려면 건물을 통째로 날려버려야 한다는 농담까지 있다.

물론 우리가 할 수 있는 일은 있다. 실험하는 동안 샘플을 얼음 위에서 차갑게 유지하고, 피펫에 특별한 여과 팁을 사용하고, 장갑을 끼고, 실험실 일부를 RNase 청정 구역으로 만들면 된다. 실험 중에 다른 것은 만지지 않고, 최대한 오염원을 멀리하며, 수시로 닦고 소독하고 멸균한다.

그러면 다 된 것일까? 아니, 여기에서 끝이 아니다.

RNA 샘플을 RNase에 오염되지 않게 잘 유지했더라도 다른 문제가 있다. RNA에는 원래부터 잘 분해되는 성질이 있다. RNA는 DNA와 달리 임시용이라는 사실을 기억하라. DNA는 정보의 영구 보존이 존재의 이유이므로 잘 변하지 않는 안정된 상태를 유지하지만, RNA는 애초에 그때그때 임무를 수행하고 사라지게끔 만들어졌다. 불안정성이 곧 RNA의 핵심이다.

RNA의 이런 특성이 세포의 효율성은 극대화하지만, RNA 연구자들에게는 최악의 조건이다.

안 돼. 못 해. 불가능해. 많은 동료 과학자들이 내게 말했다. 오랫동안 지겨울 정도로 들어온 말이다. RNA는 골칫덩어리야. RNA 연구는 할 수 없어. 게다가 RNA에 대한 끔찍한 선입견이 있었다. RNA는 그렇게 번거로움을 무릅쓸 가치조차 없는 물질이야!

나는 그런 말들을 하나도 믿지 않았다. 이유는 모르겠지만 이상하게도 나는 RNA에 겁을 먹은 적이 없다. 그리고 어떤 막연한 확신이 있었던 것 같다. 일의 단계를 세밀하게 나누고, 각단계를 꼼꼼하게 진행해서 적절하게 접근하기만 한다면 얼마든지 RNA를 연구할 수 있다고 말이다.

문제는 RNA가 아니다. 문제 해결은 우리 연구자의 몫이다.

실험실에서의 작업은 고된 것이 사실이다. 꼭 RNA 연구가 아니더라도 과학은 본디 느리고 반복이 생명이다. 물론 BRC에서의 내 연구는 새로운 항바이러스 화합물을 찾는 꿈 같은 과정이었다. 언젠가 우리 연구가 세상을 바꿀 거라는 희망이 있었다. 그렇다고 모든 순간이 꿈 같을 리는 없다.

나는 재고, 붓고, 섞고, 가열하고, 식히고, 기다리고, 지켜보았다. 샘플을 준비하고 시약을 섞고 냉동고를 정리하고 실험한 유리 용기를 끝없이 닦았다. 여기서 끝이 없다는 말은 절대 끝나지 않는다는 말이다. 솔직히 가끔은 과학의 진보를 위한 일이 엄마가 그 오랜 세월 부엌에서 해오던 일과 별반 다르지 않다는 생각이 들었다.

그래서 실험실 노동자들은 이 단조로운 과정을 어떻게 해서든 즐겁게 할 수 있는 방법을 강구한다. 예를 들면 그 시절에 우리는 유리 시험관을 사용했다. 각 시험관에 숫자를 표시하고 샘플 수집기에 넣는다. 실험이 끝나면 꺼내어 시료를 버리고 설거지하여 다시 사용한다. 그렇게 수백, 수천 개의 시험관을 닦았다. 나는 대체로 야노시와 설거지를 했는데, 우리는 실험실 싱크대 앞에 나란히 서서 함께 알아맞히기 게임을 했다. "내가 지금 닦는 시험관의 개수가 홀수일까요, 짝수일까요? 홀? 짝?"

남들 눈에는 아주 따분한 게임처럼 보일 것이다. 밑도 끝도 없는 짐작의 연속. 그러나 저 많은 설거지를 하려면 그런 게임이라도 해야 덜 지루했다. 그리고 사실 게임을 하면서 우리는 계속 웃었다.

힘들고 지루한 일이 많았지만 나는 실험실이 좋았다. 실험실에 있으면 내가 통제할 수 있다는 기분이 들었다.

나에게 일은 행복이었다. 나는 행복했다.

하지만 레러널 제약회사는 기적의 항바이러스 화합물을 언제쯤 손에 넣을 수 있을지 서서히 궁금해하기 시작했다.

한 가지만 더. 콜롬보 형사의 말처럼 나는 매번 한 가지를 더 시도했다. 그리고 그 결과가 "인체에서 작동하는 항바이러스"라는 목표점에 다가가지 못하면 하나를 더 시도했다. 정규직이었던 내 직책은 계약직으로 바뀌었다. 나는 연구를 계속했다. "한 가지 더"가 "천 가지 더"로 바뀌었지만 결과는 언제나 같았다. 우리는 우리의 2-5A로 항바이러스 효과를 일으켰지만, 인간을 치료하는 데에는 적합하지 않았다.

그러던 어느 날 난데없이 전화 한 통이 걸려왔다.

1984년 7월, 평생 경리로 일한 엄마의 은퇴를 축하하는 날이었다. 성대한 잔치를 열 예정이었다. 아버지는 잔치 때마다 늘 해왔던 대로 상에 올릴 소시지를 준비했다.

큰일을 앞두고 너무 신경을 쓴 탓이었을까, 아버지는 모든 음식을 준비해놓고 집 앞에서 쓰러지셨다.

그리고 심장마비로 손을 쓸 새도 없이 세상을 떠나셨다.

슬픔에 잠겨 있던 그 긴 밤에 대해 무슨 말을 할 수 있을까? 방금까지도 웃음과 사랑이 넘치던 곳에 찾아든 공백과 무한한 공허는? 익숙한 것을 찾고, 찾고, 또 찾아 헤매지만 영영 사라졌다는 사실밖에 확인하지 못하는 순간의 기분은? 이제는 없고, 앞으로도 없을 것이라는.

이것이 삶에 일으킨 파열에 대해서는 또 뭐라고 말하겠는가?

없다. 할 말이 없다. 그 몇 달이 한없이 어둡고 힘겨웠다. 아버지가 그리웠다. 그리고 지금도 그립다. 하지만 그 최악의 시간 속에서도 나는 하던 일을 멈추지 않았다.

아버지가 돌아가시고 6개월 뒤, 나는 서른 살이 되었다. 생일에 나는 뉴 헝가리아라는 동네 식당에서 벨러와 친구들을 만날 약속을 잡았다.

1985년 1월 17일. 일찍 잠에서 깼다. 벨러와 수전과 나는 얼마 전에 새로운 아파트로 이사했다. 세탁기가 있고 10층에서 보는 전망이 꽤 근사한 집이었다. 그날 아침, 나는 벨러가 수전을 어르면서 장난스럽게 등에 업고 다니는 것을 보았다. 나는 수전에게 인사를 하고 나와서 온종일 실험실에 앉아 있는 평범한 하루를 기대하며 길을 나섰다. 그때 우리는 차가 있었다. 러시아제 라다였다. 하지만 평소 나는 버스로 출퇴근하면서 어제 실험에서 무엇을 놓쳤고 오늘은 무엇을 실험할지 생각했다.

인생의 특별한 순간에 사람의 기억이 선별적으로 저장되는 것을 아는가. 예를 들면 나는 그날 버스를 타고 BRC까지 가던 길이 기억난다. 동유럽 전체에 한파가 몰아닥쳐서 몹시 추운 날이었고 공기가 맑고 차가웠다. 얼어붙은 강을 건넌 것도 기억한다. 그리고 실험실에 도착했을 때 일어난 일도 당연히 기억한다. 하지만 누가 그 소식을 전했는지는 도저히 기억나지 않는다. 아마 예뇌였겠지만 그 순간의 기억은 없다. 그저 발아래로 한없이 땅이 꺼지는 것 같았던 기분만 기억난다.

레어널 제약회사가 연구비 지원을 끊었다. 그들은 우리 연구를 포기하기로 했다. 내 인건비—특별히 나만—지급이 7월 1일자로 종료될 예정이었다.

맨 먼저 이런 생각이 들었다. 왜 하필 나지? 머릿속에서 반박하는 말이 자꾸 맴돌았다. 나는 잘했어. 열심히 일했어. 애초에 이 실험실을 세팅한 사람이 나야. 그것도 아주 잘. 이건 공정하지 않아.

그러나 그것도 잠깐이었다. 나는 나 자신이 이런 생각에 젖어 있다는 사실을 깨닫자마자 한스 셀리에의『생명의 스트레스』, 고등학생 때 너무나도 좋아했던 책에서 배운 교훈을 떠올렸다. 남을 탓하지 말자. 대신 지금 내 힘으로 통제할 수 있는 것에 집중하자. 나쁜 스트레스를 좋은 스트레스로 바꾸자. 나는 내 힘으로 할 수 있는 것에 관심을 돌렸다. 새 일자리를 찾아야 한다. 모든 에너지와 집중력을 쏟아부을 내 인생의 다음 장을 찾아야 한다. 앞으로 무엇을 해야 하지?

좋아, 생각해보자. 너는 직장이 필요해, 커티. 그것도 빨리. 2-5A로 일한 내 경험이 필요할 만한 몇몇 연구자들이 유럽에 있었다. 2-5A를 발견한 런던의 이언 커, 또 바이러스가 어떻게 세포의 기능을 방해하는지 연구한 스페인 마드리드의 루이스 카라스코Luis Carrasco, 마지막으로 인터페론의 작동 기작을 연구한 프랑스 몽펠리에의 베르나르 르블루Bernard Lebleu까지.

내가 헝가리를 떠나고 싶었을까? 세게드를? 언니를? 이제막 남편을 잃은 엄마를? 아니, 나는 절대 떠나고 싶지 않았다. 그렇지만 나는 정말로 일하고 싶었다.

나는 정신없이 이 사람들에게 연락하기 시작했다. 그들은 관심을 보였지만 조건이 있었다. 내 인건비를 알아서 해결해야 했다. "장학금을 지원해보세요." 그들이 말했다. 그것이 아주 쉬운 일인 것처럼. 철의 장막 뒤에서도 모든 일이 서쪽에서와 같은 것처럼. "과학 재단에서 생활비를 지원받아 오는 거라면 환영하겠습니다." 불가능했다. 헝가리에서는 그런 지원을 요청하는 일이 허락되지 않았다.

지원해볼 수 있는 곳이 한 군데 더 있었다. 그것도 되리라는 보장은 없지만, 뾰족한 수가 없었다.

어느 날 밤, 수전을 재우면서 벨러에게 이야기를 하자고 했다. 나는 크게 심호흡하고 말했다. "아무래도 우리, 미국에 가야 할 것 같아."

4

시스템의 아웃사이더

수십 년이 지나 내 이야기에서 사람들의 가장 많은 관심을 끈 것은 곰 인형이었다. 「뉴욕 타임스*The New York Times*」, 「워싱턴 포스트*The Washington Post*」, 「가디언*The Guardian*」, 「글래머*Glamour*」, 「타임*Time*」에 내 얼굴이 실리는 비현실적인 일이 일어났을 때, 모든 기사에 공통으로 등장한 한 가지가 바로 우리가 헝가리를 떠나던 날 수전이 들고 있던 곰 인형이었다.

어떤 기사에는 사진까지 있었는데, 유리 눈이 달린 평범한 갈색 곰 인형으로 붉은 천으로 만든 입은 늘 미소를 띠었다. 인형의 나달나달한 벨벳 털로 알 수 있는 비밀은 한 가지뿐이었다. 아이가 이 인형을 몹시 사랑한다는 것. 이 인형에 다른 비밀이 숨겨져 있다고 암시할 만한 것은 하나도 없었다.

언니 조커가 운전하는 차 뒷좌석에서 잠이 든 수전의 팔이 그 곰 인형을 꼭 끌어안고 있었다. 우리는 부다페스트, 아직 헝가리에 있다가 이내 공항으로 향했다. 아직 이른 시간이었다. 벨러와 언니, 그리고 나는 차 안에서 아무 말도 하지 않았다. 태양은 우리 뒤에서 지평선 위로 떠오르기 전이었다. 우리 앞에는 상상할 수 없는 삶이 놓여 있다.

아버지가 돌아가시고 1년이 지난 7월이었다.

아직 세 살이 되지 않은 수전이 뒷좌석에서 뒤척였다. 고개를 들고 눈을 비비며 창문을 보더니 놀라면서 물었다. "여기가 미국이에요?" 수전도 우리의 상황을 알고 있었다. 엄마가 새로운 직장을 구해 비행기를 타고 바다를 건너가리라는 것을. 부다페스트에서 브뤼셀로, 브뤼셀에서 뉴욕으로, 그리고 마침내 우리의 새로운 터전이 될 도시, 필라델피아로. 오늘은 수전의 첫 비행이자, 벨러의 첫 비행이기도 했다.

차 안에서 몸을 돌려 수전을 보았다. 수전은 초롱초롱한 눈으로 자신이 신대륙을 보고 있다고 믿었지만, 우리가 있는 곳은 아직 부다페스트 험저베기 거리의 버스 터미널이었다. 그날 이후로 우리는 이 버스 터미널을 지날 때마다 장난을 쳤다. "여기가 미국이에요?"

수전의 팔은 우리가 뉴욕의 존 F. 케네디 국제공항에 도착할 때까지 곰 인형을 끌어안고 놓지 않았다. 이제 새로운 도시 필라델피아까지의 짧은 비행만 남았다. 하지만 대형 폭풍이 동쪽 해안에 상륙하는 바람에 출발이 계속 지연되었다. 긴 하루 중에 세 번째 공항에 앉아 있는 내 몸은 더 이상 시간을 구분할 수 없었다. 헝가리에서는 사람들이 곧 잠에서 깰 것이다.

빗물이 공항 창문을 세차게 때렸다. 딱 1분만 눈을 감고 싶었지만 참았다. 내 시선은 벨러의 무릎을 베고 누워 소중한 곰을 끌어안고 있는 수전에게 가 있었다. 수전과 벨러 뒤에서 여행객의 행렬이 수없이 지나갔다. 그들은 비행기 탑승권을 들여다보고 손목시계를 보았다. 또 비행기 이착륙 정보가 나오는 모니터를 여러 번 확인했다. 그렇게 서로 뒤얽혀 있다가 결국 군중 속으로 사라졌다.

자연은 뛰어난 생화학자이다. 끊임없이 유전물질을 옮기고 대체하고 자르고 다시 이어붙이며 뒤섞는다. 새로운 생명체와 모든 개체가 나름의 작은 실험이다.

때로 자연의 실험이 바이러스 감염과 싸우는 능력 같은 훌륭한 결과물을 낳는다. 내가 연구하던 2-5A 같은 것 말이다. 나는 코르디세핀cordycepin이라는 물질을 연구했다. 동충하초 *Cordyceps*라는 곰팡이에서 유래한 분자이다. 아시아의 숲속에서 발견되는 이 곰팡이는 곤충의 뇌를 장악한 다음 머리에서 뿔처럼 뻗어나온다. 동충하초는 동양 의학에서 수천 년간 중요한 약재였다(오늘날 동충하초로 만든 면역 증진 및 강장제가 시판되는데, 제조사의 주장만큼 효과가 있는지는 모르겠다. 건강보조식품은 식품으로서 안전성 평가만 받지 효능을 따지지는 않기 때문이다).

코르디세핀은 아데노신처럼 아데닌을 염기로 가진 뉴클레오사이드인데, 사실상 아데노신과 거의 동일하고 뉴클레오사이드를 구성하는 당의 구조에서만 미세한 차이가 있을 뿐이다.

1980년대 중반에 과학자들은 이처럼 자연적으로 변형된 뉴클레오사이드—여기에는 수산기가 없고, 저기에는 메틸기가 추가되었고 등등—를 찾아다가 실험실에서 추출해서 질병 치료 효과를 테스트했다. 효능이 증명된 것은 뉴클레오사이드 유사체nucleoside analogue라고 알려진 약물로 이어졌다. 이런 약물들은 질병 치료에 큰 역할을 했다. 예를 들면, HIV에 최초로 효과가 입증된 약물인 AZT가 바로 뉴클레오사이드 유사체이다. 펜토스타틴pentostatin이라고도 알려진 디옥시코포마이신deoxycoformycin은 여러 종류의 백혈병에 사용되는 치료제인데, 스트렙토미세스속Streptomyces 세균에서 분리한 뉴클레오사이드 유사체이다.

뉴클레오사이드 유사체 이야기에서 로버트 수하돌닉Robert Suhadolnik이라는 이름을 빼놓을 수는 없다. 수하돌닉 박사는 뉴클레오사이드와 뉴클레오사이드 유사체에 관한 책을 쓴 유명한 미국의 생화학자이다. 내가 미국으로 이주한 1985년에 그는 필라델피아의 템플 대학교 생화학과에서 연구실을 운영하고 있었다. 그는 코르디세핀을 이용해서 2-5A를 만들고 싶어했는데, 마침 나는 그 연구에 딱 필요한 실험으로 논문을 출간한 적이 있었다.

BRC에서 계약 종료가 결정된 후 나는 수하돌닉 박사에게 편지를 쓰면서 내가 2-5A 분자의 효능을 측정하여 분석할 수 있음을 보여주는 논문을 보냈다. 그는 보자마자 나에게 일을 제안했다. 연봉 1만7,000달러의 박사 후 연구원 자리였다. 수하돌닉의 도움과 템플 대학교의 초청으로 나는 J1 비자를 받았다. J1 비자는 외국인이 미국에 와서 특히 연구나 의학 분야에서 전문 분야 연구나 실무 연수를 할 수 있게 하는 비자였다.

나는 1년 동안 일하고 배운 다음 다시 헝가리로 돌아갈 계획이었지만, 일은 예상하지 못한 방향으로 흘러갔다.

우리는 헝가리에서 900파운드, 달러로는 1,200달러 정도에 차를 팔았다. 당시 헝가리에서는 외화를 50달러 이상 가지고 출국할 수 없었는데, 그 사람이 나라를 아예 떠날 신호라고 보았기 때문이다. 하지만 미국에서 지내려면 최대한 많은 돈이 필요했다. 그래서 내가 수전의 곰 인형에서 눈을 떼지 못했던 것이다. 세계드에서 출발하기 직전 나는 조심스럽게 인형 등의 실밥을 풀고 그 안에 900파운드를 모두 집어넣었다. 그리고 다시 솔기를 꿰맸다.

우리의 전 재산이 고작 얇은 천 쪼가리와 몇 센티미터짜리 솜으로 둘러싸인 채 인형 안에 들어 있었다.

뉴욕 공항에서 하염없이 비행기를 기다리며 수전은 한숨을 쉬면서 인형을 끌어안고 아빠에게 안겼다. 나는 아이가 그 인형을 애지중지하는 것을 알고 있었다. 하지만 아이는 이 곰이 지금 얼마짜리인지는 몰랐을 것이다.

수하돌닉 박사는 필라델피아 공항으로 우리를 마중 나오기로 했다. 그는 우리를 대신해서 아파트를 알아봐주었고 그곳까지 데려다주기로 했다. 나는 편지로 어떻게 그를 알아보면 될지 물었고 그는 이렇게 묘사했다. "아, 저는 금발에 안경을 썼습니다. 키는 6피트 정도예요."

헝가리는 미터 체계를 사용하기 때문에 나는 6피트를 센티미터로 환산해야 했다. 아니면 키가 어느 정도인 사람을 찾아야 할지 모를 테니까.

우여곡절 끝에 필라델피아에 도착했을 때 그는 약속한 대로 공항에서 우리를 기다리고 있었다. 예순이라고 했지만 훨씬 어려 보였다. 그는 쾌활하고 따뜻하게 우리를 맞아주었고 아주 친절한 사람 같았다(6피트는 나와 거의 비슷한 키였다). 그는 벨러와도 반갑게 악수하고 포옹했다. 그리고 특히 수전에게 아주 다정했다. 허리를 굽혀 아이와 눈높이를 맞추고 비행이 어땠는지 물으며 곰의 손을 흔들었다. 덕분에 수전이 웃었는데 당시 아이의 지친 몸 상태를 생각하면 결코 쉬운 일이 아니었다.

나는 그를 좋아했다. 그것은 확실했다.

수하돌닉이 운전하는 차를 타고 우리는 북쪽으로 향했다. I-76 고속도로를 따라 밤길을 구불구불 달렸다. 우리 앞에서 달리는 차들의 브레이크등이 깜빡거렸다. 수많은 고속도로 표지판을 빠르게 지나쳤다. 밝은 초록색 배경 위로 어둠 속에서 빛나는 글씨가 처음 들어보는 지리와 지역으로 우리를 안내했다. 스쿨킬 강의 어둠을 가로지르며 강을 따라 줄지어 있는 작은 집들을 보았다. 수면에 반사된 윤곽이 작은 불빛으로 반짝거렸다. 이 거대한 도시에 어울리지 않는 동화 속 요정 마을처럼 보였다.

내 시선이 향하는 곳을 보더니 수하돌닉이 말했다. "보트하우스 거리예요. 조정팀들이 보트를 보관하는 곳이지요. 필라델피아에는 조정을 하는 사람들이 많아요." 조정. 나도 들어본 적 있다. 헝가리에도 조정 선수가 있지만 아는 사람 중에 조정을 하는 사람은 없었다. 누가 보트를 소유했겠는가?

어느덧 고속도로를 빠져나와 도시의 쇼핑몰과 교회와 은행을 지나갔다. 뉴욕 시에서 우리의 발을 묶어놓았던 폭풍이 필라델피아도 지나갔다. 사방에 부러진 가지와 쓰러진 나무가 즐비했다. 나는 이 낯선 풍경 하나하나 모두 기억하려고 애썼다. 그러면서 생각했다. 우리는 여기에서 살 거야. 이제 여기가 우리 집이야.

거리는 점점 더 조용하고 어두워졌다.

수하돌닉이 린우드 가든스라는 아파트에 월세로 집을 구해주었다. 교외의 대규모 아파트 단지였는데 100에이커에 1,000세대가 살고 있었다. 솔직히 세게드에서 살던 아파트보다는 좋지 못했다. 일단 세탁기가 없었다. 게다가 천장이 얇아서 윗집 사람들이 돌아다니는 소리가 그대로 들렸다. 하지만 우리에게 필요한 것은 모두 갖춰져 있었고, 지치고 압도된 상태로 도착한 그곳은 천국이 따로 없었다.

"고맙습니다." 벨러와 나는 수하돌닉에게 여러 번 인사했다. "정말 좋네요. 감사합니다."

우리는 짐을 내리고 수하돌닉을 배웅한 다음 집으로 들어왔다. 벨러는 담배를 오래 참아 죽을 지경이라 내가 수전을 새 침대에 눕히고 담요를 둘러주었다. 우리 사랑스러운 아가. 수전이 눈을 감고 곰 인형을 껴안았다. 돈은 내일 꺼내도 된다.

거실로 돌아왔을 때 벨러는 뒤쪽 창문을 보며 서 있었다. 집 앞으로 몇 에이커의 땅이 펼쳐져 있었는데 이 시간에는 칠흑같이 깜깜했다. 아니, 거의 그랬다.

"이리 좀 와봐." 벨러가 목소리를 낮추고 말했다. "밖에서 뭔가 깜빡거리고 있어."

깜빡거린다고? 나는 그의 옆에 서서 어둠 속을 들여다보았다. 벨러 말이 맞았다. 사방에서 작고 노란 불빛이 켜졌다 꺼졌다 했다.

"벌레인가 보네." 내가 말했다. 벨러가 고개를 끄덕였다.

우리는 이 불빛이 헝가리에는 없는 반딧불이라는 사실을 알게 되었다. 벨러와 나는 한동안 거기 그렇게 서 있었다. 새로운 땅, 새로운 집에 들어와 낯선 생물이 고요히 밤을 밝히는 모습을 지켜보면서 지쳤지만 안도했다.

새로운 나라에서 산다는 것은 흥미로운 일이다. 무엇보다 처음에는 일반적인 것과 특수한 것을 구분하기가 어려웠다. 타인의 이상한 행동, 즉 내게 익숙한 것과는 다소 다른 행동을 보았을 때 그것이 문화의 차이인지 개인의 차이인지 쉽게 판단할 수 없었다.

내가 새로운 세상과 문화를 경험하는 것인가? 아니면 우연히 내가 보게 되었을 뿐, 그 사람 개인의 특징인가?

결국에는 그림이 그려졌지만 시간이 걸렸다.

린우드 가든스에 도착하고 몇 시간 만에 나는 새 직장에 출근했다. 수하돌닉 연구실의 랩 매니저인 낸시가 첫날이라고 나를 데리러 왔는데 역시 수하돌닉의 세심한 배려였다. 낸시는 나이가 나보다 한두 살쯤 더 많았고, 따뜻하고 상냥한 사람이었다. 초등학교 선생님처럼 다정다감하다 싶었는데, 아닌 게 아니라 초등학교에서 가르치다가 우연히 이 연구실에서 여름 아르바이트를 하게 된 것을 계기로 눌러앉았다고 했다.

수하돌닉 연구실은 비교적 규모가 작았다. 수하돌닉, 낸시, 대학원생 몇 명, 그리고 내가 전부였다. 모두 나를 반겨주었고 내가 팀에 들어와서 진심으로 좋아하는 것 같았다. 이 랩에는 희망적인 부분도 많았지만 몇 가지 이상한 점도 눈에 띄었다. 첫째, 실험실이 뭐랄까, 아주 황폐했다. BRC에서는 실험실에 커다란 창문이 있고 해가 잘 들어와서 아주 밝았다. 장비도 잘 갖춰졌고 먼지 하나 없이 깨끗했다.

그래서 나는 당연히 미국 실험실들도 그럴 줄 알았다. 그러나 첫날 아침 수하돌닉 랩에 들어갔을 때 흠칫 놀랐다. 관리는커녕 청소도 하지 않아 아주 더럽고 지저분했다.

실험실에 바퀴벌레가 있었다는 말이다.

상자를 들어도, 분석 트레이를 움직여도, 논문 더미를 들어올려도 어김없이 바퀴벌레가 있었다. 빛을 피해 잽싸게 도망치는 투실투실한 갈색 곤충. 게다가 수십 년은 방치된 것 같은 오래된 장비도 쌓여 있었다. 초창기에 내가 수하돌닉에게 사용하지 않는 장비는 일부 처분하고 공간을 확보하면 어떻겠냐고 물었지만 안 된다는 답만 들었다. 옛날 장비도 언젠가는 쓸 날이 올 거라고 했다. 뭐, 어쩌면. 언젠가는 그럴 수도 있겠지. 하지만 그때까지는 먼지가 겹겹이 쌓인 채로 자리만 차지할 것이다.

이런 곳에서 RNA 연구가 될 리가 없다. RNA는 오염되지 않은 환경이 필요하다는 것을 나는 너무 잘 알고 있으니까.

실험실 청소가 실험실을 세팅하는 것만큼 즐거운 일은 아니지만, 뭐 어쩌겠는가? 나는 걸레질을 시작했다.

수하돌닉 랩에서의 처음은 하루하루가 참 길고 지쳤다. 모든 것이 낯설었다. 영어로 말하는 것은 언제나 에너지를 많이 소진했다. 때로 헝가리가 너무 멀어진 기분이 들어 그것도 힘들었다.

어려서 내가 가장 좋아했던 노래는 밴드 메트로에서 조란 스테버노비치가 부른 "제만트 에시 어러니Gyémánt és Arany"(다이아몬드와 황금)였다. 나는 그 노래를 늘상 틀어놓았다.

다이아몬드와 황금의 광채는 아름답지만,
이 광채는 당신이 스스로 캐냈을 때만
오롯이 당신 것이 된다네.
당신은 그 가치를 알게 될 거야.

내가 알던 과거의 모든 것에서 바다만큼 멀리 떨어져 있으면서 나는 항상 이 노래를 들었다. 퇴근하고 집에 오면 수전에게도 이 노래를 틀어주었다. 고향을 떠올리고 그곳의 친숙함과 소리를 되새겨야 하는 사람이 내가 아닌 수전인 것처럼 계속해서 이 노래를 불러주었다.

벨러는 자신이 얼마나 유용한 사람인지 바로 증명했다. 그는 모두가 포기한 자동차를 포함해 고치지 못하는 것이 없었다. 미국에 도착하자마자 그는 헝가리 자동차 정비소에서 일하기 시작했다. 그러다 하루는 혼자서 트랜스미션을 들어올리다가 허리 근육에 무리가 갔다. 물리치료를 받으러 간 벨러는 담당 물리치료사로부터 헝가리에서 이민을 온 다른 환자 이야기를 들었다. 이야기를 들어보니 연세가 좀 있는 분이었다. "화가라더군요. 아니면 그래픽 디자이너였던가. 좋은 분이세요." 물리치료사가 말했다.

그 사람은 아내와 함께 우리 집에서 8킬로미터 정도 떨어진 곳에 살았다. 우리는 미국에 아는 사람이 없으니 한번 만나보면 좋지 않을까?

며칠 뒤 우리는 교외의 어느 낯선 집 앞에 서 있게 되었다. 문이 열려 있었다. 우리보다 20년은 더 나이가 들어 보이는 부부가 함박웃음을 지으며 서 있었다. 라즐로 버기Laszlo Bagi와 베티 버기Betty Bagi라고 자신들을 소개했다.

라즐로는 흥미로운 삶을 살았다. 부다페스트 외곽에서 자랐고 기술학교를 졸업하자마자 1956년 헝가리 혁명에 참여했다. 혁명이 실패한 후 가까스로 헝가리를 탈출하여 오스트리아의 난민 캠프에서 몇 년을 살았다. 그리고 마침내 미국으로 이민 와서 미국 제101공수사단에 들어가 유럽에서 주둔했다. 그리고 그곳에서 베티를 만났다. 현재는 대형 컨설팅 회사에서 그래픽 디자이너로 일했다.

그 물리치료사는 정답을 두 번 맞혔다. 라즐로는 작품 활동 중인 화가이기도 했다.

베티와 라즐로는 오랜만에 연락이 닿은 옛 친구를 만난 것처럼 우리를 반갑게 맞아주었다. "Szervusztok, gyertek beljebb!"(안녕하세요! 어서 들어오세요!), 그들이 외쳤다. "Örülünk hogy szerencsésen ideértetek!"(이곳까지 잘 찾아오셔서 다행입니다!)

새로운 땅에서 모국어를 들으니 얼마나 안심이 되던지. 머리에서 통역을 거치지 않고 말할 수 있어서 또 얼마나 편안하던지. 유창하지 않은 남의 나라 언어로 의사를 전달해본 적이 있는 사람이라면 내 마음을 이해할 것이다.

베티와 라즐로가 우리를 안으로 안내했다. 이 부부의 집은 사랑스럽고 편안했으며, 이미 청년이 된 두 아들의 환한 사진들로 가득 차 있었다. 벽마다 라즐로가 작업한 실크스크린 작품이 걸려 있었다. 그는 놀라운 예술가였다. 그의 작품은 다채롭고 대담하며 정확했다. 나는 그의 작품에서 필라델피아와 헝가리를 보았다. 많은 작품이 풀과 나무로 세심하게 제작된 것을 보고 라즐로도 나만큼 식물학을 좋아하는 사람임을 알 수 있었다.

나는 이 만남을 주선한 물리치료사에게 지금까지도 고마운 마음을 가지고 있다. 우리 가족을 라즐로에게 소개한 것이 그에게는 아주 작은 친절이었겠지만, 우리에게는 크나큰 선물이었다. 라즐로와 베티는 우리 가족의 평생 친구가 되었을 뿐만 아니라 과거 헝가리에서의 삶과 낯선 곳에서의 삶을 잇는 중요한 다리 역할을 해주었다. 그들은 우리 아버지 방식으로 고기를 썰어주는 정육점을 알려주었다. 우리를 자주 집에 초대했고, 중요한 순간을 함께 축하했다. 그들은 우리의 마음을 편안하게 해주었다.

새로운 랩에는 또다른 의아한 점이 있었다. 과학 학술지가 사방에 널려 있는데 읽을 수가 없었다. 적어도 낮 동안에는 안 된다고 했다. 나는 그 당시에도 연구와 관련된 논문을 다 찾아서 읽고 있었다. 실험을 설계하기 전에 문헌부터 찾아보았다. 이런 실험을 시도한 사람이 있는가? 내가 하려는 일과 관련된 연구를 한 사람이 있는가? 또는 내가 더 나은 실험을 하는 데 도움이 될 내용이 있는가? 그러나 하루는 내가 맡은 일에 대한 논문을 읽고 있는데 수하돌닉이 오더니 확 낚아챘다. "그만, 커티. 안 돼요!"

나는 논문을 읽고 있었을 뿐이다. 뭐가 잘못이라는 것인지 영문을 알 수 없었다.

"논문은 집에서 읽어요." 그가 소리쳤다. "주말이나 밤에 읽으란 말입니다! 지금은 황금 시간대잖아요? 황금 시간대에 우리는 일을 합니다.”

그럼 이건 일이 아니란 말인가? 실험을 더 잘할 방법을 찾는 중인데?

수전은 젠킨타운 어린이집을 다니기 시작했다. 그곳에는 명랑하게 꾸민 다층 건물과 나무가 우거진 야외 놀이 공간이 있었다. 아침에 어린이집에 도착하면 수전은 아빠의 품에서 바로 뛰쳐나갔고, 오후에 데리러 가면 지치고 행복한 상태로 새로 배운 것들을 재잘댔다. 아이는 거의 바로 영어를 익혔고 우리한테 말할 때는 두 언어를 번갈아가며 사용했다.

하루는 아이를 데리러 갔는데 선생님이 앞으로는 샌들이 아니라 스니커즈를 보내달라고 했다. 나는 무슨 말인지 몰라서 선생님을 쳐다보았다. 스니커즈? 그게 뭐지? 나는 그 단어를 몰랐다.

여전히 모르는 것들이 너무 많았다.

린우드 가든스에는 공용 수영장이 있었다. 하지만 커다란 철망 울타리 뒤에 있었고, 수영장을 사용하려면 멤버십을 구입해야 했다. 안타깝지만 1만7,000달러의 연봉으로는 그 정도의 여유가 없었다.

끔찍하게 더웠던 어느 날, 벨러와 수전과 함께 수영장 앞에서 손가락을 철망에 걸고 서 있었던 기억이 난다. 우리는 울타리 너머로 주민들이 깨끗하고 푸른 수영장에서 첨벙대는 모습을 지켜보았다. 사람들은 물속에 대포처럼 떨어진 다음 수면으로 올라와 웃음을 터뜨렸다.

날이 너무 습해서 목뒤로 땀이 줄줄 흘러내렸다.

"언젠가는 우리도 갈 수 있겠지." 벨러가 말했다. 나는 조용히 고개를 끄덕였다. 얼마 전까지만 해도 미국은 밝은 미래가 보장되는 최종 목적지였다. 일단 가기만 하면 그 나라가 제공하는 모든 것을 사용할 수 있을 줄 알았다. 그러나 철망 뒤에 서 있으면서 그제야 깨닫기 시작했다. 미국에는 계급이 있고, 목적지 안에 목적지가 있다는 것을. 우리는 이 나라와 이 동네에 있을 수는 있지만 이렇게 쪄 죽을 것 같은 날에도 눈앞에 있는 수영장에는 들어갈 수 없다는 것을.

그래도 우리는 잘 견디며 살았다. 식료품은 재고 할인에 들어간 것을 샀다. 과일과 채소에서 멍들거나 짓무른 부분을 잘라내고 먹는 것이 일상이었다. 뼈에서 닭의 살을 발라냈고, 유통기한이 가까운 마감 세일 재료로만 음식을 만들었다. 내가 초기에 먹은 바나나는 모두 갈색이었다.

엄마가 미국으로 와서 몇 달 머물다 가신 적이 있다. 엄마는 나와 언니가 받아본 적이 없는 애정을 수전에게 쏟았는데, 그런 엄마의 새로운 면을 보고 있으니 흐뭇했다. 엄마가 계시는 동안 우리는 네 사람 식비로 일주일에 30달러를 썼다. 남는 돈이 한 푼도 없었다.

나는 우리가 여기에 돈 때문에 온 것이 아니라고 되뇌었다.

나는 돈이 많이 필요하지 않다. 절대 큰돈이 필요하지 않다. 그저 여기에 있는 것이, 여기에서 내 실험을 할 수 있는 것에 감사할 뿐이라고 자신에게 말했다. 빠듯하기는 했지만 이렇게 살아도 괜찮았다. 필요하다면 영원히.

학술 연구는 본질적으로 계층적이다. 작은 기업에 가깝다고 보면 된다. 맨 꼭대기에는 랩의 CEO에 해당하는 연구책임자가 있다. 연구책임자는—우리 랩에서는 수하돌닉—연구와 연구팀 전체를 감독하고 총괄한다. 연구책임자는 연구비를 조달해야 한다(대개 정부가 지원하는 보조금이다). 연구책임자 밑에는 보통 나 같은 박사급 연구원, 대학원생(내 실험대 맞은편에는 대학원생인 롭 소볼Rob Sobol이 있었다. 롭은 젊고 사교적인 친구로, 사랑스럽고 목소리가 온화하며, 결혼을 앞두고 있었다), 그리고 랩 매니저(이 경우는 낸시)가 있다.

그러나 랩의 조직 구조는 고정된 문화가 아니고 위에서 말한 기본적인 틀 안에서 서열 관계가 다양하게 변주된다. BRC에 있던 연구실에서는 서열이 상대적으로 느슨한 편이었다. 우리는 열심히 일했고, 훌륭한 연구를 했고, 누가 책임자인지 알았다. 그러나 평소에는 상하관계를 크게 의식하지 않았다. 아니, 의식할 필요가 없었다.

새로운 랩은 달랐다.

수하돌닉은 명실상부한 보스였다. 이것이 그가 우리에게 공식적으로 지시한 호칭이다. 보스. 그는 아주 너그럽고 아랫사람을 격려하는 보스가 될 수 있었다. 이미 이루어놓은 업적도 많았다. 그러나 수하돌닉은 사람들에게 이 랩에는 서열 문화가 있다는 사실을 수시로 상기시켰다.

때때로 느닷없이 연구실에 들어와 대학원생 하나를 가리키며 소리를 질렀다. "당장 내 방으로 와." 그러면 나머지 사람들은 완전히 얼어버렸다. 그에게 지명된 사람은 두려움에 떨며 교수 방으로 갔다. 들어가면서 문을 너무 세게 닫는 바람에 바닥이 울리고 실험실 유리 기구가 흔들렸다. 남은 사람들은 고개를 숙이고 아무 말도 하지 않았다. 자기 차례가 아닌 것에 내심 안도했다.

랩 매니저인 낸시만이 화가 난 교수를 진정시킬 줄 알았다. 다른 사람들은 그저 그의 레이더에 걸리지 않으려고 애쓸 뿐이었다.

사실 수하돌닉이 나한테 소리를 지르는 적은 거의 없었다. 오히려 그는 종종 나를 칭찬했다. 다른 과학자들과 함께 만날 일이 있으면 내가 이 랩에 얼마나 중요한 자산인지, 내가 얼마나 열심히 일하고 우리가 함께 얼마나 훌륭한 연구를 하고 있는지 꼭 언급했다. 그렇지만 그가 지르는 고성은 이상하고 무서웠다.

이런 게 미국식인가?

오래지 않아 벨러는 린우드 가든스에 취직했다. 처음에는 관리인으로 고용되었지만, 보일러, 트럭, 난방 설비, 제설기, 엉망인 배선까지 그가 어떤 기계든 진단하고 고칠 수 있다는 것이 알려지면서 곧 일반 관리 엔지니어로 승진했다. 그는 제설부터 장비 수리까지 모든 것을 책임지는 린우드 가든스의 만능 해결사였다.

벨러가 일할 때 가끔 수전이 따라다니곤 했다. 겨울에 눈이 많이 와서 학교가 문을 닫으면 수전은 벨러와 함께 제설차를 타고 흰색 눈송이가 헤드라이트 앞에서 춤추는 주차장을 누볐다. 때로는 벨러를 따라 보일러실에 가서 아빠가 미로 같은 장치들을 모조리 해체한 다음 다시 합체해서 전보다 더 잘 돌아가게 만드는 것을 보았다. 벨러는 부업으로 라즐로의 컨설팅 회사에서도 일을 봐주었다. 회사 건물 전체에 컴퓨터를 설치하게 되었을 때, 벨러는 기본적인 납땜을 포함해 사무실의 케이블 설치를 도왔다.

나 역시 벨러의 전문지식을 활용했다. 실험 장비가 망가지면 집에 가져가곤 했는데, 그때마다 벨러는 어떻게든 다시 작동시켜주었다. 그는 심지어 실험용 오븐도 재조립했다. 온도와 습도를 정확하게 제어해서 샘플을 유지하는 복잡한 멸균 배양기였다. 내가 어떤 장비를 들이밀어도 벨러는 부품별로 일일이 해체한 다음 망가진 부분을 정확히 찾아내고 수리에 필요한 부품을 알아냈다. 가끔은 재조립하던 중에 다시 뜯고 조정해야 할 때가 있었는데 그래도 짜증내지 않고 침착하게 작업을 재개했다. 벨러는 꼼꼼하기도 했지만 인내심도 강했다.

반면 수하돌닉은 수시로 폭발했다. 그는 자신의 성깔을 매번 새로운 방식으로 드러냈다. 하루는 태국에서 온 대학원생이 랩미팅에 몇 분 늦게 왔다. 화가 치민 그는 그 학생을 회의실에 들어오지 못하게 했다. 대신 다른 것도 할 수 없었다. 일을 해서도, 논문을 읽어도 안 되었고, 화장실에도 갈 수 없었다. 그 학생은 미팅이 끝날 때까지 회의실 문 앞에 서서 기다렸다.

미팅 중에 수하돌닉은 여러 차례 일어나서 문을 열었다. 그저 아랫사람이 제 위치를 알고 있는지 확인하려고 말이다.

정말로 이런 게 미국식인가?

몇 달은 몇 년이 되었다. 수전은 네 살이 되었고 유치원에 다니기 시작했다. 키가 컸고 자신감이 있었다. 반에서 나이는 가장 어렸지만 주눅들지 않고 잘 지냈다.

우리는 외출은 잘 하지 않았다. 가끔씩 라즐로의 전시회에 갔고, 1년에 한 번 테이블보가 깔린 중국 식당에서 저녁을 먹는 정도였다. 집에서 내가 여러 나라의 요리를 시도했지만 결국 벨러는 전통 헝가리 요리가 가장 좋다고 고백했다. 사실은 나도 그랬다.

이제 우리 가족은 추수감사절과 크리스마스 저녁, 독립기념일 야외 식사 등 모든 명절을 버기 가족과 함께했다. 매번 베티는 수전을 위해 특별한 간식을 준비했다. 추수감사절에는 칠면조, 크리스마스에는 산타처럼 명절을 상징하는 모양의 초콜릿이었다. 사랑스럽고, 혀와 눈이 모두 즐거웠다. 작은 선물이었지만 친절함으로 가득 차 있었다.

우리는 빨래를 하기 위해 25센트 동전을 모았다. 매주 옆 건물의 어두운 지하실로 내려가서 세탁기에 동전을 집어넣었다. 이 아파트에서는 윗집 사람들이 움직이는 소리가 낱낱이 들렸기 때문에 우리는 그들의 생활 패턴을 알 수 있었다.

수전은 다섯 살 때 처음으로 혼자 대서양을 횡단했다. 비행기를 타고 헝가리까지 가서 엄마와 언니가 있는 집으로 갔다. 거기에서 내가 어린 시절에 했던 것처럼 닭을 쫓고 마당의 텃밭을 가꾸며 여름을 보냈다. 어쩔 수 없는 선택이었다. 헝가리를 왕복하는 비행기 티켓이 보육시설 비용보다 훨씬 덜 들었으니까. 그러나 수전을 위해서도 이렇게 하는 편이 좋았다. 나는 수전이 자기 고향을 잊지 않기를 바랐다. 또 헝가리어를 익히고 자신의 뿌리가 어디에서 왔는지 이해하기를 바랐다. 헝가리도 빠르게 변화하고 있었지만, 내가 아는 헝가리의 기억을 수전도 조금이나마 공유하기를 바랐다.

수전이 헝가리에 있는 동안 나는 일주일에 한 번씩 전화했다(당시 국제전화는 무척 비쌌다). 그래서 아이가 빵도 굽고, 내가 어려서 가장 좋아한 디저트인 거위발 케이크를 먹었다고 말하면서 짓는 미소를 들을 수 있었다. 수전은 할머니네 닭들을 껴안아주었고 할머니가 준 인형 유모차에 닭을 태우고 밀면서 마당을 돌아다녔다.

우리 랩은 논문을 많이, 그것도 아주 좋은 학술지에 냈다. 「바이오케미스트리*Biochemistry*」 한 호에 세 편을 실은 적도 있었는데 그것은 대단한 일이었다. 나는 그중 두 편의 주저자였다.

여러 가지 면에서 내 일은 잘 풀리고 있었다. 특히 우리 랩은 이중가닥 RNA, 즉 dsRNA를 연구했는데, 많은 바이러스에 존재하는 유전물질 형태이다. dsRNA는 세포 안에서 면역반응을 일으킬 수 있기 때문에 우리는 dsRNA가 인터페론을 자극해 HIV 환자의 면역계를 강화할 수 있는지를 조사했다. 안타깝게도 이 연구로 HIV 환자를 도울 수는 없었지만, 「랜싯The Lancet」에 게재된 우리 연구의 의의는 컸다. 고등학교 때 나에게 지대한 영향을 준 책의 저자인 한스 셀리에가 관찰한 것처럼 우주는 "네"라는 대답만이 아니라 "아니오"라는 대답으로도 자신을 드러낸다. 그것이 우리가 한 일이다. 큰 모자이크의 모든 부분이 다 가치가 있다.

나는 동료들에게도 감사했다. 대학원생 롭 소볼이 자기 결혼식에 나를 초대해주었는데 미국에서 그런 행사에는 처음 참석했다. 랩이 원활하게 돌아가게 애써준 낸시에게도 고마웠다. 그녀는 마치 어미 닭처럼 연구에 필요한 모든 것을 갖춰주었다.

그러나 보스는 여전히 문을 쾅 닫았다. 그리고 이를테면 정치적인 문제처럼 누구도 통제할 수 없는 일로 소리를 질렀다. 그런 주제는 연구와는 아무 상관이 없었다. 로널드 레이건이 대통령이었고, 당시 과학 연구에 투입되는 예산은 언제나 적었다. 그렇지만 그것이 실험실에서 학생한테 소리를 지른다고 해결될 일인가.

그러나 나는 계속 자신에게 말했다. 수하둘닉이 적어도 나에게는 잘 해준다고. 지금까지는.

실험실에는 창문이 없었기 때문에 복도 반대편에 있는 화장실에 갈 때까지는 바깥 날씨를 모른 채 지냈다. 나는 화장실에 난 작은 창문을 내다보고서야 눈이 오는지, 해가 반짝이는지 알았다. 그런 다음 실험실로 돌아와서 또 다음 몇 시간 동안 하늘을 보는 일 없이 일했다.

1987년, 미국은 선거철에 돌입했다. 연구비 문제가 해결될 가능성이 보였다. 레이건 시대에 과학에 대한 대중의 지지가 하락한 것은 일시적인 현상인지도 몰랐다. 민주당 후보 게리 하트는 공공연하게 미국의 과학 연구 인프라를 재건하겠다고 말했다. 상황은 고무적이었고, 수하돌닉의 기분도 나아지는 것 같았다. 그러다 게리 하트가 "몽키 비지니스"라는 유명한 요트에서 아내가 아닌 여성을 무릎에 앉힌 사진이 유출되었다. 오늘날의 기준으로는 진부하기까지 한 스캔들이었지만, 당시에는 대선 후보를 침몰시키기에 충분했다.

"몽키 비지니스" 뉴스가 터졌을 때 수하돌닉은 랩에 폭풍처럼 들이닥쳐서는 이런 순간에 늘 하던 대로 했다. 부서져라 문을 닫고, 욕을 하고 고함을 질렀다. 그의 분노는 RNA를 파괴하는 RNase 같다는 생각이 들기 시작했다. 어디에나 있으면서 내려앉을 장소를 찾아 자유롭게 돌아다녔다. 그리고 모든 것을 오염시켰다.

이 무렵 나는 여러 미국인들을 만났다. 낸시는 미국인이었고,

롭도 미국인이었다. 수전의 선생님들도 미국인이었다. 베티와 라즐로, 그들의 아이들도 미국인이었다. 우리를 라즐로 부부에게 소개시켜준 물리치료사도 미국인이었다.

아니, 이건 미국의 일반적인 일 처리 방식이 아니었다. 이 랩이 특별난 것이었다.

저명한 바이러스 학자 폴라 피타 로베Paula Pitha-Rowe가 템플 대학교에서 강연을 했다. 폴라는 존스홉킨스 대학교의 정교수로 아주 뛰어난 학자였다. 그녀의 연구는 바이러스에 대한 깊은 지식을 암의 메커니즘에 대한 강력한 이해와 결합했다. 그녀는 또 다른 동유럽권 국가인 현재의 체코 공화국에서 나고 자랐다. 나는 폴라에게 가서 인사를 했고 우리는 바로 죽이 맞았다.

폴라가 우리 가족을 볼티모어로 초대했다. 우리는 폴라의 집에서 머물렀는데 해가 잘 드는 집이었고 그녀가 수집한 예술작품들로 가득 차 있었다. 그녀는 우리에게 맛있는 식사를 대접했고 우리는 함께 동유럽 이야기를 나누었다. 폴라가 자기 랩을 구경시켜주었고, 랩 사람들과도 인사를 나누었다. 그리고 얼마 지나지 않아 그녀는 내게 자기 랩으로 오라고 제안했다.

폴라는 과학계에서 여성의 활동을 열렬하게 지지하는 사람이었다. 그녀는 특히 환상적인 멘토로도 이름을 날렸다. 폴라는 따뜻했고 친절했으며 너그러웠다. 그리고 인터페론 시스템에 대한 기념비적인 연구를 하고 있었다. 폴라의 랩은 내게 이상적인 다음 목적지였다. 완벽했다.

1988년 여름, 나는 이직 제안을 승낙하고 바로 헝가리로 떠났다. 미국에 온 후로 처음 가는 헝가리 여행이었다. 하지만 지금 생각해보면 나는 좀더 조심했어야 했던 것 같다. 어쩌면 여행을 가기 전에 수하돌닉과 랩을 옮기는 문제를 상의했어야 했는지도 모른다. 하긴 그렇다고 뭐가 달라졌을까? 어쨌든 내가 미국으로 돌아왔을 때 수하돌닉은 내 이직 소식을 들었다. 그리고 나는 이 남자가 낼 수 있는 최대치의 분노를 고스란히 맞닥뜨려야 했다.

수하돌닉은 저주를 퍼붓고 소리 지르고 문을 쾅 닫는 것에 그치지 않았다. 분명 그런 것들도 했지만 한발 더 나아갔다. 그는 나에게 양자택일을 제시했다. 그의 랩에 계속 남아서 일을 하든지 헝가리로 돌아가든지. 내 고용주로서 그에게는 나를 이 나라에서 쫓아낼 힘이 있었다. 그리고 내가 이직하겠다고 했을 때 그는 그 힘을 사용하겠다고 했다. 그는 내 커리어를 끝장낼 것이다. 내가 상황을 제대로 이해하지 못한 것일까? 그는 교수이자 보스였다. 그리고 나라는 사람은 아무것도 아니었다.

그는 그 부분을 여러 번 반복해서 강조했다. 나는 아무것도 아니라는 것. 그런 다음 나한테 랩에서 꺼지라고 했다. "당장 나가! 여기에서 당신을 반겨줄 사람은 없어!"

벨러에게 전화하려고 수화기를 들었을 때 손이 벌벌 떨렸다. 다이얼을 다 돌리기도 전에 수하돌닉이 다시 왔다. "누가 내 전화기를 쓰라고 했어!" 그의 목소리는 잔인했다. "그건 내 전화야. 당신 전화가 아니라고. 당신은 밖에 있는 공중전화로 전화해." 그는 문을 가리켰다.

나는 그가 시키는 대로 랩에서 나왔다.

나는 공중전화로 벨러에게 전화해서 데리러 와달라고 했다. 공교롭게 차가 정비소에 들어간 바람에 벨러는 동료에게 차를 빌려야 했는데, 어울리지 않게도 거대한 흰색 캐딜락이었다. 다른 날이었다면 운전대를 잡고 있는 그를 보고 깔깔 웃었겠지만 오늘은 아니었다.

그날 밤 벨러와 나는 부엌에서 서성거리며 상황을 정리했다. 당장 일어난 일뿐 아니라 앞으로 일어날 일에 대해서도. 내 비자는 템플 대학교에 묶여 있었다. 수하돌닉의 허락이 없으면 나는 어디에도 갈 수 없다. 수하돌닉은 절대로 허락하지 않겠다고 분명히 말했고, 아마 우리를 추방할 것이다.

나는 두려웠다. 그게 솔직한 심정이었다. 하지만 나는 화도 났다.

"왜 그는 나한테, '고맙다'고 하지 않는 거지?" 내가 씩씩대며 말했다. "왜 '커티, 지난 3년간 정말 수고했어. 당신은 밤낮으로 일했지.' 지금까지 사람들 앞에서는 내가 얼마나 대단한지 말해놓고 이제 와서 갑자기 천하의 나쁜 년이 된 거야?" 나는 의자에 털썩 앉았다. "그렇잖아. 고맙다고 하는 게 그렇게 어려워?"

그렇게 말하면서도 이미 나는 알고 있었다. 수하돌닉은 내 일이 자기에게 이득이 될 때만 그 가치를 인정한다는 것을. 내 기술, 내 전문성, 내 헌신적인 노력은 모두 그에게 속해 있을 때만 칭찬받아 마땅한 것이었다. 수하돌닉은 자신에게 내 소유권이 있다고 느꼈다. 그러니까 템플을 떠나겠다는 내 결정은 그에게 모욕이었다. 내가 그에게 가치를 주는 것 이상으로 나 자신을 가치 있게 여기는 행위는 용서할 수 없는 죄였다. 나는 머리를 부여잡고 신음했다. "이제 뭘 해야 하지?"

벨러가 내 팔을 토닥거리며 말했다. "당신이 지금 가장 먼저 할 일은, 먹는 거야."

저녁이 되자 전화벨이 울렸다. 보스였다. 그의 목소리는 훨씬 진정되었고, 다정하기까지 했다. 불과 몇 시간 전만 해도 나를 죽일 듯이 몰아세우던 공포스러운 말투는 사라졌다. 나는 벨러와 시선을 마주한 채로 수하돌닉의 이야기를 들었다. "커티, 당신 자리는 여기야. 당신 실험대도 여기고. 당신 일도 여기 있잖아. 당신이 우리 랩에 있으면 좋겠어. 정말이야."

그러더니 긴 침묵이 이어졌다. 나는 기다렸다. 뒤에 덧붙일 말이 있다는 것을 알고 있었다. 위층 사람들이 걸어다니는 소리가 들렸다. 마침내 수하돌닉이 이야기를 마무리 지었다. "게다가 그게 당신이 이 나라에 머물 수 있는 유일한 방법이야. 우리 랩에서 일하지 않으면 고향으로 돌아가야 해." 그는 이미 존스홉킨스에 전화해서 내가 불법체류자라고 말했고, 존스홉킨스에서 내게 한 제안은 철회될 것이다. 다음에 그는 이민국에 연락할 것이다. 그러니 어떻게 하겠느냐고.

나는 이 처참한 상황을 되새겼다. 수하돌닉의 분노, 그의 협박, 그리고 그 협박을 실행하기 위해 그가 실제로 한 일들을 떠

가족사진. (왼쪽에서부터) 경리였던 엄마, 나, 언니, 푸주한이던 아버지.
헝가리 키슈이살라시. 1957년 8월

유치원 때의 나.
키슈이살라시. 1960년

7학년 학생들을 위한 생물학 여름 캠프에서 지역 생물학 경시 대회 우승자들
(앞줄 오른쪽에서 세 번째가 나). 헝가리 칠레베르츠. 1968년

세게드 대학교 생물학과에
재학 중이던 스무 살의 나.
헝가리 세게드. 1975년

미래의 남편 벨러
프런치어와 데이트하던
시절. 키슈이살라시.
1979년

우리 집 마당에서 부모님과 함께. 키슈이살라시. **1979년**

헝가리 국립과학원 생물학 연구소 화학 실험실에서. **1980년**

벨러 프런치어와 나의
결혼식 날. 세게드.
1980년

세게드 대학교에서
박사학위 졸업장을
받고 있다.
세게드. **1983**년

딸 주지. 첫 생일
에 외할머니에게
받은 그 유명한
곰 인형을 끌어안
고 있다. 세게드.
1984년

주지의 두 번째
생일.
키슈이살라시.
1984년

우리 가족의 첫 번째 차,
포드 핀토. 미국에
도착한 지 한 달 만이다.
필라델피아. **1985**년

템플 대학교 생화학과
수하돌닉 연구실의
내 실험대에서. **1985**년

국립군의관 의과대학
병리학과 실험실의
조직배양 후드 앞에서.
메릴랜드 주 베데스다.
1989년

펜실베이니아 대학교
의과대학 신경외과
실험대 앞에서.
나는 이곳에서 17년간
일하며 mRNA를 합성했다.
필라델피아. 2005년

드루 와이스먼 박사와 함께. 나는 그와 비면역원성 뉴클레오사이드 변형 mRNA
기술을 개발했다. 필라델피아. 2015년

펜실베이니아 대학교
신경외과의 내 실험실.
쫓겨나기 직전.
필라델피아. 2013년

딸 수전이 올림픽에서 금메달을 딴 것을 축하하는 남편과 나. 영국, 런던. 2012년

바이온텍 대표
우구어 자힌과
처음 만난 날 찍은
사진. 몇 개월 뒤에
나는 이 회사로
자리를 옮긴다.
독일 마인츠.
2013년

유펜의 백신학자
노르베르트 퍼르디와
바이온텍 심장학자
가보르 터마시 서보와 함께
세계 mRNA 건강 학회에서.
독일 베를린. 2019년

"미래는 헝가리인이 쓴다"라는 문구가
적힌 내 벽화 옆에서.
헝가리 부다페스트. 2021년

아스투리아스 공주상 시상식 연회.
나, 스페인 국왕 펠리페 6세,
딸 수전과 사위 라이언, 남편 벨러.
스페인 오비에도. 2021년

내 mRNA 초기 연구의 든든한
후원자인 신경외과의 데이비드
랭어 박사(왼쪽)와 심장학자
엘리엇 바네이선(오른쪽)과 함께.
록펠러 대학교 명예박사 학위
수여식 연회에서.
뉴욕. 2022년

올렸다. 그리고 이런 결론에 이르렀다. 저 남자는 제 꾀에 넘어갔다. 나와 3년을 함께 일했으면서도 이 사람은 나를 조금도 파악하지 못했고, 내가 어떻게 일해왔는지 알지 못했다. 그는 협박이 자신이 원하는 것과 정반대로 일이 흘러가게 하는 가장 빠르고 확실한 방법이라는 사실을 몰랐다.

하지만 내 생각에 우리 사이에는 더 근본적인 오해가 있었다. 지금까지 내내 수하돌닉은 내가 자기를 위해 일한다고 믿었던 것 같지만 그렇지 않았다. 나는 과학의 문제를 해결하기 위해 일하고 있었다. 내 북극성은 과학이었다.

이제 다른 직장을 구해서 미국에 남으려면 나는 싸워야 했다. 오래 전 어느 여름 수산연구소에서 내가 맡은 일—물고기의 지질 함량 분석—을 시작하기 위해 혼자서 아세트산에틸을 만들어야 했을 때처럼 분투해야 했다.

그때 나는 필요한 과정을 단계별로 나누면서 혼자 이렇게 말했다. "이것이 없으면 다른 것을 찾으면 돼." 이번에도 그렇게 하면 된다.

내게 없는 것은 추천서였다. 수하돌닉은 자신의 협박을 충실히 실천하고 있었다. 이미 존스홉킨스의 일자리는 물 건너갔다. 또한 나는 미국 국무부로부터 비자 위반 가능성 문제로 지역 사무소를 내방하라는 공식 문서를 받았다. 그는 여기에 한 가지를 더 추가했다. 여러 논문에서 내 이름을 빼버린 것이다. 그중 하나가 「미국 국립과학원 회보PNAS」였는데, 그 논문은 인쇄 직전이었기 때문에 내 이름을 빼려면 아마 돈이 꽤 들었을 것이다.

그래서 추천서? 그런 것은 있을 수도 없는 일이었다.

수하돌닉에게서 추천서를 받을 수 없다면, 다음에 찾아야 할 것은······.

답은 분명했다. 내가 왜 추천서를 받을 수 없는지 이해할 만한 사람을 찾아야 한다. 왜 누군가 그 사람으로 인해 억울하게 어려움을 겪어야 하는지 이해할 만큼 수하돌닉을 잘 아는 사람을 찾아야 한다. 천만다행으로 로버트 수하돌닉과 문제가 있었던 과학자들이 꽤 있었다.

나는 전화를 돌리기 시작했다. 나를 소개하고 내 상황을 설명했다. 그중 몇 사람이 나를 다른 사람에게 소개했고, 마침내 일자리를 얻게 되었다. 미국 군의관 양성기관인 국립군의관 의과대학 병리학과의 박사 후 연구원 자리였다. 학과장도 인터페론이 암과 싸우는 역할을 연구하고 있었고, 마침 그의 양가 조부모가 모두 헝가리 사람이었다. 어쩌면 조상이 나를 도왔는지도 모르겠다.

어쨌든 그 직장이 내게는 구원의 동아줄이었다. 게다가 취업 비자인 H1 비자로 미국에 머물 수 있었기 때문에 여러모로 내게는 유리한 조건이었다.

단, 문제가 하나 있었다. 이 연구소는 워싱턴 D.C. 외곽인 메릴랜드 주 베데스다에 있었고, 우리는 필라델피아에 살았다. 나는 베데스다에 아는 사람이 한 명도 없었을 뿐만 아니라 심지어 면허증도 없었다.

하지만 이런 것들은 하나도 중요하지 않았다. 나는 이 일을 해낼 것이고 그래야만 했다.

우선 린우드 가든스 주차장에서 연습하고 펜실베이니아 면허증을 땄다. 면허를 따자마자 맨 처음 차를 몰고 간 곳이 베데스다였다. 당시 I-95가 5차선 도로였던가? 6차선이었던가? 그런 것은 기억나지 않는다. 양옆에서 질주하는 차들을 필사적으로 피해가며 달렸던 기억은 난다.

하지만 두 번째로 베데스다에 갈 때는 시속 140킬로미터로 달리다가 과속으로 걸렸다.

나는 그렇게 배웠다.

두 장소 사이에 목적지로서의 의미가 전혀 없이 존재하는 지역이 있다. 그곳은 지도에서 중요한 두 지점 사이를 채우는 공간일 뿐이고 그저 목적지로 가기 위해 거쳐야 하는 지역이다. 내게는 고속도로 13번 출구와 27번 출구 사이의 대략 215킬로미터가 그런 무의미한 땅이었다. 한쪽은 필라델피아, 다른 한쪽은 베데스다, 그리고 그 사이를 계속해서 왔다 갔다 하는 나.

월요일 아침. 필라델피아 집에서 새벽 3시에 일어났다. 밤색 쉐보레 셀러브리티에 올라타 어둠을 뚫고 세 시간을 운전했다. 가방을 하나 들고 다녔는데 그 안에는 5일 치 브로콜리와 소시지, 0.5갤런짜리 우유 한 통과 빵 한 봉지가 있었다. 그것이 전부였다. 매주 같은 식료품점에서 같은 양만큼 사서 갔다.

운전할 때면 가끔씩 조란 스테버노비치의 옛 노래, "다이아몬드와 황금"을 불렀다.

이 광채는 당신이 스스로 캐냈을 때만
오롯이 당신 것이 된다네.
당신은 그 가치를 알게 될 거야.

그렇게 7시면 베데스다에 도착해 어김없이 가장 먼저 실험실에 출근했다. 5일 치 식료품을 냉장고에 넣고 일을 시작했다.

나는 밤낮으로 일했다. 밖에 나가는 일은 거의 없었다. 차 안에 침낭과 헝가리 동료가 제공한 아파트의 열쇠를 두고 다녔다. 이민자들끼리는 종종 그렇게 서로 도왔다. 퇴근하고 그 아파트에 도착하면 너무 늦은 시간이었다. 나는 조용히 거실에 침낭을 펼치고 몇 시간 잠을 청한 다음 아직 어두울 때 일어나서 나왔다. 그 집 사람들은 내가 출근하기 전에 신문을 안에 들여놓고 나가기 때문에 내가 왔다 갔다는 것을 알았다.

가끔은 아파트까지 가는 것도 귀찮았다. 그럴 때는 사무실 카펫 위에 침낭을 펴고 잤다.

조용히 오롯이 배움에 몰입한 시기였다. 저녁마다 대학 도서관에 갔다. 나는 지금도 내가 읽을 수 있는 것은 모조리 읽는다.

과학 학술지의 최신 호는 물론이고 과월 호에서 옛날 논문도 찾아 읽었는데, 이는 지금도 유지하는 습관이다. 나는 내가 찾을 수 있는 모든 지혜와 영감의 가능성을 수색했고 당장은 중요하지 않지만 알아두면 나중에 소용이 있을지도 모르는 발견까지 찾아다녔다. 그리고 그 사실들을 잘 저장했다. 분자생물학에 대해 배울 만큼 배우고 싶었고 그런 다음 집에 가고 싶었다.

밤 11시가 되면 사서들이 나를 내쫓았다. 그럼 보통 다시 실험실로 돌아가서 새벽까지 실험했다. 실험을 준비하면서 나는 240킬로미터 떨어진 곳, 내가 없는 집에서 자고 있을 수전과 벨러를 생각했다. 그럼 이런 의문이 들었다. 내가 지금 여기에서 뭘 하고 있는 거지?

그러다가 다시 일을 시작했다. 그러면 그런 생각이 사라졌다.

이른 아침에 캠퍼스를 달렸다. 나무 사이로 조깅하기 좋은 길과 간이 운동 시설이 있었다. 내 숨소리, 그리고 내 발이 땅을 내리치는 소리를 들으며 한 번에 한 발씩 뛰었다. 그러면 또다시 의문이 들었다. 내가 지금 여기에서 뭘 하고 있는 거지? 그런 다음 건물로 들어가 공용 샤워실에서 씻고 다시 일터로 돌아갔다.

금요일 오후가 되면 차에 올라타 끝없이 밀려 있는 I-95 고속도로의 차들과 함께 벨러와 수전을 향해 북쪽으로 조금씩 나아갔다. 내가 지금 여기에서 뭘 하고 있는 거지라고 물을 필요가 없는 유일한 시간이었다. 답은 명확했으니까. 나는 집에 가고 있었다.

베데스다에서 일을 하는 동안 나는 꾸준히 다른 직장에 지원하면서 편지를 보내 미래의 고용주에게 나를 소개했다. 지원했던 곳들 중 하나가 펜실베이니아 대학교(이하 유펜) 의과대학에 새로 생긴 심장의학 연구소였다. 연구 조교수 자리였는데, 아주 좋은 조건이라고는 볼 수 없었지만 필라델피아 심장부에 있었고 특별히 분자생물학자를 찾고 있었다.

나는 항상 내 지원서를 꼼꼼하게 추적하는 편이라 지원서를 보내면서 어느 기관의 어떤 직책인지, 그리고 연락처까지 적어두었다. 그리고 연락이 없으면 2주일 뒤에 확인 전화를 걸었다. 유펜의 심장의학 연구소도 마찬가지였다.

내 전화를 받은 비서 말이 적합한 지원자를 찾지 못해 다시 공고를 낼 계획이라고 했다. "한 번만 다시 봐주실 수 있어요?" 나는 내 이름을 대며 부탁했다. "한 번만요, 제발."

30분 뒤에 엘리엇 바네이선Elliot Barnathan이라는 한 심장전문의가 전화를 걸었다. 그는 내 또래인 서른다섯 살이었고 처음으로 자기 실험실을 꾸리고 있었다. 그는 내 이력서를 보고 관심이 생겼고, 직접 만나고 싶다고 했다.

인생은 땅의 지형과 같지 않다. 인생에는 중간 지점 같은 것 없이 오직 양쪽을 연결하는 다리뿐이어서 살면서 나를 이쪽에서 저쪽으로 옮겨놓는다. 그때마다 나는 그동안에 얻은 것을 함께 들고 앞으로, 인생의 다음 장으로 향한다.

하루는 국립군의관 의과대학 병리학 실험실의 전직 펠로가 동료를 만나러 왔다. 그는 우리에게 리포펙틴Lipofectin이라는 것을 제안했는데, DNA를 좀더 쉽게 세포로 전달하는 새로운 지질 배합이었다. 리포펙틴은 내가 전에 연구했던 리포솜보다 더 단순하고 더 쉽게 복제가 가능했다. 게다가 리포펙틴은 양전하를 추가할 수 있고 세포막은 음전하를 띠기 때문에 좀더 효율적이기도 했다.

그리고 무엇보다 포장을 뜯으면 바로 사용할 수 있었다.

나는 헝가리에서 겪었던 일들을 생각했다. 에르뇌는 도살장까지 찾아가 소의 뇌를 들고 왔다. 그 번거롭고 힘든 일들이 모두 실험에 필요한 인지질을 추출하기 위해서였는데, 이제 이곳에서는 리포펙틴이라는 새로운 것이 사용되고 있었다.

나는 이것이 모든 것을 바꿔놓으리라고 생각했다.

이제 드디어 훗날 기자들이 하나같이 "불운한 사건의 연속"이라고 소개하는 시절에 도달했다.

내가 유펜에서 보낸 20여 년은 크게 세 시기로 나뉘며 두 개의 과와 세 명의 의사 동료들이 등장한다. 최근에 팬데믹으로 세상이 뒤집어지고 갑자기 낯선 이들이 내 이름을 알게 되었을 때, 과거 세 번째 시기(와이스먼 시기)에 함께 일했던 젊은 의사가 나에 관한 글을 한 언론사에 기고했다. 그 글에서 그는 나를 "젊은 과학자들에게 경고의 본보기로 다들 뒤에서 쉬쉬하며" 입에 올린 경력의 소유자라고 묘사했다. 틀린 말도 아니고 악의적인 표현도 아니었다.

다시 말해서 지금부터 여러분은 많은 기준에서 나쁜 선례로 알려진 사람의 이야기를 듣게 될 거라는 뜻이다. 유펜에서 보낸 세 시기는 서로 다르기는 해도, 연이은 좌절이 마침내 비범한 돌파의 순간으로 마침표를 찍는다는 비슷한 패턴을 따랐다. 그러나 그 뜻깊은 순간은 대부분 눈에 잘 보이지 않고 좌절만이 전면에 배치되었다.

그러니 내가 정말로 사람들에게 경각심을 주는 본보기였는지는 듣는 이가 무엇에 가치를 두는지에 따라 달라지리라고 생각한다.

처음 만나는 순간부터 편안한 기분이 드는 사람이 있다. 처음 만나면서도 낯선 사람이 아니라 오랜 친구를 다시 만난 것처럼 얼굴에 환하게 번지는 미소 때문일 수도 있고, 악수를 하려고 팔을 뻗을 때 경계심이 느껴지지 않는 열린 태도 때문일 수도 있고, 아니면 부드럽고 반짝이면서 친절함과 호기심을 동시에 드러내는 눈빛 때문일 수도 있다.

그것이 무엇이든 나는 엘리엇 바네이선을 처음 만나자마자 편안함을 느꼈다. 심지어 면접이라는 생각도 들지 않았다. 엘리엇은 마치 나와 앉아서 이야기하는 것 말고는 달리 할 일이 없는 사람처럼 쾌활하게 나를 반겨주었다. 그가 좋은 이웃, 좋은 시민, 좋은 동료가 될 것 같다는 인상을 받았다.

면접에서 엘리엇은 내 "실험 노트"를 보여달라고 했다. 내가 지금껏 수행한 실험에 대해 손으로 쓴 기록과 결과의 증거가 담겨 있는 자료였다. 그는 조심스럽게 한장 한장 넘겼고, 그러다가 두어 번 잠시 멈추고 자세히 들여다보았다. 당시 엘리엇은 배우 버트 레이놀즈 같은 콧수염을 기르고 있어서 확실하지는 않았지만 분명 미소를 짓는 것 같았다.

나는 엘리엇이 찬찬히 노트를 넘기면서 한 실험, 다음 실험을 살피는 것을 옆에서 가만히 기다렸다. 마침내 그가 엑스선 필름을 하나 들어올렸다. 노던 블롯Northern blot 결과였다. 노던 블롯은 여러 종류의 RNA를 크기에 따라 가로띠로 분리하여 샘플 안에 정확히 어떤 종류의 RNA가 들어 있는지 알려주는 기법이다. 그것이 어떤 실험이었는지는 잊어버렸지만 그의 목소리에 묻어난 기쁨이 가득한 놀라움은 기억난다. "당신이 이걸 했다고요?"

앞에서 설명한 대로 RNA는 다루기가 극도로 까다롭다. 그러나 그가 들고 있는 노던 블롯은 내가 RNA로도 실험을 할 수 있다는 증명이었다. 그 노트는 내가 RNA의 파괴를 막기 위해서 애썼고 결국에는 성공했던 방대한 RNA 실험의 증거들로 가득했다.

당신이 이걸 했다고요? 나는 고개를 끄덕였다. 네, 내가 했습니다. 다시 할 수도 있습니다.

첫 면접에서 바로 일자리 제의를 받았다.

유펜에 못해도 10년 넘게 있었지만 심장학과 교수로서의 엘리엇은 상대적으로 신참이었다. 사실 그는 머리부터 발끝까지 유펜 사람이었다. 학부를 유펜에서 다녔고, 유펜에서 의대 수련을 마쳤다. 그리고 이곳에서 레지던트와 펠로까지 했다. 유펜은 엘리엇의 개인사와도 깊이 얽혀 있었다. 아내를 이곳에서 만났고 가장 가까운 친구 대부분이 유펜과 연관이 있었다. 나는 엘리엇이 아마 유펜에서 유치원도 다녔을 거라고 농담을 하곤 했는데, 아마 기회가 있었다면 그는 그렇게 했을 것이다. 이제 그는 유펜의 교수가 되어 자신의 연구실을 꾸리고 있다.

일주일에 하루는 의대 병원 심장의학과에서 환자를 진료했지만, 기본적으로 엘리엇은 기초 연구자였다(기초 연구는 인간의 지식을 확장시킬 목적으로 수행하는 좀더 일반적인 연구이고, 응용 연구는 실용적으로 적용하여 극히 구체적인 문제를 해결하기 위한 연구이다).

나는 의대 임상 기관에 소속된 분자생물학자였기 때문에 온통 의사들에게 둘러싸여 겉도는 기분이 들기는 했다. 그러나 그런 것은 상관없었다. 나에게는 임상의가 가지지 못한 연구 기술이 있었다. 한편 의사들 사이에서 일하는 것은 생화학자들 사이에서 일할 때와 같은 이점을 주었다. 내가 가장 가치 있게 생각하는 것, 바로 배움의 기회!

게다가 까놓고 말해 내가 꿔다놓은 보릿자루 신세가 아니었던 적이 있었던가?

그 자리는 연봉이 높지 않고 정년이 보장된 자리도 아니어서 직장의 안정성은 담보되지 않았다. 그러나 주말부부를 하지 않아도 된다는 큰 장점이 있었다. 특히 나는 유펜에 있는 동안 영주권을 딸 수 있기를 바랐다. 연구 조교수라는 직책은 5년짜리였다. 5년이 지나면 대학은 나를 부교수로 승진시킬지를 결정하는데, 부교수가 되어도 정년 보장은 받지 못하지만 적어도 내 이름으로 연구실을 꾸리고 학생들과 일할 기회는 가질 수 있었다.

이 무렵 벨러와 나는 교외의 평화로운 동네에 있는 집 한 채를 눈독 들이고 있었다. 이층집이고 수전이 놀 수 있는 넓고 비탈진 잔디밭이 있었다. 게다가 학군도 좋았다. 우리 형편에 그런 집을 살 수 있었던 이유는 딱 한 가지였다. 그 집은 인테리어가 정말이지 끔찍했다.

그러나 나는 만능해결사와 결혼했다. 누구도 벨러처럼 솜씨 좋게 집을 고치지는 못할 것이다. 물론 시간은 좀 걸리겠지만, 벨러와 나는 수도도 없는 집에서 자란 몸이다. 공사 중인 집이라도 호사스럽기만 했다.

내가 정식으로 유펜에서 일하기 시작한 날, 벨러와 나는 그집을 계약했다.

엘리엇은 혈전 용해를 돕는 플라스미노겐 활성인자plasminogen activator라는 분자에 관심이 있었다.

혈전은 상처에 대한 신체의 중요한 반응 가운데 하나이다. 만약 피가 응고되지 않으면 칼에 베일 때마다 죽을 때까지 피를 흘릴 것이다. 그러나 어떤 환경에서는 응고된 혈액이 위험을 초래한다. 혈관 안에 생긴 혈전은 혈액의 흐름을 방해한다. 관상동맥에서 혈전은 심장마비를 일으킨다. 혈전은 혈관에서 떨어져 나가 폐나 뇌 같은 몸의 다른 곳으로도 이동할 수 있는데, 특히 뇌로 들어가면 치명적인 뇌졸중을 일으킬 수 있다. 혈전은 언제든지 형성될 수 있지만 특히 수술 후에 발생 위험이 높다.

플라스미노겐 활성인자는 위험한 혈전에 대한 신체의 자연적인 방어 체계의 일부이다. 이 분자는 경비병처럼 우리 몸을 순환하다가 잘못된 곳에서 형성될 수 있는 혈전을 만나면, 곧 바로 작업에 들어가 혈전을 녹이고 건강한 혈액 순환을 회복시킨다. 이것은 하루 24시간 우리가 미처 의식하지 못하는 사이에 몸이 보이지 않게 우리를 지켜주는 방식이다.

엘리엇은 특별히 우로키나아제urokinase라는 특정한 유형의 플라스미노겐 활성인자에 관심을 보였다. 만약 우로키나아제에 결합하는 단백질인 우로키나아제 수용기의 유전자 염기 서열을 식별하여 분리할 수 있다면, 수술을 마친 부위의 조직에 이 수용기를 전달하여 우로키나아제의 활성을 높이고 혈전 형성의 위험을 최소화하게 될 것이다.

대단히 훌륭한 아이디어였다. 그러나 엘리엇은 분자생물학자가 아니었으므로 내 도움이 필요했던 것이다. 엘리엇은 이 실험을 DNA로 시도할 계획이었다. 나는 전체적인 계획을 들은 다음, 다른 아이디어를 제시했다. DNA 대신에 mRNA를 써보는 건 어떨까요?

그때까지 RNA로 많은 일을 해왔지만 나는 아직 mRNA를 합성한 적은 없었다. 학부 때 mRNA—세포에 특정한 단백질을 만들라고 지시하는 전령—를 처음 알게 된 이후로 나는 이 분자에 홀딱 빠졌다. 언젠가는 mRNA를 이용해서 우리 몸이 질병과 싸우는 데에 필요한 특수한 단백질을 세포에서 직접 만들게 할 수 있다는 아이디어에 감동받았다. 그리고 배우면 배울수록 mRNA에 엄청난 치료적 잠재력이 있다는 것을 확신하게 되었다. 마침 내가 유펜에 들어갈 무렵 mRNA 과학은 빠르게 발전하고 있었다.

mRNA가 1961년에야 처음으로 발견되었다는 사실을 기억하자. 그리고 10년이 채 되기도 전인 1969년에 신시내티 대학교 과학자들은 실험실에서 mRNA를 분리하여 생쥐의 글로빈globin(적혈구에서 산소를 운반하는 단백질의 일부)을 합성했다. 이 실험은 생체 외, 즉 시험관에서 무세포 배지cell-free medium를 사용하여 수행되었다. 그러나 mRNA를 실제 세포에 들여보내려면 추가로 필요한 것이 있었다. 먼저 내가 헝가리 BRC 지질 연구실에서 다루었던 리포솜 같은 지질 패키지가 필요했다. 1978년에 런던, 그리고 일리노이 대학교에서 각각 리포솜 패키지에 집어넣은 mRNA를 쥐와 인간의 세포에 들여보내는 데에 성공했다. 각 세포는 mRNA에 암호화된 대로 단백질을 만들기 시작했다(이 경우에는 토끼의 베타 글로빈이었다).

그 실험들은 아직 시기상조여서 임상적 유용성이 제한되었지만 발상 자체는 언제나 흥미로웠다. 우리 몸에 우리가 원하는 단백질을 만들도록 지시할 수 있다는 것 아닌가. 이렇게 만들어진 단백질은 몸을 건강하게 유지하는 데에 필수적인 일을 할 것이다. 그리고 그 과정에 관여했던 분자는 일이 끝난 뒤 일상적인 세포 과정에 의해서 손쉽게 분해된다.

우리 몸이 스스로 치유하는 과정을 옆에서 거드는 것이 얼마나 멋진 일인가?

1989년에 처음 엘리엇과 일하기 시작했을 때, 우리는 리포펙틴처럼 훨씬 뛰어난 지질 운송책을 손에 넣을 수 있었고, 일련의 새로운 도구도 갖추고 있었다. 폴 크리그Paul Krieg, 톰 마니아티스Tom Maniatis, 마이클 그린Michael Green, 더글러스 멜턴Douglas Melton 같은 과학자들 덕분에 이제는 생물학적으로 활성 상태의 단백질을 암호화하는 mRNA를 원하는 대로 만들 수 있게 되었다. 게다가 유전물질을 증폭하는 Taq DNA 중합효소(1989년에 「사이언스Science」가 "올해의 분자"로 선정했다)의 힘을 활용한 중합효소 연쇄 반응polymerase chain reaction, PCR 기술로 무장했는데, 특정 유전물질의 복사본을 무제한 찍어낼 수 있는 신기술이었다.

엘리엇에게는 열린 사고를 한다는 또다른 훌륭한 면이 있었다. 내가 mRNA를 사용해 우로키나아제 수용기를 만드는 아이디어를 제시했을 때 그는 자세히 듣고 영리한 질문을 많이 던졌다. 대부분 mRNA의 악명 높은 불안정성과 관련이 있었다. 그의 질문에 나는 그런 난관을 최소화할 수 있는 가설을 제시했다.

내가 보기에 mRNA를 세포로 들여보내서 단백질(우로키나아제나 기타 다른)로 번역하게 하는 작업은 유인 우주 비행과 비슷한 면이 있었다. 우주 탐험은 산소 부족, 중력장 차이, 우주선이 귀환할 때 지구의 대기권에 부딪히면서 우주선이 통째로 불타오를 가능성까지 무수한 난관들로 가로막혀 있다. 그러나 우주 비행의 모든 개별 도전 과제에는 각각의 해결책이 있다. 나는 mRNA를 연구하는 어려움도 마찬가지일 것이라고 생각했다. 이 난제들은 과학자들을 겁먹게 하지만 그렇다고 어려움이 무한하지는 않았다. 각각을 식별하고 한 번에 하나씩 해결책을 찾아나가면 된다. 그리고 이런 해결책들을 모두 종합하면 겉으로 보기에 불가능해 보였던 일을 가능하게 바꿀 수 있다.

엘리엇은 리포솜, 막, 이온 결합에 관한 세부 사항과 버퍼, 시약, 염기서열 분석 기술 등 구체적인 내용에 대한 설명까지 들었다. 마지막으로 그는 의자에 몸을 기대면서 턱을 문질렀다. 그런 다음 결정적인 질문을 던졌다. 누군가가 나에게 처음으로 진지하게 던진 질문이었다. 마지막은 아니었지만.

"그래서, 이 mRNA 방법이라는 게……당신이 보기에 정말로 성공할 것 같습니까?"

네, 그렇습니다. 이것이 그가 들어야 할 답변의 전부였다.

연구책임자이자 멘토로서 엘리엇의 철학은 단순했다. 서로 궁합이 잘 맞는 똑똑한 사람들을 고용한다. 그들의 말을 귀담아듣는다. 그들에게 필요한 조언과 지원을 아끼지 않는다. 그런 다음 알아서 하도록 맡겨둔다. 자신보다 성장하고 앞서가게 격려하고 그렇게 되면 축하한다.

나는 엘리엇이 랩에 처음으로 고용한 사람들 중 한 명이었다. 나보다 먼저 앨리스 쿠오Alice Kuo라는 실험 기술자를 들였는데, 그녀는 사려깊고 인내심 있고 낙관적이며 놀라울 정도로 정확했다. 데이비드 랭어David Langer라는 유펜 의대생도 고용했는데, 그는 누구나 탐내는 펠로십을 받고 1년 동안 있을 예정이었다. 데이비드는 이 건물에서 유명인사였다. 데이비드는 유펜에서 공부했을 뿐만 아니라 유펜 심장의학과에서 키우다시피 했다. 그의 아버지 테리 랭어Terry Langer는 유펜에서 사랑받는 저명한 심장전문의였다. 하지만 몇 년 전 심각한 뇌졸중을 겪으면서 좌측 신체가 마비되었다. 이 안타까운 비극에 심장의학과 의료진 전체가 힘을 합쳐 데이비드를 가족처럼 돌보았다.

데이비드는 아주 멋진 아이였다. 카리스마와 자신감이 넘쳤고, 세계 대학 조정 경기에 대표로 출전한 선수의 강인함이 돋보였다. 그러나 고작 20대 초반이었고, 솔직히 말하면 아직 건방진 애송이였다.

얼마 지나지 않아 엘리엇은 박사 후 연구원과 펠로, 그리고 의대생들의 꾸준한 로테이션으로 팀을 완성했다. 연구를 위해 의대생에게 mRNA를 만들고 다루는 방법을 가르치는 것은 내

담당이었다.

학생을 가르치는 것이 싫지는 않았다. 과거 수하돌닉의 연구실에서 롭 소볼을 가르칠 때는 재미도 있었다. 하지만 이곳 유펜 의대생들은 금세 내 심기를 건드렸다. 이 친구들은 경험은 없으면서 자만심이 하늘을 찔렀다. 또한 머릿속은 온통 미래에 꽂혀 있어서 당장 눈앞의 과제가 아니라 앞으로 삶이 어떻게 될지에만 신경을 썼다. 게다가 일솜씨는 절대 실험실에서 요구되는 수준에 이르지 못했다. 부주의하고 닥치는 대로 산만하게 일을 하는 바람에 감당할 수 없는 실수를 저질렀다. RNA 샘플이 모조리 파괴된다는 뜻이다. 그러면 아무것도 남는 것이 없다. 이는 자신의 시간은 물론이고 다른 사람의 시간까지 낭비하는 것이다.

솔직히 인정하는데, 나는 좀 까탈스러운 면이 있다.

초기에 데이비드와 다른 한 명의 의대생을 앉혀놓고 실험을 가르친 적이 있다. 나는 mRNA 합성에 관해 내가 아는 모든 것을 알려주었다. RNA가 관련된 어떤 실험에서든 맨 처음 필요한 단계였다. mRNA를 만드는 것은 지난한 과정이다. 먼저 유전자를 분리한다. 이 경우 우리는 반딧불이가 불을 밝히게 하는 단백질인 루시페라아제luciferase 유전자로 작업하고 있었다. 다음으로 그 유전자를 플라스미드(세균의 세포질에 있는 작은 원형의 이중가닥 DNA) 안에 넣는다. 이어서 전사가 일어나게 하는 단백질을 추가한다. 전사가 일어나면 mRNA가 만들어지지만 실험에 쓰려면 플라스미드 DNA를 제거해야 한다. 그래서 DNA

를 파괴하는 효소를 넣는다. 그런 다음 남은 mRNA를 모아서 작은 튜브에 넣고 원심분리기를 돌린다.

이 모든 과정이 시간이 걸리는 일이고, RNA와 관련된 모든 일이 그렇듯이 세심함이 절대적으로 필요하다. 나는 두 학생에게 모든 단계를 꼼꼼히 설명했다. 그러나 그들은 자세히 듣지 않았든지 아니면 신경 써서 작업하지 않았다. 결국 두 사람이 실험을 끝냈을 때, 젤에는 mRNA가 하나도 보이지 않았다.

실험 과정에서 RNA가 파괴된 것 같았다.

나는 어디에서 일이 잘못되었는지를 알아내려고 그들이 작업한 단계를 함께 하나하나 되짚었다. 그랬더니 이 아이들이 DNA를 mRNA로 전사시키기도 전에 DNA 파괴 효소를 넣은 것이 아닌가. 나는 상상도 못 한 어처구니없는 실수에 황당했다. "도대체 무슨 생각으로 실험하는 거야?" 나는 크게 꾸짖었다. "DNA를 mRNA로 베끼기도 전에 파괴해버리면 베낄 게 남아 있겠어!"

학생들은 고개를 떨구고 사과의 말을 웅얼거렸다. 나는 부아가 치밀었다. 중요할 일을 해야 하는데, 그 일에 장기적인 관심은 전혀 기울이지 않는 학생들 때문에 지지부진하고 있으니 말이다. 나는 마음을 가라앉히려고 노력했다. 남에게 큰소리를 친 적은 없지만 적어도 진실은 알려주어야 했다. "이건 엉터리야." 내가 말했다. 도저히 아닌 척은 할 수 없었다. 처음부터 다시 시작해야 했다. "쓸모없는 쓰레기라고."

나는 사람들이 쓰레기를 버리듯이 젤을 휴지통에 버렸다. 둘은 놀라서 입을 벌린 채 서 있었다. 마치 살면서 누구한테서도 진실을 들어본 적이 없는 표정이었다.

다음 날, 엘리엇이 나를 자기 방으로 따로 불렀다. "저기 말이지, 커티." 그가 말을 꺼냈다. 그리고 잠시 관자놀이를 문지르더니 말을 이었다. "사람들한테 꼭 그렇게 직설적으로 말할 필요는 없어요."

아하, 그러니까 저 의대생들이 내 윗사람한테 나에 대해 불평했다는 말이지.

데이비드일 거야. 데이비드가 분명해. 이 친구가 아니면 다른 누가 랩 책임자에게 나에 대해 그렇게 자연스럽게 흉을 볼 수 있겠어? 데이비드는 이 건물에서 모두의 총애를 받는 귀염둥이니까. 그는 어려서부터 엘리엇과 알고 지냈다. 그러니까 당연히 그가 엘리엇에게 먼저 가서 말했겠지. 마음속에서 응어리가 생기는 기분이 들었다. 데이비드는 가진 것이 너무 많았다. 의사 집안에서 태어나 부유한 동네에서 자랐고, 아이비리그 대학을 다녔으며, 의대를 졸업하면 가문의 3대째 의사가 될 것이었다. 그는 자신을 위한 기회가 들꽃처럼 피어나 언제, 어디든 원하는 곳으로 갈 수 있는 조건을 갖춘 사람이었다.

나는 내 자신을 돌아보았다. 나는 모든 것을 애써 노력해야 가질 수 있었지만 한 번도 불평하지 않고 내 길을 걸었다. 내가 데이비드만 한 나이였을 때는 누구의 도움도 없이 혼자서 생화학 실험실을 설계했다. 무뚝뚝 대마왕인 야노시 루드비그와도 일했고. 그런데 한 번이라도 상사에게 불평한 적이 있었나? 어림도 없는 일이었다.

데이비드에게 있는 유리한 조건들이 하나도 없는 내가 RNA로 일할 수 있다면, 당연히 그도 할 수 있어야 한다. 노력하기만 하면 그도 할 수 있다. 그래서 노력하라고 했는데 그것이 그렇게 잘못된 요구였나?

엘리엇은 아주 부드러운 말투로 사람을 안심시키는 사람이었다. 심지어 나를 질책하는 지금도 그가 온전히 내 편이라는 기분이 들게 했다. 엘리엇이 말했다. "커티, 다른 사람이 한 일을 쓰레기라고 말하면 듣는 사람이 상처를 입어요. 잘못을 바로잡지 말라는 말이 아니에요. 이왕이면 격려하는 방식으로 지적하면 좋겠다고 부탁하는 거예요."

그러면서 다음번에 다시 답답한 상황이 생기면 어떻게 말해야 할지 제시했다. 네가 열심히 일한 건 잘 알고 있어. 하지만 네 RNA가 파괴된 것 같구나. 또는 다음번에는 순서에 좀더 주의해서 일을 해야 해. 또는 작업을 하다 보면 실수할 수 있지. 하지만 다음에는 좀더 주의하는 게 좋겠어.

"알겠습니다." 내가 한숨을 쉬면서 대답했다. 다른 사람과 일하다 보면 진이 빠질 때가 있다. "알겠어요. 노력해볼게요."

엘리엇의 실험실은 존슨 파빌리온 5층에 있었지만, 나는 1층에서 따로 연구했다. 이 공간을 장 베넷Jean Bennett이라는 다른 여성 과학자와 공유했다. 장은 의사이자 이학박사로 안과에서 훈련받았고 망막 질환에 관심이 많았다. 장은 훌륭한 사람이었다. 무척 똑똑했고, 온화했고, 열정적이고, 에너지가 넘쳤다. 나는 장이 바로 좋아졌다. 장은 나와 다르게 정년이 보장된 자리에 있었지만, 다른 면에서는 공통점이 많았다. 우리는 둘 다 이 심장학과에서 아웃사이더였다. 그리고 둘 다 엄마였다. 장은 세 명의 아이를 키웠고, 그녀의 남편도 일을 많이 하는 사람이었다.

그 시절에 엄마이자 연구자로서 살아가는 사람은 희귀한 편이었다. 유펜만 해도 워킹맘을 배려하는 제도가 전혀 없었다. 초기에 장은 재능 있는 여성 과학자가 랩 매니저가 되어 뒤에서 일이 원활하게 돌아가게 조율하지만, 결코 그 일의 공은 인정받지 못하는 경우를 많이 보았다. 장과 나는 둘 다 다른 사람이 되고 싶었다. 우리 자신이 발견의 주인공이 되고 싶었다. 남들, 특히 남성이 획기적인 발견을 할 때 옆에서 거드는 일 말고.

우리 둘이 공유하는 실험실 공간에는 갖춰진 것이 별로 없었지만 함께 그럭저럭 잘 버텼다. 두 사람 중 한 사람이 가지고 있는 것은 공유했다. 둘 다 독립적인 예산이나 연구비가 없었기 때문에 물품을 창의적으로 발명하곤 했다. 예를 들면, 나는 큰 병에 담긴 대용량 헝가리 피클을 구입하곤 했는데, 병을 버리지 않고 가져와 실험실에서 멸균한 다음 마이크로튜브나 그밖의 실험용품을 담는 데에 썼다. 우리 실험실에 있는 것들은 모두 남는 것들을 대충 조합해서 만든 것이었다. 그래도 상관없었다. 우리는 연구에서 짜릿함을 느꼈으니까.

나는 여전히 과학 논문을 끼고 살았다. 매달 수백 편씩 읽어도 성이 차지 않았다. 나는 직장에서 논문을 읽었고, 「네이처*Nature*」 나 「사이언스」는 개인적으로 구독하여 집에서 읽었다. 그리고 출근하자마자 최신 호를 흔들면서 법석을 떨곤 했다. "이 논문 읽어봤어요?" 그런 다음 가재의 감각 탐지나 세균 DNA의 복제 같은 내용을 큰 소리로 읽었다.

내가 이야기할 때 가끔은 학생들이 서로 눈짓하는 것을 보았다. 또 시작이야. 하지만 엘리엇은 언제나 귀 기울여 들었고 가끔은 놀란 표정도 지었다. 내가 이야기를 마치면 씩 웃으며 말했다. "그런데 커티, 이게 우리 연구와 무슨 상관이 있는 거죠?" 상관이 있을 때도 있었지만 보통은 아니었다. 그러나 어느 쪽이든 복잡성과 정확성으로 나를 끝없이 놀라게 하는 경이로운 생물학적 시스템의 일부라는 점에서는 똑같이 매혹적이었다.

생명 현상이 얼마나 대단한지 모두 동의하고 나면, 우리는 하루 일을 시작했다. 전날 실험의 결과를 보고 무엇을 알게 되었는지 평가하고 다시 새로운 실험을 설계했다. 매일매일 새롭게 실험하고, 매일매일 새롭게 배웠다.

많은 유펜 학생들이 내가 자신들의 커리어와 직접적인 관련이 없는 논문을 흔드는 것에 대해, 그리고 실험을 정확하게 하라는 까다로운 요구나, 박사 후 연구원도 없이 혼자서 직접 실험하는 비정년 교수라는 사실에 대해 수군대며 비웃었다.

그러나 한 학생이 내 지시를 따르기 시작했다. 이 학생은 내가 랩에 들고 오는 모든 논문을 읽었다. 그리고 그 논문의 실험 설계나 방법, 관련된 실험 기술, 또는 모호하게 언급된 참고 문헌에 대해서까지 매번 상세히 질문했다. 내가 많이 대답할수록 더 빨리 질문이 돌아왔다. 나는 이 학생이 다른 학생보다 더 열심히, 더 주의 깊게 일하기 시작했음을 알게 되었다. 그리고 내가 많이 바로잡아줄수록 더 열심히 일했다.

놀랍게도 그 학생은 데이비드였다. 심장학과의 귀염둥이, 나를 엘리엇에게 일러바친 바로 그 아이. 정말로 예상치 못했던 일이었다.

이런 열정은 투병 중인 아버지 때문에 시작되었다. 뛰어난 의사였던 아버지가 뇌졸중으로 힘을 못 쓰는 모습을 보면서 데이비드에게 목적의식이 생겼다. 그는 뛰어난 일을 하고 싶어했고, 좋은 일을 하고자 했다. 이런 개인적인 목표는 활에서 방금 쏜 화살처럼 꾸준하고 확고했다.

그렇다고는 해도 왜 데이비드가 내 말을 따르게 되었는지는 알 수 없었다. 나는 그 과에서 명예가 없는 사람이었다. 연구비도 없고, 심사위원으로 선정된 적도, 내 자체적인 예산도 없었다. 내가 배운 것 말고는 그에게 줄 것이 없었다. 유펜에서 나는 아무도 아니었다. 가끔씩 사람들한테 뾰족하게 구는 이름 없는 연구자일 뿐.

하지만 그래서였는지도 모르겠다. 학생을 다루는 데 미숙했던 내가 초기에 그의 결과를 "쓰레기"라고 솔직하게 말했던 순간에, 그는 뭔가 중요한 것을 보았는지도 모른다. 나는 그에게 진실을 말할 거라는 믿음. 내가 그를 칭찬하면 그것은 자기 아버지와는 상관이 없는 순수한 칭찬이고, 내가 그를 높이 사면 그것은 그가 그럴 만하기 때문일 거라는.

실제로 나는 그를 칭찬하고 높이 샀다. 이런 것을 어떻게 설명할 수 있을까? 인생은 가끔 우리를 놀라게 한다.

유펜에서 심장 이식수술이 있을 때면 엘리엇에게 한밤중에도 연락이 갔다. 이식이 끝나면 병에 걸린 심장을 가져가시겠습니까? 그의 대답은 항상 같았다.

그는 새벽 3시에 병원으로 가서 얼음에 담긴 인간의 심장을 수거했다. 그리고 실험실로 가져가서 따뜻한 물로 씻고 실험용 세포를 수확했다. 한번은 새벽 4시에 실험실에 혼자 있는데 마치 공포영화 속 한 장면처럼 그의 손에 있던 심장이 반사적으로 뛰기 시작했다.

때로 과학은 헝가리 소 도축장에서 실험실로 들고 온 뇌이다. 또는 홀로 지새는 밤에 손에서 뛰고 있는 인간의 심장이다. 하지만 대부분의 과학은 실험의 연속이다. 한 번에 하나씩.

나는 엘리엇 랩에서 수천 번의 실험을 했다. 너무 많다고? 하지만 그것이 과학이다.

개별 실험은 연구 과정의 가장 작은 단위이지만, 그 자체가 연구는 아니다. 과학을 할 때 가장 중요한 목표는 가설을 세우고 실험하는 것이다. 그러려면 한 번의 실험이 아닌 수많은 실험에서 얻은 결과가 필요하다. 각 실험을 여러 번 반복하되, 매번 하나의 변수만 바꿔서 해야 한다. 각 실험에는 대조군도 필요하다. 대조군은 아무 변수도 바꾸지 않은 비교 대상이다.

실험을 해도 내가 기대한 결과가 나오지 않을 때, 나는 실험실 벽에 걸린 격언을 쳐다본다. 실험은 오류를 범하지 않는다. 틀린 건 당신의 기대일 뿐. 레오나르도 다 빈치Leonardo da Vinci의 말에서 경험을 실험으로 바꾼 말이다. 실험이 실패한 것처럼 보이는 것은 가정이 틀렸거나 실험 중에 실수를 했기 때문이다. 따라서 매번 조금씩 조정해가면서 여러 번 실험하지 않으면 끝내 정답을 알지 못할 수도 있다.

만약 실험에 새로운 도구와 시약을 사용하게 되었다고 해보자. 그럼 이 새로운 요소가 다른 실험 조건에서는 어떻게 작용할지 알지 못한다. 그 말은 실험을 더 많이 해야 한다는 뜻이다. 우리는 본질적으로 탐구와 동시에 새로운 기술의 성능을 증명해야 한다. 그래서 매번 새로운 시약을 섞을 때마다 나는 잠재적인 오류를 제거하기 위해서 시험부터 했다.

이렇게 말해보자. 내 실험은 언제나 많은 생각을 거쳐 수행되었다. 나는 잠재적인 결과를 고려했고 각 실험이 가장 가치 있는 정보를 생산할 수 있도록 설계했다. 나는 많은 대조군과 함께 실험했고, 변수를 조정한 다음 다시 실험했다. 나는 의심이 하나도 남지 않을 때까지 내 결과를 의심했다. 기술적 오류에 부딪히면 미래에는 그 오류를 피하고자 새로운 실험 절차를 만들었다.

그러나 이런 수준의 세밀함은 학술 연구가 주는 압박과 유인 誘因에 저항하겠다는 뜻이다.

학술 연구는 경쟁이 극심하고 말로 표현하기 힘든 압박이 가해진다. 자신의 결과가 눈에 띄고 자신의 이름을 알리고 논문을 내고 그 논문이 다른 사람에게 인용되어야 하는 부담이 있다. 그러나 압박은 그것뿐이 아니다. 첫째, 연구비 문제가 있다. 일반적으로 대학은 인문학, 예술, 사회과학 분야의 교수들에게는 급여를 주지만, 의학 연구를 하는 과학자들은 알아서 월급을 해결해야 한다. 그래서 병원 진료를 하는 사람도 있고, 외부 자금으로 자신과 자기를 위해서 일하는 모든 사람의 인건비를 충당하기도 한다. 여기서 외부 자금이란 민간 투자인 경우도 있지만, 대부분은 정부 보조금, 즉 납세자의 돈이다.

연구비를 땄다고 해서 그 돈이 다 연구에 들어가는 것도 아니다. 대학이 학교 운영을 위해 일부를 떼어가는데, 전체 보조금의 50−65퍼센트나 되고 때로는 더 많이 가져간다.

재정적인 압박은 다른 종류의 시급함으로도 이어진다. 더 많이, 더 빨리 결과를 낼 것. 그러나 결과의 수준이 꼭 최고일 필요는 없음. 얼마나 주의 깊게 실험했는가보다는 맨 처음 논문을 내는 사람이 되는 것이 우선이다.

자금 압박은 연구의 성격까지 결정한다. 다시 말해서 연구비를 받을 수 있는 유형의 연구를 해야 한다는 무시무시한 압박이 있다. 즉, 이미 관심과 돈이 쏠려 있는 분야를 선택해야 한다는 뜻이다. 그러나 돈이 몰린다고 해서 반드시 혁신적인 분야인 것도, 가장 위대한 필요가 있는 곳인 것도 아니다. 결국 돈이란 훌륭한 아이디어를 완전히 눈에 보이지 않게 만들 수 있다.

그러나 나는 항상 너무 고집을 부렸다. 더 많이, 더 빨리 생산하라는 압박을 받으면 연구를 좀더 꼼꼼하게 설계해야겠다는 결의만 다질 뿐이었다. 나는 내 연구의 무결성을 지키기로 했다.

그래서 나는 다른 이들보다 더 천천히 논문을 냈다. 나는 서두르고 싶지 않았다. 의심스러운 결과로 과학 논문을 오염시킬 위험을 무릅쓰며 안달복달하고 싶지 않았다. 내 실험 결과는 투명해야 할 뿐 아니라 완벽하게 설득력이 있고 또 반복할 수 있어야 했다.

엘리엇이 이 점을 알아보았다. 그리고 양심적이고 성실한 내 태도를 인정하여 내가 됐다고 생각하는 때보다 더 빨리 해내라고 닦달하지 않았다. 그는 나를 신뢰했다. 그도 정직하고 청렴했기 때문이다.

돈이 가는 쪽으로 움직이는 것에 대해 어떻게 생각하느냐고? 일단 내 연구는 그쪽이 아니었다.

나는 유펜 의과대학이 리더십에서 엄청난 변화를 겪던 시기에 이곳에 도착했다. 최근 의과대학 학장이 은퇴하면서 새로운 의대 학장 및 병원 대표로 빌 켈리Bill Kelley가 선임되었다. 켈리는 듀크 대학교 출신에 임상계에서는 신동으로 알려진 사람으로, 유펜에 도착하기 전 이미 서른여섯이라는 나이에 미시간 대학교 의과대학에서 전미全美 최연소 의과대학장으로 재직했다.

나는 빌 켈리라는 이름을 대학원 시절부터 들어왔다. 헝가리에서 내가 처음으로 한 실험 중 하나가 레쉬-니한 증후군이라는 희귀 유전질환을 조사하는 것이었다. 강박적 자해 행동으로 손톱을 물어뜯거나 머리를 벽에 부딪치는 것이 이 질환의 한 증상인데, 켈리는 그것이 특정 효소의 결핍으로 인한 유전적 문제라는 것을 증명했다. BRC의 RNA 랩에서는 비교할 수 있는 모든 참조 분자가 있었기 때문에 나는 이 행동을 보이는 아이들의 혈액 표본을 분석하여 확실히 효소 수치가 낮다는 것을 확인했다. 그래서 빌 켈리, 그 빌 켈리!가 유펜으로 온다고 했을 때 꼭 꿈을 꾸는 것 같았다.

그에게는 다른 원대한 계획도 있었다.

켈리는 듀크 대학교에서 수련한 팀을 함께 데려왔다. 이 팀 역시 켈리처럼 유전자 치료의 전도사로서 DNA를 변형하여 질병을 예방하거나 치료하는 일에 앞장섰다. 켈리의 리더십 아래 유펜은 최첨단 유전병 센터인 인간 유전자 치료 기관을 설립했고, 의대 안에 "분자 및 세포 공학과"라는 새로운 과를 신설했다. 켈리는 미시간 대학교에서 함께 일했던 동료 짐 윌슨Jim Wilson을 이 기관의 최고 책임자로 임명했다.

켈리의 메시지는 확실했다. 유펜의 미래는 유전자 치료와 함께할 것이다.

확실히 그쪽으로 돈이 몰렸다. 인간의 모든 유전자와 염기서

열을 밝히는 인간 게놈 프로젝트가 막 개시된 참이었다. 「포브스Forbes」는 생명공학 산업의 "블록버스터급" 생산품과 "무한 성장의 가능성"을 언급하며 극찬했다. 1990년대 초, 인터넷 버블이 시작되기 전에는 유전자 치료가 차세대 혁신이었다.

맞는 말이다. 유전자 치료에는 잠재력이 있었다. 게다가 이 시점에 이미 소규모 성공담이 들려왔다. 실제로도 DNA는 mRNA보다 기술적 이점이 있었다. DNA의 안정성 덕분에 mRNA보다 훨씬 일하기가 수월했다. 그러나 나는 단점도 보았다. 유전자 치료는 한 사람의 게놈을 바꾸는 일이다. 그리고 그 변화는 지속된다. 또한 조작된 세포가 분열할 때, 변형된 유전물질도 새로운 세포의 일부가 된다.

반면에 mRNA 치료는 세포에 영구적인 변화를 일으키지 못한다. 사실 게놈 근처에도 가지 못한다. 그리고 mRNA는 체내에서 빨리 분해되기 때문에(mRNA의 지시에 따라 생성된 단백질도 마찬가지이다) mRNA 치료는 중요한 작용(예 : 혈전 형성을 막기 위해 수술 부위에 우로키나아제를 도입하는 것)을 일시적으로 도입할 수 있다. 이 역시 굉장히 효율적인 것이다. 이론적으로 mRNA는 DNA처럼 힘들게 핵까지 옮길 필요도 없이 적절한 장소에 적절한 단백질을 전달할 수 있다.

그렇다고 내가 유전자 치료를 믿지 않은 것은 아니다. 나는 유전자 치료와 mRNA 치료법에는 각각의 역할이 있다고 믿었다. 나는 연구기관이 두 방식에 모두 열려 있기를 바랐다.

그러나 윌슨은 mRNA나 내 연구에는 전혀 관심이 없었다. 그는 내가 하는 연구는 아예 쳐다보지 않았고, 설령 보더라도 내가 없는 것처럼 굴었다.

초기에 엘리엇과 나는 프로젝트 연구비 회의에 불려들어간 적이 있었다. 짐 윌슨이 국립보건원에 제출할 연구 제안서의 과제를 결정하는 자리였다. 그 보조금은 따내기만 하면 수백만 달러를 받을 수 있었다. 짐 윌슨은 유전자를 세포로 실어나를 잠재적 벡터로 아데노바이러스를 염두에 두고 일부 데이터를 제시했다. 나는 기술적인 부분에 대해 많은 질문을 했다. 그의 답변이 점점 짧아지더니 끝내는 너무 퉁명스러워서 내가 질문을 하는 것이 아니라 짜증 나는 소음을 내는 건가 하는 생각까지 들었다. 그 자리에서 나는 계획서에 mRNA 연구를 넣어달라고 설득했다. 하지만 윌슨은 내 입에서 말이 나오기도 전에 다른 주제로 넘어가버렸다. 마치 다들 당신이 RNA로 일할 수 없다는 걸 알고 있습니다라고 말하는 것 같았다. RNA로 일할 수 있고 그것을 증명해온 과학자가 바로 자기 앞에 있는데도 말이다.

이 새로운 지도층에는 다른 문제도 있었다. 빌 켈리가 부임하자마자 시도한 일들 가운데 하나가 의료 부장을 자신의 다른 듀크 친구인 에드 홈스Ed Holmes로 교체한 것이었다. 그리고 홈스는 즉시 심장과 과장—엘리엇의 보스—을 해임하고 후임자를 찾아 전국에 공고를 냈다.

그런데 공교롭게도 홈스의 아내인 주디 스웨인Judy Swain이 심장전문의였다. 그리고 웃기게도 그녀가 그 자리를 차지했다.

주디와 내가 완전히 다른 사람이라고는 말하지 않겠다. 사실 주디도 나만큼이나 고집불통에 야심이 큰 사람이었다. 다만 내 야심은 앞에서 계속 말해왔듯이 호기심에 관한 것이었다. 나는 뼛속까지 과학자이다. 나는 그 어떤 것보다 이 세상이 어떻게 작동하는지를 이해하고 싶다. 지식을 탐구하기 위해서 나는 나 자신과 연구 설계에 정확한 기준을 설정한다. 그리고 매일 그 기준에 맞추려고 노력하는 가운데 훌륭한 과학자가 되었다. 그러나 유펜 같은 연구기관에서 성공하려면 과학과 상관없는 다른 재주가 필요하다는 것을 알게 되었다. 자신과 자신의 연구를 잘 포장하는 능력이 필요했고, 연구비를 끌어오는 능력이 출중해야 했다. 학회에 강연자로 초대를 받거나 사람들이 멘토로 삼고 싶어하고 또는 연구에 아낌없는 지원을 받을 정도로 대인관계에 능통해야 했다. 또한 적성에 맞지 않는 일이라도 할 줄 알아야 했다(사람들에게 아첨하고, 잡담하고, 내가 맞다고 100퍼센트 확신하면서도 틀린 말에 동의해야 한다). 정치 사다리에 오르는 방법을 알아야 하고, 최악의 경우 훌륭한 과학과는 정반대되는 일을 해가며 위계질서를 지켜야 했다. 나는 저런 재주에는 관심이 없었다. 정치 게임 같은 것은 하고 싶지 않았고, 그럴 필요도 없다고 생각했다. 그런 기술을 가르쳐준 사람도 없었고, 솔직히 흥미도 없었다.

어떤 사람들은 나의 이런 점을 높이 샀다. 예를 들어 장 베넷은 종종 내 솔직함을 무척 고마워했다. 장은 실력 있는 과학자였고, 대단히 영민한 사람이었다. 하지만 자기는 어려서부터 유순하고 고분고분한 사람으로 키워졌다고 했다. 남들에게 휘둘리게 되더라도 말이다. "네 솔직함이 정말 신선해, 커티." 그녀가 말했다. "이 세상엔 너 같은 사람이 더 있어야 해."

하지만 주디 스웨인은 전혀 다르게 받아들이는 것 같았다.

주디가 유펜에 있을 때 「뉴욕 타임스」가 주디의 대략적인 소개 기사를 실은 적이 있다. 그 기사는 주디가 남성이 우세한 분야에서 "단호하고 결단력 있게" 정상에 올랐다는 말로 시작하면서, "그녀는 그렇게 뜻을 세웠고 자신의 계획에 미치지 못한 것은 절대 받아들이지 않았다"라고 언급했다. 그 구절이 주디를 잘 표현한 것 같다는 생각이 들었다. 그녀는 내가 중요하게 생각하지 않는 능력을 많이 가지고 있었다.

주디는 그 능력을 발휘해서 원하는 것을 얻었다. 그녀는 저 시기에 이런 규모와 수준의 의과대학에서 심장의학과를 이끄는 유일한 여성이었다. 또한 85년간 남성이 이끌었던 미국 임상 연구학회 최초의 여성 리더가 되었다. 이런 결과는 실제로 엄청난 위업이었다.

그러나 성공의 방법과 종류에는 여러 가지가 있지 않을까? 또 그래야 하는 것 아닐까?

사실 나는 주디가 나를 지원한다는 생각이 들지 않았다. 나를 존중한다는 느낌은 더군다나 받지 못했다. 회의 때 내 쪽은 쳐다보지도 않고 항상 엘리엇에게만 말을 걸었다. 그것이 내가 한 일에 관한 것일 때도 말이다. 내 연구에 대해서는 거의 묻는 일이 없었기 때문에 나는 그녀가 내 일을 별로 가치 있게 여기지 않는다는 생각이 들었다.

한편, 내게 어이없는 일들이 계속해서 벌어졌다. 예를 들어 주디는 앞에서 말한 짐 윌슨과의 초기 연구비 회의 때 그 자리에 있었다. 내가 짐 윌슨에게 많은 질문을 하고 국립보건원 연구 계획서에 mRNA도 끼워달라고 제안했던 그 회의 말이다. 회의가 끝나고 그녀가 앞으로는 내가 그런 회의에 참석하지 못하게 요청했던 생각이 난다.

그뿐이 아니었다. 나는 엘리엇 팀에서 일하고 있었지만 물리적으로는 존슨 파빌리온 1층의 주디 랩의 공간에서 일했다(엘리엇 랩은 5층에 있었다). 한번은 3차 증류수—이온 제거 필터를 통과시킨 실험용 증류수이다. 분자생물학 실험에 기본적으로 쓰이는 재료이며 상대적으로 비싸지 않다—를 받고 있는데, 한 학생이 오더니 5층에 가서 받으라고 말했다. 이 물은 자기네 랩의 연구비로 구입한 물이라는 이유였다. 내가 캐묻자, 결국 그 학생은 내가 이 물을 사용하지 못하게 하라는 지시를 받았다고 털어놓았다.

어찌 보면 사소한 일이었지만 불쾌하고 신경이 거슬렸다.

또 한번은 주디가 내게 헝가리 동료와 모국어로 이야기하지 말라고 했다. 마치 나를 돕고 싶다는 듯이, 그러지 않으면 평생 영어 실력이 늘지 않을 거라면서 말이다. 목소리는 친근했지만 그녀의 말투에는 딱 꼬집어 말할 수 없지만 나를 괴롭히는 뭔가가 있었다. 나중에야 나는 헝가리에서 우리 집 문 앞에 서 있던 비밀경찰의 거짓 친절이 떠올랐다.

맞다. 겉으로 명랑한 척하는 말투 아래에 숨어 있는 것은 경고였다.

하루는 주디가 나를 자기 방으로 불렀다. 그러더니 내가 너무 까다롭게 굴어서 "사람들"이 불평한다고 말했다. 심지어 파괴적이라는 표현을 썼다.

"잠깐만요." 내가 말했다. "이 사람들이라는 게 구체적으로 누구예요? 정확히 뭐라고 불평했습니까?" 그런 모호한 혐의로는 내가 할 수 있는 것이 별로 없었다. 나는 불평한 사람들을 불러서 내 어떤 행동을 두고 그러는지 같이 이야기해보자고 제안했다. 주디가 더 자세한 얘기는 할 수 없다고 했을 때 나는 그냥 방에서 나와버렸다. 나는 그런 일로 실랑이할 시간이 없었다.

내가 쉬운 사람이라는 말은 아니다. 어쨌든 나는 학창 시절 왜 내가 수학 문제를 푼 방식이 동급생의 방식보다 더 나은지를 두고 격론을 벌이던 학생이니까. 또 성난 러시아어 선생님의 명령을 대놓고 거부했던 바로 그 학생이기도 했다. 그렇지만 나도 이제 아이는 아니었다. 나는 과학자였다. 숙련된, 그리고 **훌륭한** 과학자였다.

게다가 직장에서 "까다로운" 행동이 허락된 사람이 몇이나 되겠는가? 템플 대학교에서 수하돌닉 박사가 실험실로 들어와 소리를 지르고 물건을 내리치거나 자기 방에서 물건을 집어던질 때, 누구도 꼼짝하지 못했다. 이런 종류의 행동은 훌륭한 사람의 행동이란 말인가?

분명 지금까지 주디 스웨인은 주변에서 까다로운 남자들을 만나봤을 것이다. 그들에게도 지금 나한테 하듯이 했을까? 아니면 역사 속 까다로운 위인에 대한 사람들의 평가대로 그들의 완고함과 괴팍한 행동을 천재성의 증거라고 받아들였을까?

나? 나는 일을 잘하고 있고, 내가 아닌 사람인 척을 하고 싶지 않았다. 내가 왜 나 자신을 거짓으로 꾸며야 한다는 말인가?

척을 해야 하는 확실한 이유가 한 가지 있는 것 같기는 했다. 앞에서 말했듯이 나에게는 이 기관에서 내 가치를 증명할 5년의 시간이 주어졌다. 성공한다면 연구 조교수에서 연구 부교수로 승진할 것이다. 성공하지 못한다면? 여태껏 유펜에서 연구 조교수로 5년 이상 일한 사람은 없었다. 승진을 하지 못하면 나가야 한다.

그렇다면 승진이냐 퇴출이냐를 결정하는 사람이 누구일까? 내 직속 상관인 엘리엇이 아니라 심장학과 과장이다. 즉 결정권은 주디에게 있다. 그럼 서열상 주디 바로 위에 있어서 내가 결정을 재고해달라고 탄원할 만한 사람은? 바로 주디의 남편인 에드 홈스이다.

고로 내 운명은 주디의 손에 달렸고 내가 이곳에 더 있고 싶다면 나는 꾹 참고 입을 닥치고 있어야 했다.

어느 쪽이든 내 성격과는 맞지 않았다.

내 연구 인생을 돌아보면서 사람들은 맨 마지막에 찾아온 돌파구와 직접적으로 관련된 몇 가지 성공만 언급하는 편이다. 하지만 특히 기초 과학에서 과학 연구가 선형적인 경우는 극히 드물다. 저 시절에 엘리엇과 나는 갖가지 발견에 기여했다. 예를 들면 우리는 혈관의 안쪽을 감싸는 내피세포에서 우로키나아제 수용기가 높은 수준으로 발현된다는 것을 알게 되었다. 즉 이 세포들은 우리가 이해하고 싶었던 일들을 연구하기에 좋은 장소라는 뜻이다.

또다른 연구에서는 여러 종류의 방광암 세포에서 우로키나아제 수용기의 양을 비교해 악성 종양 세포는 양성 암세포보다 우로키나아제 수용기의 양이 세 배는 더 많다는 것을 알게 되었다.

우리는 또한 건강한 사람의 관상동맥 조직과 심장질환이 있는 사람의 관상동맥 조직에서 우로키나아제 수용기의 양을 비교했다. 전체적인 양에서는 별다른 차이를 관찰하지 못했지만, 우로키나아제 수용기가 발견되는 부위는 확연하게 달랐다(문제가 있는 동맥에서는 혈관의 안쪽에 더 가깝게 몰려 있었다). 엘리엇과 나는 우리가 배운 것을 기록하고 어떻게 하면 이 발견으로 좀더 큰 그림을 그릴 수 있을지 계속 고민했다.

우리는 암 저널, 혈액학 저널, 생화학 저널까지 다양한 분야의 학술지에 논문을 실었다. 엘리엇 없이 낸 논문도 있었다. 가령 나는 장 베넷과 함께 망막의 막대세포에 있는 단백질을 암호화하는 유전자의 반복 서열을 식별하여 발표했다. 또한 PCR 기술의 최적화 방법을 제시하는 논문은 단독으로 냈다.

내가 실험으로 알게 된 것들이 계속해서 다음 연구로 이어졌다. 이것이 기초 연구의 특징이다. 무엇이든 배우다 보면 어디로 갈지 예측할 수 없다는 점.

가끔씩 실험실에서 점심으로 각자 음식을 가져와서 조촐한 파티를 열 때가 있었는데, 나는 엄마의 방식대로 요리한 헝가리 음식을 거하게 준비해가곤 했다. 그리고 식사 중에 실험실 동료들에게 내 어린 시절 이야기나 철의 장막 뒤에서 연구한 옛날이야기를 했다. 한편 장과 나는 여전히 실험 공간을 공유하면서 아주 잘 지내고 있었다. 실험이 잘되지 않을 때는 서로 기운을 북돋아주었고, 성공하면 함께 기뻐했고, 종종 가족에 대해서도 이야기했다. 장은 특히 내가 주디 스웨인 때문에 힘들었을 때 마음을 다잡게 도와주었고, 나 역시 도울 일이 있을 때 기꺼이 그렇게 했다. 예를 들어 장이 갑자기 일이 생겨 아이를 돌보지 못하게 되면 내가 아는 헝가리 사람에게 부탁해서 오후에 아이들을 돌봐주게 했다.

나는 그곳이 좋았다. 내게는 그 사실이 중요했다. 모든 것을 다 가지지는 못했지만 그래도 내게 가장 소중한 것들은 다 가지고 있었다.

집에서도 마찬가지였다. 우리가 가진 것은 많지 않았지만 그렇다고 없는 것도 없었다. 초등학교 내내 수전은 계속해서 잘 지내주었다. 수전은 친구가 많았고 관심사도 다양했다. 책을 붙잡으면 그 자리에서 몇 시간씩 읽을 때도 있었고, 밖에 나가면 우리 집 뒤쪽 숲에서 무슨 모험을 했는지, 항상 뺨이 붉게 상기된 채로 환하게 웃으면서 돌아왔다. 3학년 때 색소폰을 배우기 시작하면서는 집에서 수시로 연습했다. 처음에는 똑같은 세 음만 줄곧 불어대더니, 다음에는 같은 음계를 계속해서 불었다. 나는 퇴근하고 돌아오면 저녁 내내 일을 하곤 했는데, 수전이 그렇게 열중하는 모습이 기특하면서도 때로는 소리를 지를 수밖에 없었다. "제발 연습 좀 그만하고 쉬면 안 될까?" 그래도 연습을 거듭할수록 소리도 덜 고역스러워졌다.

수전은 스포츠도 시작했다. 5학년 때는 소프트볼을 했고, 6학년 때는 트랙에서 달리기를 했다. 마침내 철마다 운동을 한 가지씩 배웠는데 거기에는 현실적인 이유가 있었다. 그래야 방과 후에도 학교에 더 남아 나와 벨러의 짐을 덜기 때문이었다. 그 시기에 수전을 "돌보는" 사람은 수전을 가르친 코치와 선생님이었다.

그러나 수전은 불평하지 않았다. 투덜대는 적이 별로 없는 아이였다. 유년기와 청소년기 내내 라즐로와 베티의 아들들이 입던 스웨터를 물려 입으면서도 아무 소리 하지 않았다(다행히 1990년대에는 옷을 크게 입는 것이 유행이었다). 우리가 1년에 딱 한 번 외식하는 것도 개의치 않았고, 짧은 방학 때는 실험실로 데려가서 온종일 책을 읽게 해도 불평하지 않았다. 여전히 매년 여름이면 헝가리로 갔고, 전화 통화를 하면 늘 행복한 목소리로 재잘댔다. 엄마네 닭들에 관한 소식을 전해주었고 어떤 요리를 새로 배웠는지 이야기했다. 철의 장막이 무너진 후에는 헝가리 가게에서도 미국 사탕을 판다고 신나서 말했다. "엄마! 이제 여기에서도 땅콩 엠앤엠즈 초콜릿을 팔아!" (수전이 가장 좋아하는 초콜릿이었다. 나는 구버를 좀더 좋아했고.)

벨러와 나는 수전을 대하는 방식이 달랐다. 수전이 집에 와서 선생님의 처사에 대해 불평하면 나는 먼저 아이에게 네가 뭘 잘못했는지를 물었다. 벨러는 다르게 접근했다. 그는 경악한 표정으로 엄청난 충격을 받았다는 듯이 말도 안 되는 소리를 늘어놓았다. "세상에, 그 선생님 성함이 어떻게 되시니? 어떤 차를 타고 다니셔? 당장 가서 타이어에 펑크를 내야겠다. 아빠가 그 선생님 손 좀 봐 드려야겠네!"

물론 벨러는 농담을 하는 것이었고 수전도 잘 알았다. 자신의 유머 감각과 정직성, 무엇이든 고치고 만드는 능력을 자랑스럽게 생각하는 사랑스러운 농담꾼 아빠가 파괴적이거나 폭력적인 일을 한다는 생각 자체가 말도 되지 않았다. "정말이야, 아빠?" 수전은 마치 자신을 위해 무도회가 열린다는 사실을 막 알게 된 공주처럼 두 손을 모으고 천연덕스럽게 외쳤다. "약속하는 거지?"

벨러가 "당연하지! 우리 딸을 위해 아빠가 못 할 일이 어딨어!"라고 말하는 순간 수전의 기분은 이미 좋아져 있었다.

그러나 농담을 하면서도 벨러가 어린 딸을 보호하고 감싸는 마음은 나보다 훨씬 강했다. 나는 수전이 독립적이기를 바랐다. 좀더 솔직히 말하면 독립적이어야 했다. 내 경력이 수전의 독립에 달려 있었기 때문이다.

내가 유펜에서 좋아하는 것이 또 있었다. 이 대학은 세계 최고의 과학자들을 캠퍼스로 초청해 자주 강연을 열었다. 루이자 그로스 호르위츠상, 래스커상, 심지어 노벨상까지 과학계에서 중요한 상을 탄 사람들이었다. 나는 많은 강연에 참석했고 두 가지를 동시에 염두에 두고 들었다. 첫째는 그 강연자의 연구에 대해서, 그 사람이 무엇을 밝혀냈고, 어떻게 발견하게 되었는지를 속속들이 알고 싶었다. 동시에 mRNA 치료를 적용할 영역을 찾아 귀를 기울였다.

때때로 나는 강연자에게 많은 질문을 던졌는데, 그것이 동료 청자들을 불편하게 한다는 것을 알아챘다. 다른 사람이 보기에 내가 예의에 어긋나는 행동을 한다는 느낌을 받았지만 신경 쓰지 않았다. 이 자리는 과학자를 위한 것이지, 사교 행사가 아니지 않는가?

한번은 과학계에서 아주 이름난—과학계의 전설, 진짜 권위자를 말하는 것이다—학자가 캠퍼스에 왔다. 너무 설레고 흥분되었다. 나는 이 연구자의 입에서 나오는 말은 무엇이든 받아들일 준비가 되었다. 그러나 강연이 시작되자마자 완전히 실망했다. 그가 말한 것, 그리고 말하지 않은 것을 듣고 분명히 알 수 있었다. 한때는 그 분야의 최전선에서 일한 과학계의 거장이 최근에는 논문 읽기를 소홀히 한 것 같았다. 그의 말을 듣고 있으려니 마치 수십 년 전에 묻어둔 타임캡슐을 여는 듯한 느낌이었다. 그가 놀라운 발전을 이룩한 이후 새로운 분자가 발견되고, 새로운 메커니즘이 밝혀지고, 새로운 실험 기술이 개발되어 우리가 알 수 있는 것의 가능성이 확장되었다. 그러나 그는 확실히 옛날에 갇혀 있었다. 그렇게 몇 번을 더 실망했고, 그때마다 나는 스스로 다짐했다. 무슨 일이 있어도 읽기를 멈추지 않겠다고. 최신 동향을 따라잡을 수 없다면 차라리 강연을 하지 않겠다고.

나도 가끔은 발표를 해야 할 때가 있었다. 대부분 우리 연구팀 앞에서 이야기하는 간단한 자리였지만 나는 항상 열심히 준비했다. 그러던 어느 날, 내가 유펜에서 일을 시작하고 몇 년 뒤에 템플 대학교로 이직한 동료가 나에게 리보자임ribozyme 같은 RNA 분자에 관한 강연을 부탁했다. 전에 엘리엇과 나는 두어 명의 다른 과학자와 함께 리보자임이 리포펙틴을 이용해 세포에 효과적으로 전달될 수 있음을 보였다.

나는 실험실 밖으로 쫓겨나고 추방시키겠다는 협박을 받은 그 끔찍한 순간 이후 템플 대학교에 간 적이 없었다. 이야기를 시작하면서 그 자리에 모인 소규모의 군중을 훑어보았는데, 그중에 로버트 수하돌닉이 있었다. 내게 그런 시련을 준 장본인, 보스. 그는 나를 보면서 경청했다. 나는 그가 우리 집에 전화를 걸어 자신의 랩에서 계속 일하든 헝가리로 돌아가든 결정하라고 으름장을 놓은 밤이 생각났다.

그날 밤 전화를 끊고 나는 벨러에게 말했다. 고맙다고 하는 게 그렇게 어려운 일이야?

그것은 중요한 문제였다.

고등학교 때 그토록 감명 깊게 읽은 『생명의 스트레스』의 뒷부분에서 셀리에는 인간관계에서 비롯되는 스트레스에 대해 복수와 감사라는 두 가지 서로 배타적인 반응을 숙고한다. 셀리에에 따르면, 복수란 스트레스를 완화하려는 시도이다. 자신의 안전을 위협하는 대상에게 반응하는 지극히 인간적인 대응이다. 그러나 복수란 "아무런 미덕이 없고 주는 사람과 받는 사람 모두에게 상처만 남길 뿐이다." 복수는 오직 복수를 낳고 끝없이 반복된다. 스트레스를 완화하여 자신의 삶이 손상되지 않고 나아지게 하는 것이 목적이라면 더 나은 방법이 있다. 바로 감사하는 것이다.

셀리에는 또한 감사란 누적되는 것이라고 했다. 복수처럼 감사는 또다른 감사를 불러오지만 그것이 이끄는 장소는 완전히 다르다. 감사는 마음의 평화, 안심, 성취처럼 성공적인 삶에 필요한 것들을 증폭시킨다.

감사하는 것이 그렇게 어려운 일인가? 아니, 어렵지 않다. 전혀 어렵지 않다. 심지어 나쁘게 끝난 상황에서도 감사할 일을 찾을 수 있다. 고마움을 표현할 대상은 늘 있게 마련이다.

템플 대학교, 수하돌닉의 눈이 나를 바라보고 있는 자리에 서서 나는 크게 심호흡했다. 그런 다음 템플에는 나를 미국으로 데려온 교수, 로버트 수하돌닉이 있다고 청중에게 말했다. 나는 그가 나에게 출발점을 제공했고 그의 랩에서 일하면서 아주 많은 것들을 배웠다고 말했다. 내가 RNA의 힘과 가능성을 활용할 방법을 배운 것은 수하돌닉 덕분이었다. 뉴클레오사이드 유사체와 자연이 핵염기를 수정하는 기발한 방법에 관해서 배운 것도 그 덕분이었다. 나는 내가 지금 하는 일, 그리고 미래에 하게 될 일이 무엇이든 수하돌닉 교수가 없었다면 하지 못했을 것이라고 말했다.

내가 한 말들은 진실이었다. 물론 나는 그날 사람들 앞에서 다른 진실을 말할 수도 있었다. 그러나 감사의 말을 전하면서 일어난 일은 아주 흥미로웠다. 사람의 마음이란 항상 흥미롭다. 나 커틸린 커리코는 누구보다 감사할 줄 아는 사람이라는 쪽을 선택하면서 그것은 진실 이상이 되었다. 그것은 사실이 되었다.

나는 정말로 감사했다.

강연을 마치자 수하돌닉이 내게 미소를 지으며 다가왔다. 그는 나를 끌어안고 내가 자랑스럽고 나를 다시 봐서 반갑다고 했다. 그에게 정중하게 감사 인사를 하면서 나는 새로운 진리를 깨닫게 되었다. 사람은 망각하는 동물이구나. 사람은 과거에 있었던 일, 날이 선 대화, 그 일이 다른 사람에게 어떤 영향을 미쳤는지에 대한 구체적인 내용들을 잊는다. 만약 내가 수하돌닉에게 그때 당신이 내게 어떻게 했는지 떠올려보라고 했다면 그는 뭐라고 대답했을까? 자신의 행동을 사과하고 죄책감을 느끼라고 몰아붙였다면 어떻게 되었을까? 나는 그 결과가 무엇인지 확실히 안다. 아마 영원히 기다려야 했을 것이다. 내 안의 일부는 영원히 1988년에 머물며 더는 거기에 없는 누군가에게 계속 협박받고 있었을 것이다. 학창 시절에 러시아어 선생처럼 불만과 쓰린 속을 안고 살아가야 했을 것이다.

아니, 나는 그렇게 되고 싶지 않았다. 나는 앞으로 나아갈 준비가 되었다. 그를 위해서가 아니라 나를 위해서.

내가 처음 고용되었을 당시에 엘리엇은 내 연구비 마련을 돕겠다고 했다. 그는 연구 계획서를 잘 쓰는 사람이었다. 미국 심장협회, 미국 국립보건원, 민간 투자자를 비롯해 랩을 위한 자금을 문제없이 조달했다. 그는 내 mRNA 연구도 보조금을 받을 수 있다는 데 낙관적이었고, 나도 그랬다.

저 시절 나는 계속해서 연구 계획서를 썼다. 집에 자료를 가져가서 저녁 내내 작업했다. 그동안 수전은 숙제를 했고 벨러는 부엌에 수도관을 설치하거나 책장을 만들었다. 둘 다 잠자리에 들어도 나는 계속 일했다. 하나둘씩, 그러다가 동네의 모든 집에 불이 꺼져도 우리 집은 밝았다.

나는 여전히 영어가 익숙하지 않았기 때문에 계획서를 작성하려면 많은 시간이 걸렸다. 엘리엇이 늘 옆에서 도와주었다. 그는 지원서를 검토하면서 문법을 고치거나 좀더 설득력 있게 보이도록 전체적인 틀을 수정했다. 고객에게 내 프로젝트를 판다는 기분으로 써야 한다는 것이 그의 조언이었다. 그들이 내 연구를 지원하고 싶게끔 충분한 데이터를 보여주어야 하지만 너무 많이 보여주면 연구가 이미 끝난 것처럼 보인다고 했다. 그들은 현실성 있는 야망을 원했다. 균형을 맞추기가 여간 까다롭지 않았다. 엘리엇은 그 균형을 이해했고, 내가 이해하도록 도왔다.

그랬음에도.

나는 적어도 한 달에 한 건씩 연구 계획서를 작성했다. 무려 2년 동안이나. 민간 투자자나 정부 기관, 그리고 유펜 연구 재단에도 연구 계획서를 제출했지만 한 번도 연구비를 받지 못했다.

거절 통보는 늘 같은 내용이 조금씩 변형된 것이었다.

귀하의 연구 계획서 검토를 마쳤습니다. 유감스럽게도 귀하의 연구에 지원할 수 없습니다…….

유용성이 제한적이고…….

실험 방법이 연구자의 프로젝트에 유용한지에 대한 의문이…….

mRNA의 안정성에 대한 문제가 있습니다…….

연구비를 지급할 수 없게 되어 유감…….

애석하게도 우리는…….

다른 보조금을 받을 수 있기를 희망합…….

나는 거절문을 세심하게 읽었다. 그리고 배우고 개선하려고 노력했다. 그래도 거절은 계속되었다. 정부 보조금 쪽에 운이 없자 우리는 민간 투자로 방향을 돌렸다. 1994년, 내가 유펜에 온 지 거의 5년이 되었을 때, 엘리엇과 나는 뉴저지 주 프린스턴에 가서 한 투자 회사에 연구비 지원을 요청했다. 회의는 잘 진행되었다. 사실 아주 좋았다. 고급 정장에 실크 넥타이를 맨 남성들이 우리의 이야기를 성의 있게 들었고, 좋은 질문을 했고, 그러고는 열정적으로 악수까지 했다. 그들은 우리에게 돈을 지원하겠다고 했다. 7만 달러를 약속했던 것 같다. 엘리엇과 나는 마침내 연구비가 생겼다고 확신하며 필라델피아로 돌아왔다.

하지만……깜깜무소식이었다. 이 투자자들한테서 아무런 연락도 받지 못했다. 심지어 우리 전화와 이메일도 무시했다. 내가 알기로 이때는 잠수탄다는 말이 유행하기 전이었지만, 그것이 바로 그 사람들의 행동이었다. 그들은 잠수를 탔다(요즘 들어

나는 가끔 저 투자자들을 생각하면 그들이 얼마나 땅을 치고 후회할지 궁금해진다. 가성비 최고의 7만 달러가 되었을 텐데 말이다).

어쨌든 나는 내 mRNA 프로젝트로 한 푼도 얻지 못했다. 그 바람에 유펜에서 일이 잘 풀리지 않았다.

저 시절에 상황은 어려웠다. 누구에게나 그랬던 것 같다. 심장학과 교수진의 이례적인 이직 사태—누군가는 대탈출이라고도 했는데—로 심장의학과 전체가 대대적으로 개편되었다.

다행히 엘리엇은 남아 있는 몇 안 되는 사람들 중 한 명이었다. 그의 랩에서 나는 매일 배우고 인류의 지식에 기여하고 있었다. 나는 언젠가, 누구에겐가는 유용하게 쓰이리라고 확신하는 일을 탐구했다. 그것이 아주 작은 것일지라도, 또 내가 살아 있는 동안은 아니더라도 상관없었다. 나는 가능한 오래 이곳에 있고 싶었다.

1995년 1월, 의사들이 내 가슴에서 두 개의 멍울을 발견했고, 종양이 아닌지 의심했다. 생검biopsy을 시도했으나 석회화가 너무 심했다. 이것은 좋지 않은 신호여서 나는 바로 종괴절제술을 받아야 했다(다행히 멍울은 양성이었다). 나는 벨러와 함께 수술을 받으러 갔고 끝나고 집에 돌아와서는 연구비 신청 작업을 계속했다.

내가 진단을 받은 직후에 벨러도 우편물을 하나 받았다. 그의 서류를 갱신하면서 헝가리에 있는 미국 대사관에서 영주권을 수령해야 했다. 그래서 그는 헝가리로 돌아가 부다페스트에 살고 있던 나의 언니네 집으로 갔다. 나는 벨러가 금방 돌아올 줄 알았다. 그러나 대사관에 갔다가 언니네 아파트로 돌아간 벨러가 침울하게 고개를 저으며 말했다. "처형, 처형은 지금까지 이긴 시간 제게 좋은 처형이었습니다." 그가 말했다. "그래서 하나 묻고 싶은 게 있는데, 저를 사랑하십니까?"

언니가 웃긴다는 표정으로 조심스럽게 대답했다. "물론……이죠."

"좋아요." 벨러가 말했다. "절 사랑한다니 천만다행이군요. 왜냐하면 제가 여기에 몇 달 더 머물러야 할 것 같거든요." 그가 영주권을 받는 과정은 예상보다 훨씬 오래 걸리게 되었다.

벨러가 부다페스트에 발이 묶였다는 소식을 들은 지 얼마 되지 않아, 엘리엇이 나를 자기 방으로 불렀다. 평소보다 더 조용했고 고통스러워 보이는 얼굴이었다. 한참을 머뭇거리더니 엘리엇이 고개를 저으면서 주디 스웨인의 말을 전했다.

내 계약 기간이 끝났다. 내가 이곳에 온 지 5년이 지났다. "승진 아니면 퇴출"의 시간이 온 것이다. 누가 봐도 계산은 간단했다. 나는 돈을 끌어오지 못했다. 정부 보조금도, 민간 투자도 받지 못했다. 그것이 이 기관이 내 가치를 평가하는 데에 필요한 것이었으나 내게는 아무것도 없었다. 학과장인 주디의 전달사항은 다음과 같았다. 나는 연구 부교수로 승진하지 못한다.

내 머릿속은 나에 대한 다른 평가를 빠르게 떠올렸다. 나는 뛰어난 실험을 했고, 논문을 냈고, 더 낼 예정이야. 내 동료들은 실험을 설계할 때 점점 더 나한테 의지하고 있어. 한편 나는 언젠가 mRNA가 치료 목적으로 사용될 수 있다는 아주 큰 그림을 그리며 꾸준히 일하고 있어. 좋아. 이 연구가 유펜의 이 건물에서는 아직 큰 주목을 받지 못하고 있지만, 정말로 대단한 아이디어가 될 거야.

그러나 이 모든 것은 당장의 승진을 결정하는 데는 중요한 조건이 아니었다.

"정말 안타까워요." 엘리엇이 말했다. 나는 그의 진심을 느꼈다. 그는 정말로 안타까워했다. 하지만 아이비리그 연구기관은 일개 임상 연구자에게 가차없었다. 나 같은 사람을 위한 길은 없었다. 위로 올라가지 못하면 나가야 한다.

하지만……나가지 않는다면? 그래도……있겠다면? 그것이 내가 엘리엇에게 물어본 것이었다. 제가 꼭 나가야 하나요?

앞에서 말했듯이 지금까지 승진하지 않고도 더 머문 사람은 없었다. 승진을 거부당했으면서도 남기로 한 전직 연구 조교수에 대한 직함조차 없었다. 그런 직함이 있을 필요도 없었고. 그것은 지도에도 없는 영역이었다.

승진이 아니라면 강등이다. 그것은 확실하다. 하지만 그럼에도 불구하고 내가 남겠다면 어떻게 되는가?

2월, 나는 선임 연구원이라는 새로운 직책을 달게 되었다. 벨러는 여전히 헝가리에서 비자 문제를 처리하고 있었다. 우리는 가끔 통화했는데 내가 새로운 직책을 이야기했더니 그는 잠시 생각하다가 말했다. "그러니까 유펜에서 아직까지 이런 직책을 가졌던 사람은 없다는 거지?"

"어, 그런 것 같아."

벨러는 껄껄대고 웃었다. 그의 웃음은 항상 아직 세상에 아무 문제가 없다고 느끼게 했다. "그럼 당신이 새로운 역사를 쓴 거잖아! 축하해!"

나는 벨러와 더 오래 이야기하고 싶었다. 그가 너무 그리웠다. 하지만 그 시절에 국제 전화는 몹시 비쌌다. 그래서 오래 이야기할 수가 없었다. 주변에는 온통 그의 부재를 알려주는 것투성이였다. 집 리모델링도 멈춤 상태였고, 몇 달째 사방에 작업 도구들이 그대로 널려 있었다. 벨러는 헝가리로 가기 전에 폐차 직전의 차 한 대를 구입해서 다시 조립하고 있었는데 차고 바닥에 널브러진 엔진 부품들을 보고 있으니 몸이 저리도록 그가 보고 싶었다.

벨러가 없으니, 나는 수전이 원하는 자리에 있으려고 노력하며 과학자와 아이의 유일한 양육자 사이에서 최대한 균형을 맞추려고 애썼다. 나는 내가 할 수 있는 것을 했다. 나는 수전이 색소폰 연습하는 것을 들었다. 이제 수전은 학교에서 재즈 밴드에 들어가 진짜 곡을 연습했기 때문에 더 이상 그 단순한 음들을 듣지 않아도 되어 안도했다. 또 수전을 농구 연습에 데려다 주고 경기에 가서 응원했다(때로는 너무 큰 소리로 응원하는 바람에 수전이 경기장 한가운데에서 나를 째려보기도 했다). 그리고 최대한 수전의 숙제를 도왔다.

하지만 벨러의 부재로 평소보다 선택의 여지가 없다는 사실을 뼈저리게 깨달았다.

2월, 수전은 남아메리카를 주제로 사회 과제를 해야 했다. 그 대륙을 여행하면서 자기가 본 것을 보도하는 여행기 형식으로 보고서를 써야 했다. 수전이 내게 도와달라고 했다.

1995년에는 아직 오프라인 매장을 운영하는 여행사가 많았다. 그곳에 가면 여러 여행지의 팸플릿이 비치되어 있었다. 목적지가 정해지면 여행사 직원이 전체적인 계획을 세워준다. 일정을 짜고 호텔을 예약하고 비행기 티켓을 사는 것까지 알아서 해준다. 우리야 어디에도 갈 형편이 못 되지만 나는 여행사에 가서 칠레, 브라질, 페루 등 그 대륙에 관한 팸플릿들을 닥치는 대로 집어들고 왔다.

그날 밤, 우리는 사진을 오리고 붙이고 보고서를 쓰기 시작했다. 우리는 함께 지도를 보면서 이 상상의 여행에서 어떤 경로로 이동하면 좋을지 생각하고 이 과제의 틀을 의논했다. 그 무렵 나는 학회를 다니며 엄청나게 많은 포스터 전시를 했기 때문에 집에 스프레이 접착제와 마커가 있었다. 나는 그것들을 가져왔고, 내 옆에서 수전은 한 쪽씩 내용을 구상해갔다.

처음에는 둘 다 이 과제가 두어 시간이면 끝날 거라고 생각했다. 그러나 수전이 잠옷으로 갈아입고 양치를 해야 할 시간에도 아직 채워야 할 분량이 많이 남아 있었다.

"엄마, 마추픽추 사진은 왼쪽에 붙이고 티티카카 호와 리마 사진을 오른쪽에 붙이면 어떨까?"

나는 지도를 보고 인상을 쓰면서 말했다. "음, 봐봐, 마추픽추는 다른 두 목적지의 중간에 있는 곳이야. 차라리 리마와 마추픽추 사진을 한 페이지에 넣는 게 낫지 않을까?"

몇 시간이 흘렀다. 수전은 계속해서 보고서를 썼고 나는 사진 작업을 하고 보고서의 맞춤법을 확인했다. 우리는 계속해서 시간을 확인했다. 금방 마무리하면 아직 7시간은 잘 수 있을 거야. 시간이 흐르면서 우리는 예상 수면 시간을 계속 조정했다. 그래도 5시간은 잘 수 있을 거야. 4시간 반. 3시간 반.

나는 밤과 아침 사이에 느껴지는 이 동네의 고요함에 오랫동안 익숙해져 있었다. 수전은 이제 처음으로 그 시간을 경험하고 있었다. 아이는 잠을 적게 자는 내 능력을 물려받은 것이 분명했다. 잘 시간이 지났는데도 전혀 피곤해 보이지 않았다. 오히려 반대로 시간이 더 오래 지날수록 이 과제를 정말 특별한 것으로 만들겠다는 결의가 강해지는 것 같았다. 나는 수전의 투지, 집중력, 완전히 몰입했을 때의 턱 모양까지 주의해서 보았다.

어느새 해가 떠오르고 있었다. 수전은 학교에 갈 시간까지도 파자마를 입은 채 과제를 마무리하고 있었다. 우리는 보고서와 옷을 집어들었고 수전은 차 안에서 옷을 갈아입었다.

나는 수전을 내려주고 아이가 학교 건물로 들어가는 모습을 지켜보았다. 내 눈앞에 있는 새로운 모습의 수전을 보면서 지금까지의 수전이 아닌 앞으로의 수전을 미리 엿보는 것 같았다.

아이한테 저런 강단이 있었네. 나는 감탄했다.

다음 달에도 벨러는 돌아오지 못했다. 나는 벨러가 너무 그리워서 어떻게 해야 할지 몰랐다. 그래서 당시 대통령이던 빌 클린턴에게 편지를 썼다. 영부인 힐러리 클린턴에게도 보냈다. 헝가리에 있는 미국 대사관에도, 변호사에게도, 이민국에도 편지를 보내서 내 남편이 해외에 발이 묶여 있고 우리는 남편이 필요하다고 했다. 그러니 도와줄 수 없겠느냐고.

답장의 내용은 늘 같았다. 조금만 기다리세요. 절차대로 진행 중입니다. 나는 다른 사람의 절차 같은 것을 기다릴 인내심은 없었다.

벨러가 서른다섯이 되던 해 3월 18일은 토요일이었다. 나는 차에 짐을 싣고 수전과 워싱턴 D.C.를 향해 달렸다. 그리고 백악관 앞에서 2인 시위를 벌였다.

솔직히 시위라고 할 만한 수준은 아니었다. 수전과 함께 "우리 아빠가 집에 돌아오게 해주세요!"라고 쓴 피켓을 들고 서 있었던 것뿐이니까. 클린턴 대통령은 말할 것도 없고 힘이 있는 사람 누구도 눈길 한 번 주지 않았겠지만, 그래도 허가까지 받은 공식적인 시위이기는 했다. 나는 수전에게 미국에서는 이런 것도 할 수 있다는 것을 보여주고 싶었다. 대통령이 사는 곳 앞에서 "나는 이것이 마음에 들지 않습니다. 시정해주길 요청합니다"라고 말할 수 있다는 것을 말이다. 내가 어린 시절을 보낸 공산주의 헝가리에서는 감히 상상도 하지 못할 일이었다.

백악관 앞에서 수전이 색소폰을 꺼냈다. 그리고 재즈 밴드에서 배운 글로리아 에스테판의 "Turn the Beat Around", 디즈니 애니메이션 「포카혼타스」의 주제곡 "Colors of the Wind", 영화 「포레스트 검프」의 주제곡을 연주했다. 학교에서 단체 현장 학습을 나온 어린아이 몇몇이 다가와 수전에게 무슨 시위를 하느냐고 물었다. "우리 아빠가 헝가리에 붙잡혀서 집에 오질 못하고 있어. 아빠가 빨리 집에 왔으면 좋겠어."

결국 몇 개월 만에 벨러는 드디어 영주권을 받았다. 그가 돌아왔을 때는 여름이었다(그가 태양을 데려온 건지, 태양이 그를 우리에게 돌려보내준 건지는 모르겠지만, 그가 돌아오자 집 안에 온기가 돌았다). 우리는 라즐로 버기가 만들어준 "벨러의 귀국을 환영합니다"라는 현수막을 집 앞 나무에 걸었다. 마침내 저 멀리 내가 그를 처음 만났던 날의 잘생기고 자유로운 모습 그대로의 벨러가 보였을 때 우리는 환호했다.

벨러가 집으로 돌아온 지 얼마 지나지 않았을 때였다. 대여 기간이 겹치는 바람에 집에는 색소폰 두 대가 있었다. 수전이 새 색소폰으로 연습하는데 벨러가 다른 색소폰을 꺼내 들더니 불기 시작했다. 나는 색소폰을 처음 부는 사람의 소리가 얼마나 무시무시한지 잊고 있었다. 수전이 입술과 뺨과 손가락의 위치를 벨러에게 가르쳐주었지만, 그럴수록 소리는 더 끔찍해졌다.

나는 "소음은 이제 제발 그만!"이라고 소리를 질렀다. 그때부터 벨러와 수전은 내 뒤를 쫓아다니며 색소폰을 크게 불어젖혔다. 나는 귀를 막고 이방 저방 뛰어다니며 소름 끼치는 불협화음으로부터 도망쳤다. 그러면서 이런 생각이 들었다. 정말 행복하다. 가족이 다시 모이니까 정말 너무 행복하다.

실험실에서도 잊지 못할 순간들이 있다. 인류 지식의 가장 바깥쪽 경계까지 걸어간 다음 거기에서 한 걸음 더 내디뎌 문턱을 넘고 경계를 돌파해 새로운 발견으로 나아가는 순간이다.

1996년 12월, 엘리엇과 나, 그리고 실험 기술자인 앨리스가 도트 프린터 앞에 서 있었다. 크리스마스 직전이어서 사방에 조명이 반짝거렸다. 그해 필라델피아는 이례적으로 따뜻한 겨울이 지속되고 있어서 크리스마스이브에 베티와 라즐로의 집에 갔을 때는 거의 봄 날씨였다.

하지만 그런 것들은 안중에도 없었다.

내 앞에 있는 프린터가 살아 움직이며 한 줄씩 점을 찍어냈다. 우리는 프린터가 마치 벌레 소리처럼 3초씩 지지지지직 거리다가 철컥, 탱 하고 아래로 내려와 다음 줄을 시작하는 소리를 들었다.

수년간의 연구가 정점에 이른 중요한 실험을 마친 참이었다. 7년 전 엘리엇 연구실에 합류했을 때부터 목표로 삼고 달려온 바로 그것이었다.

우리는 우로키나아제 수용기 단백질을 만드는 유전자의 mRNA를 세포에 집어넣고 세포가 이 수용기 단백질을 만들 수 있는지를 시험하고 있었다.

이 실험은 우로키나아제 수용기 단백질을 스스로 만들지 못하는 세포로 시작한다. 이 세포들을 대조군과 실험군으로 나누어 실험군에는 우로키나아제 수용기 단백질을 암호화하는 mRNA를 지질 포장재로 싸서 집어넣었다. 대조군에는 우로키나아제 수용기를 암호화하지 않은 다른 mRNA를 넣었다.

지금까지 항상 그래왔듯이 우리는 꼼꼼하고 까다롭게 실험했다.

먼저 세포에 mRNA를 번역하여 단백질을 만들 시간을 주었다. 우로키나아제 수용기는 현미경으로 볼 수 있는 물질이 아니라서 이 단백질이 만들어졌는지 보려면 특별한 방법을 사용해야 했다. 우리는 우로키나아제 수용기에만 결합한다고 알려진 방사성 분자를 양쪽 세포군에 추가했다. 앨리스는 그런 방사성 분자를 만드는 실력이 출중했다. 이 결합은 자물쇠와 열쇠처럼 작동한다. 우로키나아제 수용기가 자물쇠이고 방사성 분자가 열쇠이다. 만약 세포가 우로키나아제 수용기를 만들었다면 거기에 이 방사성 분자가 들러붙을 것이다.

우리는 그 시간도 충분히 주었다.

그런 다음 앨리스가 세포를 "씻기" 시작했다. 우로키나아제 수용기와 결합하지 않은 방사성 분자를 씻어내는 작업이다. 앨리스는 우리가 결과를 확신할 수 있도록 여러 번 반복해서 세포를 씻었다.

이렇게 씻어냈는데도 세포에 방사성 분자가 남아 있다면 그이유는 하나밖에 없다. 우로키나아제 수용기에 결합했기 때문이다. 즉 세포 안에 우로키나아제 수용기가 만들어졌다는 뜻이고, 다시 말해서 우리가 집어넣은 mRNA가 제 일을 해냈다는 뜻이다.

지지지지직, 철컥, 탱. 방사성 분자는 감마 카운터gamma counter라는 장비로 측정할 수 있다. 이 기계에 연결된 것이 바로 우리 앞의 도트 프린터이다. 지금 우리는 이 프린터를 향해 몸을 기울인 채 한 줄씩 나타나는 점을 지켜보고 있다.

지지지지직, 철컥, 탱. 성공이든 실패든 결과는 이미 결정되었다. 어떤 결과가 나오든 배우는 바는 있을 것이다. 나는 그 말을 되새겼다. 언제나 배울 것은 있다.

지지지지직, 철컥, 탱. 나는 엘리엇의 얼굴을 보았고, 그런 다음 앨리스를 보았다. 크리스마스 불빛이 깜빡거렸다. 켜졌다, 꺼졌다. 켜졌다, 꺼졌다. 종이에 숫자가 나왔나? 그렇다.

지지지지직, 철컥, 탱. 종이에 서서히 데이터가 나타나기 시작했다. 실험군에서 방사성 물질이 수없이 검출되었다. 하지만 대조군은? 하나도 없었다.

맙소사(우리는 계속 이 말만 뱉었다. 맙소사, 맙소사, 맙소사). 한 치의 의심도 없는 완벽한 결과였다. 실험군 세포가 정말로 표면에 우로키나아제 수용기를 만들고 있었다. 우리는 mRNA를 사용해 세포 안에서 특정 단백질을 만드는 데에 성공한 것이다. 더군다나 이 기술은 간단하고 돈도 많이 들지 않았다.

그렇다면 이 안에는 상상조차 할 수 없는 엄청난 임상적 가능성이 있다.

아르키메데스가 욕조에 몸을 담근 순간 물이 넘치는 모습을 보고 부력의 원리를 알아냈다는 (아마도 사실은 아닐) 유명한 이야기가 있다. 이 발견에 놀라 그는 벌거벗은 채로 시라쿠사 거리를 뛰어다니며 "유레카"라고 외쳤다고 한다.

어떤 과학자들은 이런 역사적인 순간을 고대하며 실험실 냉장고에 샴페인을 미리 넣어둔다(그리고 수 년 또는 수십 년씩 묵혀둔다).

이 순간은 어느 모로 보아도 그런 역사적인 순간이었다. 그것도 아주 대단한.

그러나 엘리엇과 앨리스와 나는 샴페인을 따지 않았다. 필라델피아나 우리 실험실이 있는 존슨 파빌리온 거리에서 (옷을 입었든 입지 않았든) 뛰어다니지도 않았다.

그 순간에도 나는 평소대로 했다. 나는 일로 돌아갔다. 이제 이 실험을 다른 양의 mRNA, 다른 세포주를 사용해서 다시 시도해볼 생각이었다. 내 머릿속은 이 실험을 수없이 변형하여 재시험하고, 계속해서 결과를 재생할 생각으로 질주했다. 늘 그랬듯이 나는 털끝만큼의 의심도 없는 결과를, 누구라도 같은 과정을 거치면 똑같은 결과를 도출할 수 있게 하고 싶었다. 그리고 더 나은 결과, 더 양질의 단백질을 얻을 수 있을지도 알고 싶었다.

그러나 세상에서 여태껏 누구도 이해하지 못한 것을 맨 처음 알게 된 기쁨만 한 것은 없다(여기에서는 우리가 직접 제작한 mRNA로 우로키나아제 수용기를 만드는 방법을 말한다. 세포에 무슨 일을 시킬 수 있었는지 보라!). 형제애의 도시 필라델피아를 지나가는 철 이른 온난전선 덕분에 비정상적으로 따뜻한 휴일을 앞두고 나는 강렬하고 온전한 승리감을 맛보았다.

엘리엇은 좋은 사람이자 훌륭한 과학자였다. 여기에 더해 사업 수완이 뛰어나다는 한 가지 장점이 더 있었다.

그는 심근경색 예방과 관련된 연구 일부의 특허를 출원했다. 한 생명공학 회사가 이 특허의 사용권을 취득한 후 상장에 성공했다. 기업 공개는 힘든 과정이었지만 엘리엇은 자신이 회사의 건전하고 현명한 일원이 될 수 있음을 입증했다. 그는 벤처 투자자, 제약회사 경영진과의 많은 외부 회의를 주도했고, 연구 계획에서부터 투자자 대상 발표에 이르기까지 모든 일을 도맡아 했다.

유펜 안에서도 엘리엇은 비즈니스 전문가로서 능력을 발휘하여 우리 실험실, 화학 실험실, 혈관외과의, 그리고 기업 기술 분과와의 업무를 잘 조율했다.

엘리엇은 사람들과 잘 어울렸고 판단력이 빨랐으며 사람들 앞에서 큰 아이디어를 설명할 수 있었다. 또한 변호사, 화학자,

생물학자, 기업 경영진, 투자자, 의사 사이를 무리 없이 오갔다. 많은 고용주들이 엘리엇 같은 사람을 원할 것이다.

이쯤 되면 나도 앞일을 짐작했어야 했다.

도트 프린터가 결과를 출력하고 몇 개월 후에 엘리엇은 단일 클론 항체monoclonal antibody로 잘 알려진 생명공학 기업인 센토코로부터 심장 부서를 이끌어달라는 제안을 받았다.

단일 클론 항체는 우리 몸이 만드는 항체와 동일하게 병원균이나 해로운 분자를 무력화한다. 그러나 실험실에서 표준화된 방법으로도 생산할 수 있다. 이 항체는 질병과 싸우는 대단히 표적화된 방법으로서 효과가 극도로 뛰어나다.

이 자리는 엘리엇에게 아주 잘 맞았다. 센토코는 레오프로ReoPro라는 혈전 예방용 단일 클론 항체 치료법을 개발했다. 1997년에 레오프로는 FDA의 승인을 얻었고, 그 소식이 발표된 날 센토코의 주가는 2.56달러에서 52달러로 껑충 뛰어올랐다.

엘리엇에게는 더할 나위 없이 좋은 기회였다.

그러니까 내 말은 내가 엘리엇이 센토코의 제안을 받아들여야 하는 이유를 이해했다는 뜻이다.

다만 그가 떠나면 내가 어떻게 될지는 알 수 없었다.

수전의 스포츠 경기에 참관하는 것은 참 즐거운 일이었다. 나는 경기 중에 들리는 모든 소리가 좋았다. 체육관 바닥에 운동화가 마찰하며 나는 소리, 결정적인 순간에 관중석에서 터져 나오는 혼란스러운 외침들, 소프트볼이 방망이에 정확히 맞았을 때의 명쾌한 소리, 삼진 아웃을 당한 선수에게 보내는 격려의 말들까지. 괜찮아, 괜찮아, 잘했어.

아이들의 실망이나 기쁨 말고는 걸린 것이 없는 경기를 보며 어른들이 더 몰입하는 모습도 좋았다. 정작 아이들은 그날의 경기를 기억하지도 못할 텐데 말이다. 또 어린 선수에게 절호의 기회가 왔을 때 반신반의하며 지켜보는 모든 순간을 사랑했다. 기회를 살리지 못하는 때가 태반이지만, 가끔 선수가 놀라운 힘을 발휘하는 순간이면 모든 부모와 코치가 함성을 터트린다.

경기장 사이드라인에 앉아 있는 나는 "그런" 엄마들 중 한 명이었다. 나는 아주 큰 소리로 응원했다. 벌떡 일어서서 정신 나간 공항 관제사처럼 팔을 흔들어가며 이래라저래라 소리를 질렀다. 수전은 내 행동이 부끄러웠는지 나를 아예 못 본 척하거나 하도 무섭게 째려봐서 다른 부모들까지 나를 돌아보곤 했다. "이런, 따님이 화가 많이 났나 봐요!" 그들은 웃으면서 말했다. 나는 항상 헝가리 말로 소리쳤기 때문에 다른 사람이 무슨 뜻이냐고 물어보기도 했다.

운동선수로서의 수전은……나쁘지 않았다. 엄청난 정신력으로 경기에 임했고 타고난 운동감각이 있었으며 팀의 일원으로서 경기하는 것을 좋아했다. 하지만 승리를 간절히 원하면서도 왠지 자신이 없는 듯했다. 실수가 두려운 듯 경기장에서 주저하고 움츠러드는 모습이 종종 보였다. 물론 그럴 때마다 나는 더 크게 소리를 질렀다.

고등학교 1학년 때의 한 농구 경기가 기억난다. 나는 전반전 내내 헝가리 말로 응원했다. 그날 이후로 수전은 확실히 규칙을 정해주었다. 헝가리말로 소리 지르지 말 것("너무 창피해, 엄마!"). 하지만 어쩔 수 없었다. 흥분하면—수전의 경기 때는 늘 그랬지만—나도 모르게 가장 자연스러운 언어가 튀어나왔다. 이 경기에서 수전은 공격수였는데 아마 뛰는 모습만 보고는 몰랐을 것이다. 이 무렵 수전은 키가 189센티미터로 나보다 컸지만 전반전 내내 수비수 뒤에 숨어 있었다. 자기에게 공이 오지 않기를 바라는 것이 확실했다. 수전은 공을 다루는 기술에 자신이 없었고 자기가 슛을 하면 성공하지 못할 거라고 생각하는 듯했다. 슛이 들어가지 않으면 낙담하는 것은 당연하다. 하지만 이런 식으로 숨기만 하면 절대로 나아질 수 없다.

"Gyere el re, ne bujjál el!"(숨지 말고 앞쪽으로 나가!) 내가 소리쳤다. "공격적으로 해! 넌 할 수 있어!"

나는 소리 지르고 또 질렀다. 전반전이 끝날 때까지 멈추지 않았다. 그때 수전의 코치가 몸을 돌려 나를 가리키더니 수전에게 지시했다. "너희 엄마가 뭐라고 하시든, 엄마 말대로 해."

수전과 같은 팀에 홀리라는 아이가 있었는데 그 아이의 엄마인 재닛도 나만큼이나 유난스러웠다. 우리는 보통 관중석에 나란히 앉아 두 배로 요란한 장면을 연출했다. 재닛은 가끔 치어리더가 사용하는 폼폼을 들고 왔다. 홀리에게 폼폼은 수전에게 내 헝가리어처럼 완벽하게 창피한 것이었다.

수전이 헝가리어 금지령을 내린 시기에 홀리는 재닛이 폼폼을 흔들지 못하게 했다. 그러자 재닛이 나한테 폼폼을 주었고 내가 대신 머리 높이 흔들었다. 마침내 딸들은 재닛과 내가 아예 경기에 오지 못하게 했다.

하지만 나는 계속해서 응원하고 폼폼을 흔들고 큰 소리를 지르며 부끄러운 순간을 연출했다. 하지만 살면서 나만의 응원단이 있는 것, 이런 믿음을 주는 사람이 있는 것이 아주 중요하다고 생각한다. 여기에 나를 믿어주는 사람이 있다. 내가 잘할 수 있다고 믿는 사람이 있다. 언제까지나 멈추지 않고 나를 응원해줄 사람이 있다는 것 말이다.

엘리엇이 유펜을 떠나 센토코로 갔을 때, 남겨진 나를 구해준 사람은 옛 친구였다.

데이비드. 내가 그의 실험 결과를 휴지통에 버리며 "쓰레기"라고 말했던 그 의대생은 엘리엇 연구실에서 오래 전에 펠로십 프로그램을 끝내고 의대로 돌아갔다. 그는 의사가 되었고 인턴까지 마친 후 유펜에서 신경외과 레지던트를 시작했다.

그때까지 우리는 계속 연락하면서 논문을 같이 내기도 했다. 데이비드는 여전히 내가 주는 모든 것을 읽었고 수백만 가지를 질문했다. 나는 가끔 데이비드가 내 머릿속에 있는 것들을 통째로 다운로드 하려는 속셈은 아닌지 의심이 들 때도 있었다. 아마 방법을 알았으면 그렇게 했을 것이다.

"언젠가는, 케이트." 그는 내가 뉴저지 체리 힐에서 같이 자란 고향 친구나 되는 것처럼 항상 나를 케이트라고 불렀다. "선생님이 아는 모든 것을 알게 되는 날이 올 거예요." 그런 다음 씩 웃었다.

나는 고개를 가로저으면서 대답했다. "과연 그럴까? 넌 내가 놀고 있는 줄 아는가 보구나." 나도 장난으로 받아쳤다. "지금 내가 아는 걸 네가 다 알 때쯤이면 난 훨씬 더 많은 걸 알고 있을 텐데!"

데이비드는 유펜에서 레지던트 과정 중이었고 2년 과정을 마치면 유펜에서 임상 교수가 될 생각이었다. 그러려면 한 가지를 희생해야 했다. 원래 데이비드는 처음부터 뇌혈관 외과의를 꿈꿔왔다. 뇌와 척추의 혈관을 수술해서 뇌졸중이나 뇌동맥류 환자의 생명을 구하는 아주 특수한 외과 분야였다. 분명 아버지의 뇌졸중을 계기로 선택한 전공이었을 것이다. 하지만 뇌혈관 신경외과는 다른 면에서도 그와 잘 맞았다. 이런 수술은 강도가 높고, 집도의에게는 아주 특수한 유형의 성격을 요구한다. 뇌혈관 외과의는 심각하고 위험천만한 상황에서 재빨리 현명한 결정을 내릴 수 있어야 한다. 또한 민첩하게 판단해야 한다. 그리고 어쩌면 가장 중요하게는 배움과 자기 계발에 멈춤이 없어야 한다.

지금껏 데이비드는 자신이 이 모든 조건에 적합하다는 것을 증명했다.

그러나 불행히도 유펜에는 이미 뛰어난 다른 뇌혈관 외과의가 있었다. 이곳에 필요한 것은 척추 외과의였다. 데이비드는 그 일도 충분히 행복하게 잘 해낼 것 같았다. 밝은 미래가 그 앞에 펼쳐졌다. 그는 임상과 기초 연구를 동시에 수행할 계획이었다……그리고 그는 나와 함께 일하고 싶어했다.

비록 우리는 같은 연구실도, 같은 과도 아니었지만, 데이비드는 계속해서 mRNA 치료 개발에 전념했다. 사실 데이비드한테는 좋은 생각이 있었다. 뇌혈관 연축cerebral vasospasm은 뇌의 혈관이 좁아지는 위험한 현상으로 특히 동맥류 또는 뇌졸중 후에 일어날 수 있다. 그는 어쩌면 mRNA를 이용해 뇌혈관 연축을 예방할 수 있을지도 모른다고 생각했다. 뇌혈관 연축은 치명적인 증상이고 아주 흔하게 일어나지만 마땅히 예방할 방법은 없었다.

그런데 산화질소는 혈관을 확장시킨다. 만약 좁아진 혈관에 산화질소를 넣을 수 있다면 연축 현상을 막을 수 있을지도 모른다. 다만 산화질소는 반감기half-life가 고작 밀리초에 불과한 기체여서 혈관에 주입할 수 없다. 그래서 데이비드는 산화질소를 생산하는 단백질의 mRNA를 이용한 치료법을 생각한 것이다. 그렇게만 할 수 있다면 생명을 구하는 확실한 방법이 될 것이다.

엘리엇이 새로운 출발을 선언했을 무렵, 데이비드와 나는 이미 몇 년 동안 두 과를 넘나들며 함께 일했다. 과를 넘나드는 공동 연구가 그렇게 드문 일은 아니었다. 나는 유펜에서 "mRNA에 미친 여자"로 유명했다. 나는 의사나 연구자를 만날 때마다 내가 mRNA를 만들 수 있고 어떤 RNA로도 작업할 수 있는데 혹시 RNA가 필요하지 않냐고 물었다.

그러나 우리의 공동 연구에서 남다른 점은 데이비드가 이 연구에 진심을 다했다는 것이다. 그는 정부 보조금을 따왔을 뿐 아니라—내 기억이 정확하다면 2만5,000달러—애리조나에서 열린 학회에서도 논문을 발표했다. "핵을 우회하다. 유전자 치료로서의 mRNA." 데이비드는 그냥 mRNA 신봉자가 아니라 mRNA 전도사였다.

엘리엇이 이직을 선언했을 때 데이비드는 내가 유펜에 남게 될 가망이 거의 없다는 것을 알았다. 나는 정부 보조금도, 연구비도 없었고, 공적인 힘을 가진 누구한테도 인정받지 못했다. 한편 당시 유펜의 인간 유전자 치료 연구소는 2,500만 달러의 예산이 투입되어 본격적으로 운영되고 있었다. 수많은 생명공학 회사들이 이 연구소와 연계되었고, 낭포성 섬유증, 유방암, 근육위축병, 뇌종양, 오르니틴 트랜스카바미라제OTC 결핍증이라는 희귀한 유전질환 등의 치료를 위한 초기 단계의 임상 시험이 계획되어 있었다. 모든 관심이 이 사업에 집중되었다.

그때까지 엘리엇 연구실은 내게 보호막 같은 것이었다. 당장이라도 나를 파괴할 수 있는 힘으로부터 보호해주는 지질 껍데기 같았다. 이제 엘리엇이 가고 나면 유펜에서 해고되는 것은 정해진 수순이나 다름없었다.

데이비드는 마치 자기가 뇌 수술이라도 받은 것처럼 이 상황을 심각하게 받아들였다. "하지만 유펜에 선생님이 없으면 안

돼요." 그가 한숨을 쉬었다. "저도 선생님을 잃을 수 없어요. 그리고 영주권은 어떻게 하시려고요."

나는 그에게 괜찮을 거라고, 방법을 찾을 거라고 안심시켰다. 어디든 나를 받아주는 실험실이 한 군데는 있겠지. 베데스다에서도 있었던 적이 있으니까. 어딘가에서는 실험대를 찾게 될 것이다. 하지만 그에게 내 머릿속에 있는 다른 생각은 말하지 않았다. 수전은 이제 고등학생이고 유펜에 들어오고 싶어한다. 수전이 합격할 수 있을지는 모르겠지만 대학이 교수진에게 제공하는 등록금 할인 혜택을 받지 못하면 학비를 감당할 수 없으리라는 점은 확실했다.

데이비드는 분노했다. 꼭 나 때문만은 아니었다. 새로운 지도부가 들어서면서 유펜을 떠난 심장학과 교수 여럿이 데이비드의 아버지와 가까운 사이였다. 전에 심장학과 과장이었던 마크 조지프슨Mark Josephson이 그의 아버지와 가장 친한 친구이자 데이비드의 대부였는데, 그가 해고되고 그 자리에 주디 스웨인이 들어왔다. 데이비드에게 내 상황은 그가 이미 너무 여러 번 보아온 불합리한 사건의 연장이었다.

데이비드가 힘주어 말했다. "케이트, 선생님은 정말 놀라운 과학자예요. 일도 진짜 열심히 하잖아요. 게다가 올바른 뜻이 있어요. 그런데 저 빌어먹을 정치, 빌어먹을 빌 켈리, 빌어먹을 주디 스웨인. 심장학과가 선생님을 원치 않는다면 다른 사람이 원하게 만들 거예요."

데이비드는 신경외과 과장 유진 플람Eugene Flamm에게 가서 이 과에 분자생물학자가 반드시 있어야 한다고 주장했다. 내가 있어야 한다고. 당시 데이비드는 일개 레지던트에 불과했다. 그가 신경외과 과장에게 가서 인력 배치 및 조직과 채용, 업무 흐름과 우선순위, 자금 조달 등을 바꿔야 한다고 제안한 것은 일반적인 절차에서 완전히 벗어난 행동으로, 마치 필라델피아 프로 농구팀 필라델피아 세븐티식서스 감독한테 가서 드래프트 1순위로 누구를 지명하라고 지시하는 것과 같았다.

그러나 데이비드는 자신감 빼면 시체였다. 그는 유펜을 아꼈고, 그곳이 발전하기를 바랐다. 나를 고용하라고 유진 플람에게 고집한 것은 유펜이 월등해지려면 내가 필요하다고 생각했기 때문이다. 데이비드는 나와 힘을 모아 함께 연구할 생각이었다. 무기한으로. 하지만 그러려면 내가 신경외과에 들어가야 했다.

데이비드는 늘 열정이 넘쳤고 그의 열정에는 전염성이 있었다. 게다가 그는 남을 설득하는 법도 잘 알았다. 유진 플람은 그런 것들에 면역이 되어 있지 않았다. 오래지 않아 나는 신경외과의 전임 직원이 되었다.

나는 진심으로 고마워했지만 데이비드는 내 감사를 받지 않았다. "그만, 케이트! 전적으로 저를 위해서 이기적으로 그런 거예요. 평생 함께 일할 아주 좋은 사람을 얻은 거라고요. 신경외과는 선생님의 전문성이 필요해요. 유펜은 앞으로 우리가 함께하게 될 연구를 얻었고요. 이건 그냥 윈윈이 아니에요. 윈, 윈, 윈, 윈이라고요."

이후에도 다른 의사들이 데이비드―이 구역의 슈퍼스타이

자, 솔직히 말해 누구하고도 일할 수 있는 사람—에게 왜 나와 일하냐고 물었을 때(사람들은 항상 그렇게 물었다. 왜 하필 그녀하고 일을 하니? 그는 이 질문을 수도 없이 받았다), 그는 늘 나를 치켜세웠다. "왜냐하면 뛰어난 사람이니까." 또는 "정부 보조금만 좇는 게 아니라 정말 중요한 일을 하려고 하니까." 아니면 간단히 "이 연구는 성공할 테니까. 장담하는데 우리가 성공하게 할 거니까."

앞에서 말한 것처럼 모든 사람들에게는 자기의 개인 응원단이 있다는 사실이 중요하다. 누군가가 나를 믿고, 일이 잘 풀리지 않아도 나를 계속해서 응원할 사람이 있다는 것은 정말이지 큰 의지가 된다.

데이비드와 나는 성격이 극과 극인 경찰 영화 속 두 주인공처럼 달라도 서로 너무 달랐다. 나는 매사에 강박적이고 정확성을 추구했다. 데이비드는 행동에 거침이 없었고 에너지가 넘쳤다. 나는 실용적이고 사무적이지만 데이비드는 자신이 느낀 모든 것으로 온몸을 감싼 것처럼 생기 넘치게 열정을 드러냈다. 내 눈은 장기적인 수평선에 고정되어 있었지만, 데이비드는 눈앞의 기회에 앞뒤 가리지 않고 돌진했다.

한번은 데이비드가 워싱턴 D.C.에서 열리는 대규모 의학 학회에 mRNA 포스터 발표자로서 초청을 받았다. 그는 연차를 내고 겨드랑이에 포스터를 꼭 낀 채 암트랙 열차에 올라탔다. 그는 씩씩하게 학회 장소에 도착했으나……아무것도 없었다. 그곳에는 아무도 없었다. 대형 학회 장소가 텅텅 비어 있었다. 당황한 데이비드가 마침 복도를 청소하던 나이 든 남성에게 가서 물었다. "여기에서 과학 회의가 열리지 않나요?"

그 남자가 어깨를 으쓱하면서 말했다. "오늘은 아닙니다."

알고 보니 데이비드는 일주일이나 먼저 간 것이었다. 나는 성격이 과민하고 강박적이라 그런 실수는 있을 수도 없었다.

그러나 데이비드의 활기는 좋은 점이 더 많았다. 그는 두려움이 없었다. mRNA를 세포에 집어넣을 적합한 지질 배합을 찾아 분투할 때 그는 도움을 줄 만한 사람이면 누구에게든 주저하지 않고 전화했다. 그는 전화로 아무렇지도 않게 그들의 실험실이나 집에 찾아가겠다고 했다. 얼굴도 모르는 사람에게 그런 이야기를 그렇게 편안하게 할 수 있다는 사실이 나는 그저 놀랍기만 했다.

이런 차이에도 불구하고 데이비드와 나는 중요한 성격들을 공유했다. 그중 한 가지로 우리는 현 상태에 안주할 생각이 전혀 없는 사람들이었다.

지금까지 의학 연구를 훌륭하게 해낸 많은 연구자들이 있었다. 그들은 동료들과 잘 지냈고 권위 있는 위원회에 합류했으며 최고의 영예를 누렸다. 거의 모든 측면에서 그들은 성공했다. 그러나 그들에게는 호기심이 없었다. 연구를 지원할 보조금이 있으니 그것으로 만족하는 듯했다. 그들은 좋은 삶을 원했고 그 삶을 누렸고 그것으로 충분했다. 나도 그것이 잘못되었다고 생각하지는 않는다.

그러나 데이비드와 나는 굶주렸다. 우리는 모조리 배우고 싶었고 모든 돌을 뒤집봐야만 직성이 풀렸으며, 뭔가 다른 것을 만들어내기를 원했다. 좋든 나쁘든 우리는 한스 셀리에가 "소모적이고 통제할 수 없는 호기심"이라고 말한 저주에 걸렸다. 우리는 함께 한 가지 더, 한 가지 더 하면서 뒤쫓았고, 그러고 나서도 다음에 할 한 가지를 또 찾았다. 가끔 나는 데이비드에게 과학계에서 최고의 자리에 있는 사람들이 호기심을 잃은 것에 불만을 털어놓았는데, 그러면 그는 내게 이유를 설명해주었다. "의사들은 터널 시야(터널에 들어간 운전자가 빛이 나오는 출구만 보고 달리는 현상/옮긴이)를 가지도록 훈련된 사람들이에요. 그게 그들의 방식이랍니다."

"그래, 하지만……"

"장담하는데, 그걸 고치려고 하다가는 아마 선생님이 돌아버릴 거예요."

나는 한숨을 내쉬었다. 우리는 그날 풀지 못한 퍼즐로 돌아갔다.

우리는 아침 일찍 실험실에 도착했고 밤늦게까지 일했다. 가끔 데이비드는 실험실에서 나와 스쿨킬 강으로 가서 실험실에서와 똑같은 강도로 노를 저었다. 그런 다음 다시 실험실로 돌아오면 나는 아직 그 자리에서 데이터를 보고 있었다.

우리는 산화질소를 만드는 단백질인 산화질소 생성효소iNOS의 유전자 클론을 만들었고, 그것을 이용해 매일매일 mRNA

를 만들었다(이제 데이비드는 mRNA를 아름답게 만들 수 있었다. 나는 평생 다른 사람의 작업을 그와 비교했다). 그리고 시험관에서 배양 세포에 iNOS mRNA를 주입하여 세포가 산화질소를 만드는지 보았다. 산화질소가 발생하면 우리가 mRNA를 제대로 만들었다는 뜻이다. 이 단계에 성공한 다음은 동물 실험을 할 차례였다. 우리는 iNOS mRNA를 돼지의 뇌에 주입하고 두개골 윈도cranial window를 통해서 혈관이 확장되는지 지켜보면서 영상도 찍었다. 데이비드는 시카고 대학교에서 원숭이의 뇌혈관 연축을 연구하는 저명한 과학자들을 알고 있었다. 우리는 iNOS mRNA를 아이스박스에 넣어 그들의 실험실에 가져갔다(하지만 우리가 있는 동안 그들의 시스템이 작동하지 않아 mRNA가 동물에서 작동하는지 여부는 알 수 없었다). 데이비드는 뉴욕 버펄로 도시바 뇌졸중 연구센터의 존 저먼John German이라는 사람과도 인맥이 있었다. 그곳에서 나는 수술 전에 손을 문지르는 법을 제대로 배웠다. 전체적인 수술 준비 과정을 보면서 옛날에 아버지가 키슈이살라시에서 작업하던 때가 생각났다. 저먼 박사에게 토끼 수술을 보니까 아버지가 하시던 일이 생각난다고 하자, 그가 얼굴이 환해져서 말했다. "정말이요?" 그가 외쳤다. "저희 아버지도 신경외과의였어요. 할아버지도요!" 그는 자신의 할아버지인 윌리엄 저먼이 미국에서 처음으로 예일 대학교에 신경외과를 세우는 데 일조했다고 말했다.

나는 그가 오해했음을 알고 웃었다. 그리고 나의 아버지는 전혀 다른 일을 하셨다고 설명했다. 어쨌거나 이곳에서도 iNOS mRNA로 우리가 원하던 효과를 얻지는 못했다.

데이비드와 나는 일부만 성공했다. 동물에서 iNOS mRNA를 시험하기 전에 우리는 배양 세포에서 단백질이 번역된 것을 증명했다. 그러나 동물의 체내에서는 이상하게도 효과가 제한적이었다. 이 연구로 데이비드와 나는 두 편의 논문을 썼다. 우리는 mRNA가 쥐의 뇌에서 루시페라아제luciferase를 발현한 것으로 논문을 냈다. 또한 인산염 버퍼buffer에서 mRNA가 더 높은 수준으로 발현하여 단백질을 만들었다는 결과를 발표했다. 그러나 더 강력하고 일관적이고 더 재현 가능한 결과를 얻어야 한다는 데 둘의 의견이 일치했다. 우리는 우리가 만든 mRNA가 체외, 즉 몸에서 분리된 세포에서 작동하는 것은 물론이고, 살아 있는 동물 안에서 작동하는 것까지 보고 싶었다.

다행히 우리는 아직 둘 다 어렸다. 적어도 젊은 축에 속했다. 그러니 알아낼 시간은 충분했다.

앞에서도 이야기했듯이 데이비드는 뇌혈관 외과의가 되기를 바랐지만, 유펜에서는 그럴 수 없었다. 그래서 척추 외과의가 되는 것으로 타협했고 한동안은 만족한 것 같았다. 그러나 유진 플람이 뉴욕에 있는 새로운 신경의학 연구소로 가면서 데이비드에게 함께 가자고 제안했을 때, 데이비드는 거절하지 못했다.

그때 나는 신경외과로 온 지 아직 2년밖에 되지 않았다.

힘든 작별이었다. "새로 오시는 과장님께 말씀 잘 드릴게요."

데이비드가 내게 말했다. 새로운 신경외과 과장인 숀 그래디 Sean Grady는 워싱턴 대학교에서 유펜으로 왔다. 그는 조지타운 의과대학을 졸업하고 버지니아 대학교에서 레지던트를 한 다음, 배우 크리스토퍼 리브Christopher Reeve를 담당한 유명한 신경외과의 밑에서 수련한 훌륭한 이력의 소유자였을 뿐 아니라 사각턱, 푸른 눈, 텔레비전 뉴스 진행자 같은 대칭적인 얼굴이 인상적인 사람이었다.

나는 고개를 저었다. "너만큼 RNA를 잘 만드는 사람은 없을 거야." 내가 데이비드에게 말했다. "누가 와도 실망하겠지. 안 보고도 알겠는걸."

데이비드는 웃었지만 눈시울이 붉어졌다. "그래도 그동안 제가 몇 가지는 참 잘 배웠죠?"

정말 그랬다.

다시 말을 꺼내는 그의 목소리가 떨렸다. "전 제가 평생 유펜에 있을 줄 알았어요. 선생님과 같이 mRNA 치료법으로 세상을 구하겠다고 생각했어요. 정말이에요." 데이비드는 몇 번이나 손가락으로 머리카락을 훑었다. "근데 전 다른 방식으로 세상을 구해야 하나 봐요."

나는 뇌졸중으로 모든 것을 빼앗긴 데이비드의 아버지를 떠올렸다. 푸주한이던 나의 아버지의 일과 갑작스러운 심장마비로 세상을 떠난 아버지의 죽음이 내 삶의 일부였던 것처럼, 가족의 마음을 아프게 한 그 사건 역시 데이비드가 살아가는 삶의 일부였다.

데이비드는 마땅히 제안을 받아들여야 했다. 그것은 당연했다. 하지만 그 결정이 가슴 아픈 것도 사실이었다.

처음 데이비드를 만났을 때 나는 그에게 많은 기회가 주어질 거라는 사실을 알았다. 하지만 다시 생각해보니 선택의 길이 너무 많은 것에도 나름의 고충이 있을 것 같았다. 만약 눈앞에 수많은 문이 열려 있지만 살면서 그중 몇 개만 선택하여 들어갈 수 있다면, 남은 평생 "다른 문으로 들어갔으면 어땠을까" 하는 저주에 시달리게 될까?

마침내 데이비드는 활짝 웃었다. 늘 그렇듯이 보는 사람까지 웃게 만드는 환한 미소였다. 나는 지난 10년간 그 웃음을 너무 잘 알았다. "케이트, 저를 절대 떼어내지 못할 거라는 건 알고 있죠?" 그가 말했다. "지겹게 전화할 테니까요."

"당연하지, 데이비드." 그리고 나는 덧붙였다. "난 괜찮을 거야. 그리고 네가 잘되어 정말 좋구나." 달리 무슨 말을 할 수 있을까? 데이비드는 가장 필요한 순간에 나의 응원단이 되어주었다. 이제 내가 그의 새로운 삶을 응원할 차례였다.

참고로 말하면, 내 말이 맞았다. 그 이후로 누구와 일을 해도 데이비드만큼 mRNA를 잘 만들지 못했다.

5

수전의 엄마

세상은 빠르게 변하고 있었다. 내가 처음 펜실베이니아에 도착했을 때만 해도 도서관은 아직 카드로 된 대여 목록을 사용했고, 과학 저널은 인쇄된 책자 형태로 읽어야 했다. 그로부터 10년이 더 지난 2002년에는 모든 것이 바뀌었다. 과월 호를 포함해 모든 출판물이 디지털화되어 세계 어디에서든 내 노트북으로 논문을 읽고 저장할 수 있었다. 그러나 내가 신경외과로 옮긴 1997년에 나는 여전히 도서관의 책더미를 방랑하며 「셀Cell」뿐 아니라 수십 권의 학술지를 직접 뒤지고 페이지를 넘겨가며 정보를 찾아야 했다.

나는 관심 있는 논문을 발견할 때마다 집에서든 학교에서든 항상 복사를 했다. 그러니까 내가 복사기 옆에서 살았다는 뜻이다. 급기야 복사실의 복사기 한 대를 "내 전용"이라고까지 생각하기 시작했다. 대체로 나 혼자 사용했으니까.

그러던 어느 날, "내" 복사기를 사용 중인 낯선 사람을 보았다. 나이를 가늠할 수 없는 심각한 표정의 남성이었다. 머리가 약간 벗겨졌지만 얼굴에 주름이나 턱살은 없었다. 나보다는 어리겠군. 그렇다고 한참 어린 건 아니고. 그는 셔츠를 말끔하게 다림질된 카키색 바지에 단정하게 집어넣어 입었다. 품질이 좋고 편안한 신발, 실용적이고 튀지 않는 옷차림의 이 남성은 근엄하게 까딱 목인사를 하며 내 존재를 의식하더니 다시 복사를 계속했다.

나는 차례를 기다렸지만 왠지 기분이 썩 좋지는 않았다.

그는 계속해서 복사했다. 논문 하나를 끝내는 것 같더니 새로운 논문을 다시 복사하기 시작했다. 이 침입자는 대체 누구지? 계속 붙어 있을 생각인가? 내 복사기를 계속해서 기다려야 하나?

이런 상황에서 할 수 있는 일은 한 가지밖에 없었다. 나는 그에게 가서 인사를 건넸다.

이 사람은 드루 와이스먼Drew Weissman, 앞으로 그의 이름은 평생 내 이름과 함께 언급될 것이다. 드루는 유펜에 온 지 얼마 되지 않았고 그전에는 국립 보건원에서 앤서니 파우치Anthony S. Fauci 박사 연구실에 펠로로 있었다고 했다. 당시 나는 앤서니 파우치 박사라는 이름을 들어본 적이 없었지만 드루가 더 설명하지 않는 것을 보니 "앤서니"가 보통 인물이 아님을 눈치로 알 수 있었다. 나는 이것저것 좀더 물었고 드루는 매번 예의 있고 간결하게 답했다. 드루는 의사이자 이학박사였고, 면역학자이자 미생물학자였다. 그는 유펜에서 처음으로 자기 연구실을 시작하면서 원대한 계획을 품고 있었다. 드루는 인플루엔자, 헤르페스, HIV, 말라리아 같은 감염성 질병을 예방할 새로운 백신을 찾고 싶어했다. 현재는 HIV 백신을 연구하고 있다고 했다.

그 시절에 나는 학과나 분야를 가리지 않고 들어줄 사람만 있으면 누구한테든 mRNA에 관해 이야기했다. 당시 내가 내 위대한 발상을 팔러 다니는 거리의 상인과 같았다는 사실을 인정한다. 자, mRNA요! mRNA가 왔습니다. mRNA 하나 들여놓으시죠! 심장 수술용 mRNA가 있습니다. 뇌 수술용 mRNA도 있어요! 필요한 건 말씀만 하십시오. 어떤 치료에 필요한 mRNA도 모두 대령하겠습니다. 저만 믿으시라니까요, 다른 데선 이런 mRNA 못 구합니다!

그때까지 나는 온통 mRNA의 치료적 가능성에 지나치게 몰두한 나머지 미처 백신에는 관심을 가지지 못했다. 어쩔 수 없이 앞으로 그와 나눠 쓸 수밖에 없는 복사기 옆에서 나는 mRNA의 완전히 새로운 전망에 눈을 뜨기 시작했다.

혹시 백신용 mRNA가 필요하세요? 물론 그것도 제가 구해드리겠습니다!

내 연구를 드루에게 설명했을 때 그의 차분하고 무표정한 얼굴에 변화가 일어났다. 눈이 아주 조금 더 커지는 수준의 미묘한 반응이었다. 다른 사람이었다면 아무것도 아니었겠지만, 드루처럼 절제된 사람에게 근육의 이런 미세한 움직임은 곧 커다란 탄성이나 마찬가지였다. 나는 내가 그의 관심을 끌었다는 것을 알았다.

알고 보니 드루는 최근에 백신을 개발하면서 항원—바이러스, 세균, 기생충처럼 면역반응을 일으키는 분자—을 세포에 전달할 방법을 찾아 오만가지 기술을 시험한 참이었다. 그는 가능한 모든 방법을 시도했다고 생각했다. 단, 한 가지만 빼고. 그는

mRNA는 시도하지 않았다.

드루 본인은 RNA를 합성한 경험이 없었다. 그런데 100퍼센트 우연의 일치로 지금 mRNA 연구자가 바로 옆에 서 있는 것이다! 돌아보면 이런 우연은 기적이나 마찬가지이다. 엄밀함과 훈련이 전부인 과학에서조차 때로는 옛날식 운이 필요한 법이다.

나의 두 번째 유펜 의사 동료인 데이비드가 새로운 삶을 찾아 뉴욕으로 떠난 뒤, 나는 이렇게 세 번째 의사 동료를 만나 연구를 시작하게 되었다. 나만큼이나 복사기를 욕심내는 이 학구적인 면역학자와 말이다.

자연은 자물쇠와 열쇠처럼 한 쌍의 관계로 가득 차 있다. 그것은 두 개의 아주 다른 분자—예를 들면 효소와 그 효소가 작용하는 기질—가 정확하게 맞아떨어지는 관계이다. 둘이 만나면 상보적인 부분이 서로 단단히 결합하여 제자리를 찾고, 그때부터 놀라운 사건이 연쇄적으로 전개된다.

생명 현상에서는 이렇게 계속해서 자물쇠가 열쇠를 만나고, 그렇게 경이로운 일들이 일어난다.

그때는 몰랐지만 복사기 옆에서 나는 방금 나 자신의 자물쇠-열쇠 쌍을 찾았다. 드루와 나는 아주 달랐지만 각자 정확하게 상대가 필요로 하는 지식과 기술을 갖추고 있었다. 나는 면역에 대해서 잘 알지 못하는 RNA 과학자였고, 그는 RNA 경험이 없는 면역학자였다. 우리의 결합은 변화를, 모든 것을 변화시킬 사건들에 시동을 걸었다.

수전 역시 변하고 있었다. 수전은 대학 진학을 한창 고민하고 있었다.

나는 여전히 수전이 유펜에 가기를 바랐다. 거의 10년 동안 나는 이곳보다 좋은 배움터는 없다고 주장하는 사람들에게 둘러싸여 지냈다. 어쨌든 유펜은 아이비리그에 속하는, 이 나라의 최고 대학 중 하나였다. 유펜은 미국의 세게드였다. 교직원 자녀를 위한 등록금 할인도 엄청났다. 내가 보기에 답은 너무 뻔했다.

하지만 수전은 마음을 정하지 못했다. 수전은 캘리포니아에 있는 대학에 가고 싶어했다. UCLA가 주차권과 함께 보낸 안내 책자를 보고 수전은 부엌에서 주차권을 흔들면서 달려와 말했다. "하지만 엄마!" 수전이 외쳤다. "이미 주차권까지 받았는 걸요! 이미 그 학교 학생이나 마찬가지란 말이에요!"

아니란다, 내가 말했다. 캘리포니아에 가려면 비행기를 타고 대륙을 횡단해야 한다. 하지만 비행기 요금이 너무 비쌌다. 이변이 없는 한 수전은 유펜 또는 펜 스테이트에 가게 될 것이었다. 둘 다 훌륭한 선택지였지만 내가 원하는 쪽은 확실했다.

처음으로 수전과 나는 학업 문제로 다투기 시작했다. 숙제는 잘 했는지, 쪽지 시험 준비는 제대로 했는지, 원하는 대학에 들어갈 만큼 성적이 좋은지, 그리고 맞다, 저 SAT! 나는 SAT 대비 문제집을 모조리 사서 주었고 둘이 있을 때마다 단어 연습을 시켰다. 동의하다accede, 질책하다berate, 결핍dearth, 진부한 hackneyed, 믿을 수 없는perfidious, 들떠 있는restive, 정당성을 입증하다vindicate.

어휘 연습은 SAT에 대해 우리가 벌인 실랑이처럼 이어졌다.

수전은 SAT 시험을 앞두고 공부만 빼고 무엇이든 했다. 이전에도 이후에도 SAT와 내 기대만큼 우리 둘 사이에서 마찰을 일으킨 것은 없었다. 나는 밤마다 자기 전에 수전에게 물었다. "오늘은 SAT 공부 몇 시간이나 했어?"

"책 읽었는데." 수전의 대답이다. 독서도 좋다. 하지만 내 질문에는 대답하지 않았다. 그 책이 수전을 유펜에 합격시켜줄까? 고등학교 시절에 나는 얼마나 열심히 공부했는지, 경쟁은 또 얼마나 치열했는지 떠올랐다. 나는 왜 수전이 열심히 공부하지 않는지 이해할 수 없었다.

하지만 벨러는 항상 내게 수전이 알아서 하게 그냥 두라고 했다. "수전은 잘하고 있어." 벨러가 자신 있게 말했다. "다 잘되고 있다고."

"잘하고 있긴 뭘 잘하고 있다는 거야!" 내가 우겼다. "유펜은 전국에서 가장 들어가기 어려운 학교 중 하나잖아!"

이런 싸움은 물론 단지 시험 하나만의 문제가 아니었다. 나는 수전에게 많은 것을 바랐다. 유펜이나 최고의 학력만이 아니라 이 각박한 세상을 살아가는 데 필요한 불 같은 열정과 끈기를 원했다. 또 자기가 원하는 것을 얻기 위해서 최선을 다하기를 바랐다. 수전이 SAT 시험에서 최선을 다하지 않는 모습을 보면서 다른 일에도 그럴까 봐 걱정이 되었다. 그래서 나는 수전을 몰아붙였고 수전은 되받아쳤다. 우리는 서로 고집이 세다며 불평했다.

하지만 가끔은 성적과 입시에 관한 싸움을 내려놓고 휴전할 때도 있었다. 우리는 저녁을 먹고 벨러와 셋이 밖에 나가 농구를 했다. 그때도 나는 대충하지 않았다. 어떤 부모는 게임을 하면서 아이들에게 일부러 져준다는 것을 안다. 아이가 이길 수 있게 제대로 실력을 발휘하지 않는다. 나는 그렇게 하고 싶지 않았다 (다행히 벨러도 나와 같았다).

아이가 거짓으로 이기게 하는 것이 뭐가 좋을까? 잠깐은 기분이 좋을지도 모르지만 장기적으로도 도움이 될까? 앞에서 말했듯이 나는 수전에게 많은 것을 바랐다. 내 경험상 이것은 장기적인 싸움이었다.

그즈음 유펜은 훨씬 단기적인 싸움만 하는 것 같았다. 1999년에 대학의 보건 시스템과 의대는 위기에 처했다. 두 기관을 이끌던 빌 켈리는 지난 10년간 대담한 도박을 많이 시도했다. 임기 중에 그는 인간 유전자 치료 연구소를 세우고 병원 세 곳과 수백 개의 의료시설을 인수했으며, 새 건물을 짓고 100만 제곱피트 이상의 연구 및 진료 공간을 개보수했다. 십수 개의 연구기관을 개설했으며, 각 과에 새로운 과장을 포함해 많은 신규 교수진을 영입했다.

이런 베팅은 제대로 성공을 거두지 못했다.

지난 3년간 보건 시스템(그리고 의대까지 연장하여)은 수억 달러의 손실을 초래했다. 아울러 그 위기가 대학 전체로 퍼져나가 새로운 기숙사를 포함한 새 캠퍼스 마스터 플랜이 보류되었다. 무디스 투자사는 대학의 신용 등급을 하향 조정했다.

새로운 신경외과 과장 숀 그래디는 예산 문제와 자원 분배를 신중하게 결정하겠다고 말했다.

자원 분배란, 즉 누가 실험실 공간을 차지하느냐는 것이었다.

임용된 지 얼마 되지 않아 숀이 나를 불렀다. 그는 아주 정중했다. 내 연구에 대한 설명을 들었고, 몇 가지 질문을 한 다음 무덤덤한 말투로 흥미로운 연구라고 했다. 그는 내가 평판이 좋은 학술지에 논문을 게재했다는 것을 알았다. 그러나 그는 엄청난 예산 압박에 놓여 있었고 그래서 나에게 연구비가 없다는 점을 걱정했다. 그러면서 "공간 사용료"라는 것을 아느냐고 물었다. 연구비에 기반해 연구자들의 실험실 공간을 결정하는 방식이었다. 그는 "앞으로 대학은 이 지침을 엄격하게 시행할 예정입니다. 그러니 외부 자금 조달을 최우선으로 생각해주시기 바랍니다"라며 경고했다.

물론입니다. 무슨 말씀인지 잘 알겠어요. 그건 그렇고 제 mRNA 연구에 대해 좀더 말해도 될까요?

백신을 만들 때, 드루는 수지상 세포dendritic cell를 표적으로 삼았다. 그와 처음으로 이야기를 나눌 때만 해도 나는 수지상 세포가 뭔지도 몰랐다. 막연히 뉴런의 일종인 줄만 알았다. 뉴런은 축삭돌기와 수상돌기라는 가닥이 돋아 있는 신경세포이다. 하지만 사실 수지상 세포는 면역세포이다. "항원을 전문적으로 표시하는 세포"로 이제 막 발견된 참이었다.

면역계는 복잡하기가 경이로울 정도이다. 면역반응은 몸 전체의 여러 기관에서 다층적으로 일어나는 보호 현상이다. 내가 대학을 졸업한 이후로 면역에 대한 이해가 엄청나게 발전하여 고작 20년이 지났을 뿐인데도 내가 학부 때 배운 내용은 이미 대부분 구식이 되었다. 다행히 드루와 함께 일하는 것은 면역학 단기 특강을 듣는 것과 마찬가지였다. 평소에는 특별한 이유가 없는 한 입을 열지 않는 사람이었지만(그의 아내가 그에게는 하루에 할당된 단어가 정해져 있어서 초과하면 안 된다고 농담할 정도였다), 일단 입을 떼면 복잡한 개념을 아주 명료하게 설명했다.

드루의 설명에 따르면 수지상 세포가 백신에 최적의 표적인 이유는, 이 세포가 우리 몸의 선천적 면역반응—감염에 대한 즉각적이고 일반화된 반응—과 후천적 면역반응을 연결하기 때문이다.

면역계는 수십억의 침입성 세균, 바이러스, 곰팡이, 기생충 등 인체에 들어와 해를 끼칠 수 있는 위험한 병원균으로부터 우리를 보호하기 위해 존재한다. 또한 상처에 대한 대응도 돕는다. 병원균에 대한 면역계의 첫 번째 방어는 물리적이다. 우리 몸의 피부는 잠재적 침입자가 통과하지 못하는 바리케이드를 형성한다. 코나 호흡기의 점막은 끈끈이에 붙은 파리처럼 침입자를 가두고, 침과 눈, 땀에 있는 효소는 접촉한 미생물을 분해한다. 위산도 마찬가지이다. 폐에 있는 섬모도 병원균이 몸에 자리를 잡기 전에 적극적으로 내쫓는다.

그러나 가끔은 이런 원치 않는 병원균이 장벽을 뚫고 들어올 때가 있다. 그때 나서는 것이 선천성 면역계이다. 감염된 지 몇 분 만에 청소 세포들이 둘러싸면서 병원균을 먹어치우기 시작한다. "자연 살해 세포Natural Killer Cell"(NK세포. 맞다, 진짜 그 이름으로 불린다)는 몸속에서 병원균이 침투한 세포를 찾아 파괴한다. 또 사이토카인cytokine이라는 단백질이 쏟아져 나와 행동에 돌입한다. 그중 일부(내가 헝가리와 수하돌닉 랩에서 연구한 인터페론같이)는 바이러스의 복제를 막는다. 다른 사이토카인은 새로운 세포를 모집해 면역반응을 일으킨다(병원균이 없는 멸균된 조직에 상처가 일어났을 때도 비슷한 반응이 일어난다).

선천성 면역계에 속한 세포와 단백질은 오로지 하나의 직무를 익힌 최전선의 경비대와 같아서 어떤 병원균이 침입하든지 상관없이 늘 똑같은 일을 한다. 이처럼 특이성이 없는 대신에 대처 속도가 빠르다. 선천성 면역계는 감염 즉시 스위치가 켜진다.

그러나 인체에는 후천적 면역반응, 또는 적응 면역반응이라고 하는 또다른 보호층이 존재한다. 선천성 면역계는 일반화되어 모든 침입자에게 동일하게 작용하지만, 후천성 면역계는 좀더 고도의 훈련을 받아 특정 병원균을 표적으로 삼는 특수 작전부대와 같다. 후천성 면역세포 중에서 B 세포라는 것이 있는데, 이 세포는 항체를 생성한다. 각 항체는 특정한 침입자를 무력화하기 위해 필요한 정확한 물리적 특징을 갖추고 있다. T 세포도 싸움에 뛰어든다. 어떤 T 세포는 고도로 분화된 살해 세포로서 해당 병원균에 감염된 세포를 인지하여 파괴한다. 다른 세포는 새로운 사이토카인을 생산해서 더 많은 면역세포의 활성화를 돕는다.

후천성 면역계는 특정 병원균에 완벽하게 맞춤된 것이어서 훈련을 마칠 때까지 며칠의 시간이 걸린다. 하지만 일단 발동하면 경이로울 정도로 정밀하고, 이례적으로 강력하며 오래 지속된다. 후천성 면역계는 이런 감염원을 해치우기도 하지만 기억하기도 한다. 기억 세포라는 후천성 면역세포는 평생 몸에 남아 있으면서 필요하면 언제든 투입될 수 있게 대기한다. 몸에 그 병원균이 다시 들어오면 기억 세포가 인지하여 후천성 면역계가 좀 더 빨리 반응할 수 있게 정보를 준다.

드루가 설명한 것처럼 수지상 세포는 이 모든 면역반응의 시발점이기 때문에 백신의 이상적인 표적이다.

당신의 몸에는 약 5,000만 개의 수지상 세포가 있다. 각각은 나뭇가지처럼 사방으로 가지가 뻗어 있는데 확장되기도 하고 수축되기도 한다(이 가지가 뉴런의 수상돌기를 닮았다고 해서 수지상 세포라는 이름이 붙었다). 수지상 세포는 피부, 폐, 위, 장 등을 순찰하면서 침입의 징후를 찾는다. 만약 어떤 수지상 세포가 병원균을 감지하면 갈가리 조각낸 다음, 마치 적에게서 빼앗은 장신구로 자기 몸을 장식하는 전사처럼 그 조각들을 자기 표면에 "전시한다." 그런 다음 림프샘으로 이동해 후천성 면역계 세포들에 그 조각을 "보여준다." 이는 마치 수지상 세포가 이렇게 선언하는 것 같다. 여기 나쁜 놈들을 잡아왔어. 잘들 보라고. 우리가 싸워야 할 놈들의 얼굴이니까. 여기에 그 방법이 있어. 이제 어서 가서 잡아와!

모든 백신이 동일한 방식으로 작용한다. 즉 특정 항원을 면역 증강제라는 면역 활성제와 함께 몸에 안전하게 주입하는 것이다. 그러나 방법은 여러 가지이다. 살아 있는 바이러스가 힘을 못 쓰게 만들어서 넣는 백신이 있는가 하면, 아예 죽었거나 비활성화된 바이러스를 사용하는 백신도 있다. 또는 면역계가 인지할 수는 있지만 감염성은 없는 부위로 구성된 재조합 단백질을 사용한다.

그러나 백신을 만드는 것은 아주 까다로운 일이다.

일례로 에이즈를 일으키는 HIV(인간 면역결핍 바이러스)는 비정상적으로 교활하다. 첫째, HIV는 인체의 면역계를 장악한다. 바이러스와 싸워야 하는 T 세포 안에 침입해 그 안에서 복제하기 때문이다. 또한 바이러스는 복제할 때마다 게놈, 즉 뉴클레오타이드를 바꾸기 때문에 HIV 변종의 수는 무한하다. 또한 이 바이러스는 당 분자로 자신을 위장해 면역세포가 탐지하기 어렵게 만든다. 마지막으로 HIV는 숙주의 염색체에 제 유전물질을 끼워넣기 때문에 일단 몸에 들어가면 절대로 떠나지 않는다.

40년의 연구에도 불구하고 HIV에 효과적인 백신을 아직 만들지 못한 이유가 여기에 있다.

드루의 아이디어는 다음과 같았다. 그는 mRNA를 사용해 수지상 세포를 구슬려 HIV의 가장 큰 구조 단백질을 만들게 할 수 있을 거라고 생각했다. "gag" 단백질이라고 부르는 바이러스 구조 단백질을 도구로 이 바이러스에 대한 인체의 방어 체계를 활성화할 심산이었다(참고 : 여기에서 "gag"는 구토gagging와는 아무 상관이 없다. gag는 "군 특이 항원group-specific antigen"의 줄임말이다).

전체적인 과정은 다음과 같이 진행된다.

1. 실험실에서 HIV의 gag 단백질을 암호화하는 mRNA를 만든다.
2. 이 mRNA를 면역반응을 자극하는 면역 증강제와 함께 인체에 전달한다.
3. 세포에 들어간 mRNA가 "단백질 공장"인 리보솜에 도착한다.
4. 리보솜은 mRNA에 암호화된 지시대로 gag 단백질을 만들기 시작한다. 이 단백질은 HIV 바이러스의 다른 부분과 분리된 상태이므로 감염을 일으키지 않는다.
5. 세포가 gag 단백질을 생산하면, 면역 증강제가 면역계에

경고하여 이 단백질을 인지하고 면역반응이 시작된다.

6. 면역계는 일반적인 세포 과정을 거쳐서 gag 단백질을 청소한다.

7. 후천성 면역반응 덕분에 몸은 gag 단백질을 영원히 기억한다. 언젠가 몸에 진짜 HIV 바이러스의 gag 단백질이 들어오더라도 바이러스가 세포에 침입하기 전에 바이러스를 무력화하거나 이미 감염된 세포를 신속하게 제거한다.

mRNA 백신의 기본적인 작용 원리도 다른 백신과 동일하다. mRNA 백신도 우리 몸을 항원에 노출시키고(이 경우는 gag 단백질) 면역계를 자극하여 몸이 스스로 방어체계를 발동하게 한다는 측면에서 동일하다. 그러나 mRNA 백신은 항원을 직접 집어넣는 대신에 세포가 자체적으로 항원을 생산할 수 있게 지침을 제공한다.

다른 말로 하면 몸이 항원 제조 공장이자 그 항원에 반응하는 면역계가 되는 것이다.

이런 백신은 엄청난 혁신이 될 수밖에 없고 게다가 다른 실용적인 이점도 있었다. 대부분의 HIV 감염은 백신을 구하기 어려운 사하라 이남의 저소득 국가 또는 중간소득 국가에서 가장 많이 발생한다. 기존 백신은 제조에 들어가는 투자 비용이 높지만, mRNA는 저렴하게 빨리 만들 수 있다.

이제 이 복사기 앞에 서서 드루가 물었다. gag 단백질을 암호화하는 mRNA를 만들 수 있느냐고.

나는 웃었다. 나는 그 어떤 mRNA도 만들 수 있다고 대답했다. 당연히 만들 수 있다.

우리는 바로 실험을 시작했다. 드루가 내게 gag 단백질을 암호화하는 플라스미드를 주었다. 나는 신경외과의 내 실험실에서 그 플라스미드의 아클론subclone을 통해 mRNA를 제작했다. 우리는 이 mRNA를 리포펙틴과 합친 다음 배양된 수지상 세포에 전달했다.

실험 결과는 여러모로 고무적이었다. 수지상 세포에 mRNA를 전달한 지 몇 시간 만에 mRNA가 번역된 것을 확인했다. 즉 세포가 gag 단백질을 만들고 있었다! 이 세포들은 또한 면역반응을 자극하는 신호도 보였다. 이것은 mRNA가 훌륭한 백신 후보임을 보여주는 중요한 지표였다.

그러나 예상치 못한 일이 벌어졌다. 드루는 수지상 세포가 대량의 염증성 사이토카인도 만든다고 말했다. 예상한 것보다 훨씬 많은 양이었다. "세포가 믿기 힘들 정도로 지나치게 활성화되었어요." 그가 말했다. 과장 같은 것은 전혀 할 줄 모르는 사람이 지나치게 활성화되었다고 말할 때는 정말 뭔가가 있는 것이다.

mRNA 자체에 염증 반응을 일으키는 뭔가가 있는 듯했다.

내 mRNA가 염증을 일으킨다고?

나는 생각하기 시작했다. 지난 10년간 나는 mRNA를 뇌졸중이나 다른 심각한 질병의 치료제로 사용할 계획을 구상하고 있었다. 그러나 mRNA가 염증을 일으킨다면? 이는 좋지 못한 징후였다.

정말 정말 나쁜 징후였다.

1999년 9월 9일 목요일, 제시 겔싱어Jesse Gelsinger라는 열여덟 살 청년이 고향인 애리조나 투손에서 비행기에 올라탔다. 필라델피아로 떠나면서 그는 짐가방 두 개를 쌌다. 한쪽 가방에는 옷가지가, 다른 한쪽 가방에는 프로레슬링 경기와 실베스터 스탤론, 애덤 샌들러 주연의 영화 등 좋아하는 영화의 비디오테이프가 들어 있었다. 제시는 많은 면에서 평범한 10대였다. 친구들과 어울리기 좋아하고, 상점에서 아르바이트도 하고, 모터사이클을 좋아했으며 비꼬는 유머도 잘 구사했다. 여느 10대의 부모처럼 그의 아버지도 아들이 공부에 좀더 관심을 가지면 좋겠다고 생각했다.

하지만 제시는 오르니틴 트랜스카바미라제OTC 결핍증이라는 희귀한 유전 질환을 앓고 있었다. 대략 4만 명 중의 1명꼴로 나타나는 이 질환은 식이 단백질 처리에 문제가 있어서 단백질 대사의 노폐물인 암모니아가 혈액에 쌓인다. 그대로 두면 의식 불명이나 뇌 손상을 일으키고 심할 경우 목숨을 잃을 수도 있다. OTC 결핍증은 대개 출생 직후에 발견되며 이렇게 초기에 발병된 경우 절반이 목숨을 잃는다. 제시는 두 살에 처음 진단을 받은 비교적 "경미한" 사례로, 저단백질 식단과 하루에 거의 50

알의 약을 삼키며 상태를 조절해왔다.

제시가 필라델피아까지 온 것은 이 질환에 대한 유전자 치료의 안전성 평가 연구에 참가하기 위해서였다. 이 연구는 유펜의 인간 유전자 치료 연구소에서 기획했다.

필라델피아에 도착하고 나흘 후, 연구자들은 감염 능력을 상실한 수조 개의 아데노바이러스에 정상적인 OTC 유전자를 실어서 제시의 몸에 주입했다. 이 바이러스는 트로이 목마의 역할을 하여 제시의 세포에 아데노바이러스 자신의 게놈이 아닌 OTC를 암호화하는 유전자를 싣고 갔다.

하지만 안타깝게도 아데노바이러스가 제시의 면역계에 과도한 반응을 일으켰다. 그의 면역계가 사이토카인 폭풍—면역 단백질이 폭풍처럼 폭증하여 독성을 일으키는 현상—을 일으키면서 장기 부전과 급성 호흡 곤란이 발생했다. 투손에서 비행기에 올라탄 지 8일 만에 제시는 세상을 떠났다.

염증 반응이란 이렇게 무서워질 수 있다.

제시의 죽음으로 유전자 치료가 수십 년 동안 중단되었다. 유펜도 마찬가지였다. 1월에 FDA는 인간 유전자 치료 연구소의 모든 인간 연구를 중단시켰다. 결국에 유펜은 벌금을 물고 연구소 전체가 문을 닫았다.

그러니 우리의 mRNA가 염증성 면역반응을 일으켰다는 말을 듣고 내가 얼마나 놀랐겠는가. mRNA가 면역반응을 심하게 일으킨다면, 치료에는 사용할 수 없다. 물론 mRNA 백신의 가능성은 여전히 유효했다. 어차피 백신은 면역반응을 일으켜야 한다. 그것이 백신의 기능이다. 그러니까 이것은 양 조절의 문제일 수 있다. 그러나 혈전 방지제나 혈관 연축 완화제, 또는 내가 상상할 수 있는 다른 치료법에 대해서는? 그것은 불가능할 것이다.

10년 동안 나는 치료용 mRNA라는 목적을 향해 달려왔다. 그러면서 내내 무시받고 경시되고 강등되고 추방 위협까지 받았다. 하지만 그런 일들도 지금 처음 알게 된 사실만큼 나를 화나게 하지는 않았다. 만약 mRNA가 면역계를 지나치게 활성화시키지 않게 할 방법을 찾지 못한다면, 내 연구는 무용지물이 될 것이다.

그런데 왜 mRNA가 면역반응을 일으킨 것일까? 드루와 나도 도저히 이해할 수 없는 부분이었다. 우리 세포는 mRNA로 꽉 꽉 채워져 있다. 수십억 년 동안 모든 살아 있는 세포가 대량의 mRNA를 만들어오면서도 면역반응을 일으키지 않았다. 당신의 몸에 있는 모든 세포는 지금 이 순간에도 그 안에 셀 수 없이 많은 mRNA 분자를 지니고 있다. 이 물질은 놀라운 것이지만 또 전적으로 평범한 것이기도 하다.

우리는 인체에서 발견되는 것과 동일한 재료로 mRNA를 만들었다. 즉 생물계 전반에 존재하는 일반적인 건축 재료인 A, C, G, U를 사용했다.

그럼에도 불구하고 데이터는 절대적으로 명확했다. 우리가 만든 mRNA를 배양된 세포의 수지상 세포에 주입할 때마다 염증성 분자가 분비되었다. 도대체 무슨 일이 일어나는 것일까?

훌륭한 과학자가 기존에 알려진 사실로 쉽게 설명되지 않는 현상을 마주하게 되면, 할 수 있는 것은 한 가지밖에 없다. 더 연구하는 것.

가끔은 아주 많은 연구가 필요하다.

클루Clue라는 보드게임을 해본 적이 있는가? 클루는 살인 미스터리 게임이다. 게임 참가자는 각 라운드에서 누가, 어디에서, 어떤 도구로 범죄를 저질렀는지를 결정해야 한다. 참가자들은 돌아가면서 질문을 한 가지씩 한다. 살인 방식에 대한 가설을 시험하는 질문이다("머스타드 대령이, 도서관에서, 촛대로"). 시간이 지나고 많은 가능성이 제거되면서 서서히 사건의 전말이 드러나기 시작한다.

이것이 드루와 내가 마주한 난제의 해결 방식을 비과학자에게 설명하는 가장 합리적인 방법이다. 우리의 mRNA를 유용한 치료용으로 만들려면, mRNA의 무엇이 염증을 일으키고 세포의 어떤 부분이 반응하며 어떤 활동 메커니즘을 거치는지 알아내야 했다.

물론 클루라는 게임에는 6명의 용의자, 6종의 무기, 9개의 방이 있어서 총 324가지의 답이 가능하다. 하지만 게임을 오래 하다 보면, 결국에 누군가는 미스터리를 해결하게 될 것이다. 반면에 우리에게는 그런 보장이 없었다. 우리는 인간의 시야를 벗어난 곳에서 일어나는 엄청나게 복잡한 수준의 생화학적 과정을 다루어야 한다. 도구는 제한되었고 가능성의 우주는 알려지지 않았다. 우리에게는 이 연구를 위한 지도도 없었고, 명확한 출발점도 없었다. 가장 길고 복잡한 클루 게임을 시작한 참가자가 되어 한 번에 하나의 질문밖에 하지 못했다.

한편 시간이 지나면서 수전은 서서히 캘리포니아를 향한 꿈을 접었다. 유펜을 탐방했고 대학의 입학 상담사들과도 이야기를 나눴고 우리 집의 경제 사정을 고려했다. 점차 수전은 유펜에 가기를 고대하게 되었다. 그리고 고등학교 마지막 학년 12월에 유펜에 조기 입학 원서를 냈다.

수전은 뛰어난 학생이었다. 성적도, 추천서도 모두 훌륭했다. 그렇더라도 입학이 보장되는 것은 아니었다. 우리는 몇 달 내내 숨을 참고 있는 것 같은 기분이 들었다. 합격 통지서가 배송되는 날, 수전은 너무 긴장해서 제정신이 아니었고, 솔직히 말하면 나도 마찬가지였다. 그 시절에는 대학 합격 통지서가 우편으로 왔는데, 평소 우리 집에는 오후나 되어야 우편물이 배송되었다. 나는 딴생각을 하려고 수전을 데리고 309번 국도에 있는 쇼핑몰에 갔다.

우리는 옷 가게에 진열된 옷들을 보았다. 수전은 필요하지도 않은 운동복과 청바지를 입어보았다. 그러면 나는 평을 했다.

근사하네. 잘 어울려. 또는 이런 옷을 돈 주고 사기는 아깝다. 하지만 우리 둘 다 속으로는 같은 생각을 하고 있었다. 오늘이 디데이야, 오늘이 디데이야, 오늘이 디데이라고.

집에 도착한 수전은 주차를 하기도 전에 차에서 내려 집 안으로 뛰어 들어갔다. 나도 쇼핑백을 손에 들고 뒤따라갔다. 벨러가 식탁에 앉아 있었다.

"편지 왔어요?" 수전이 물었다. 문 앞에서 나는 너무 떨려서 가방을 내려놓지도 못한 채 그대로 서 있었다.

벨러가 수전을 쳐다보았다. 얼굴에 아무 표정이 없었다. "편지?" 그가 영문을 모르겠다는 듯이 물었다. 옆에는 그날 온 우편물이 쌓여 있었다. 하지만 대학에서 온 것은 없었다.

수전의 어깨가 축 처졌다. 나는 수전이 머릿속으로 생각을 꿰어맞추는 것이 보였다. 유펜은 합격 통지서 발송에 철저했다. 그래서 우편물이 도착할 날을 정확히 알았다. 오늘 편지가 오지 않았다면……그건 불합격이라는 뜻이다.

떨어졌구나.

나는 수전에게 할 위로의 말을 생각하기 시작했다. 살다 보면 일이 잘 풀리지 않을 때도 있으니까…….

"오, 잠깐만." 그때 벨러가 말했다. 마치 이제야 생각났다는 투였다. 그의 눈이 반짝거렸다. 그 옛날, 고등학교 기숙사에서 돈 한 푼 없이 몰래 빠져나와 세게드 디스코 파티에 갔던 그 청년의 얼굴에서 보았던 반짝임이었다. 입의 한쪽 꼬리가 올라간 채 사악한 미소를 짓고 있었다. "혹시 이 편지 말하는 거야?"

그가 식탁보를 들어올렸다. 거기에 두툼한 봉투가 있었다. 수전이 합격했구나.

수전은 비명을 질렀다. 그러고는 탁자에서 봉투를 집어 들고 찢었다. 쇼핑백을 여전히 손에 들고 나는 벨러의 팔을 냅다 쳤다. "당신 진짜!" 나는 마음이 놓였다. "어떻게 이럴 수 있어? 어떻게 나까지 속일 수 있어!"

6개월 뒤 수전은 고등학교를 졸업했다. 졸업식 날, 화창하던 날씨가 야외 졸업식이 시작하면서 돌변하더니 갑자기 천둥이 치고 머리 위로 폭우가 쏟아졌다. 학생들은 졸업장도 받지 못하고 집으로 돌아갔다. 우리도 사방에서 번쩍거리는 번개를 피해 차로 달려갔다. 집에 와서 수전은 한 번뿐인 고등학교 졸업식이 엉망이 되었다며 울었다. 나는 애써 위로했다. "수전, 엄마가 약속할게. 오늘이 네 인생의 최고의 날은 아닐 거야. 앞으로 고등학교 졸업식장에 앉아 있는 것보다 더 대단한 일을 하게 될 거야." (보아하니 수전도 어느 정도 동의한 것 같았다. 몇 주일 뒤 학교에서 다시 졸업식을 열었을 때는 가지도 않았기 때문이다.)

그해 가을 수전은 유펜에서 대학 생활을 시작했다. 아이는 매해 여름 혼자서 헝가리행 비행기를 타면서 공항에서 우리에게 보였던 밝고 겁 없는 미소로 작별 인사를 했다. 내 계산으로는 다섯 살 때부터 매해 여름 10주씩 헝가리에 가 있던 시간을 모두 더하면 우리에게서 총 2년 반을 떨어져 있었다. 그렇게 따지면 대학교 3학년 중반쯤 된 것이다.

"공부 열심히 해라." 벨러와 내가 수전에게 말했다. 우리는 수전이 그럴 거라고 믿었다.

드루는 눈에 띄지 않는 조용한 사람이고 나보다 훨씬 더 내성적이었다. 그러나 적어도 한 가지는 비슷했다. 우리는 항상 일했다. 나는 가끔 새벽 3시에 그에게 이메일을 보냈다. 그러면 4시가 되기 전에 답장이 왔기 때문에 그도 깨어서 일하고 있다는 것을 알았다. 우리는 밤이고 낮이고 서로 생각과 의견을 주고받았다. 그리고 각자 우리 연구에 실마리를 던져줄 다른 연구를 찾아 모든 과학 문헌을 샅샅이 뒤졌다. 이 막막하고 무한한 질문의 폭을 좁혀줄 작은 단서라도 찾으려고 말이다. 나는 수십 년 전에 읽었던 것으로까지 돌아갔다. 우리가 물으려는 질문과 우리가 가진 재료를 생각했고, 그것들을 중심으로 실험을 계획했다. 어떤 종류의 mRNA가 필요한지 알게 되었을 때도 그것을 실험실에서 어떻게 만들지를 알아내야 했다.

우리는 실험했다. 그리고 그 실험이 우리에게 보여준 것을 믿어도 좋을지 확인했다. 확신할 수 없으면 처음부터 다시 시작했다. 우리는 시험하고 변형하고 다시 시험했다. 그리고 데이터를 분석했다. 영어로 "연구가research"가 "다시 찾는다re-search"라는 뜻인 데는 이유가 있었다. 연구자는 그냥 찾기만 하는 것이 아니라 찾는 일을 반복하는 사람이다. 찾고, 찾은 다음에도 또 찾는다. 계속, 계속, 계속해서.

드루와 나는 어떨 때는 그의 연구실에서 어떨 때는 신경외과의 내 연구실에서 같이 일했다. 맞다, 나는 아직도 신경외과에서 일하고 있었다. 맞다, 나는 면역학자와 주로 일하고 있었다. 헷갈린다고? 맞다, 신경외과의 다른 사람들도 그렇게 생각했다.

나는 학과라는 경계가 너무 임의적이라는 생각이 들었다. 관리 차원에서는 이해가 가지만 과학적인 측면에서는 전혀 그렇지 않았다. 과학에서는 모든 것이 서로 영향을 끼치고, 모든 주제가 서로 뒤엉킨다. 특히 의학에서는 더욱 그렇다. 심장마비가 뇌졸중을 일으킬 수 있지만(실제로 데이비드의 아버지에게 일어난 일이다), 심부전은 엘리엇 같은 심장전문의가, 뇌졸중은 데이비드 같은 신경외과의가 치료한다. 염증은 드루 같은 면역학자의 주제이지만 만성 염증은 심장이나 뇌에 문제를 일으키고, 심장과 뇌의 문제는 몸 전체에 염증을 일으킨다.

몸은 이 세상처럼 하나의 계界이다. 명확히 경계를 그을 수 있거나 깔끔한 범주로 나누어지지 않는다.

나는 기초 연구자였다. 기초 연구의 핵심은 그 연구가 이끄는 곳이면 어디로든 가는 것이다. 나는 내 연구가 나를 데려가는 곳으로 향했다. 나는 너무 바빠서 내가 어느 과에서 일하는지 걱정할 시간이 없었다. 드루와 나는 열심히 일했다.

유펜 신입생이 된 수전은 그렇게 열심히 공부하는 것 같지 않았다. 수전의 성적은 썩 좋지 못했다. 유일하게 잘한 과목이 평생 자유롭게 말해온 헝가리어 강의였다.

가끔 수전은 나를 보러 실험실에 와서는 필드하키 클럽이니, 농구 클럽이니, 영화 상영 동아리, 지역 아동 단체 등 자신이 등록한 여러 활동들에 대해 이야기했다. 그런 활동도 좋기는 했지만 그런 이야기를 하는 수전의 목소리가 무덤덤했다. 그 일들은 수전의 시간만 차지했지 정신까지 사로잡지는 않았다. 그다지 몰입할 필요가 없는 일들이었고 실제로도 수전은 어떤 활동, 어떤 수업에도 전념하지 않았다. 가끔은 수업에 빠지기까지 했다고 고백했다.

수전은 길을 잃은 것 같았다.

수전이 겪는 것이 무엇이든 내가 쉽게 이해할 수 있는 일이 아니었다. 나는 평생 집착적으로, 강박에 가까운 수준으로 의욕이 넘치는 삶을 살아왔다. 열심히 하는 것 말고는 다른 법을 몰랐다. 수전의 마음을 이해하지 못한다는 것은 내가 도울 방법도 없다는 뜻이었다.

이런 상황에서 벨러와 나는 아이에게 자극을 줄 만한 이야기를 했다. 우리는 수전에게 빈둥대라고 학비를 대는 게 아니라고 알려주었다. 수전을 위해 우리가 했던 희생과 고생을 말해주었다. 우리는 너에게 아주 대단한 기회를 준 것이고 우리가 열심히 할 수 있다면 너도 그렇게 할 수 있다고 말했다.

사람이 다른 사람과 가까워지는 과정에는 여러 가지가 있다. 나와 엘리엇처럼 빨리 가까워지는 관계가 있다. 우리 두 사람은 만난 순간부터 동료애가 싹텄다. 시작이 삐걱거릴 때도 있다. 처음에 나는 데이비드와 바로 친해지지 못했으나 오래지 않아 어린아이처럼 연구에 대한 열정을 공유하며 신나게 일했다.

반면 때로는 보이지 않게 은근하고 천천히 가까워져서 미처 깨닫지도 못하는 경우가 있다.

드루와 이미 수년을 같이 일한 어느 날, 나는 그의 손목에서 팔찌를 보았다. 그 팔찌의 작은 금속판에는 글자가 새겨져 있었다. "뭐라고 쓴 거예요?" 내가 물었다.

"내가 낯선 곳에서 정신을 잃었을 때 주위 사람들에게 알려주는 정보예요." 드루가 대답했다. 내가 의아하다는 표정으로 쳐다보자 이렇게 덧붙였다. "난 제1형 당뇨 환자예요." 다섯 살 때부터였다고 했다.

지금껏 드루가 제1형 당뇨였다고? 제1형 당뇨는 많은 관리가 필요한 만성 질환이다. 혈당이 떨어지면 당을 섭취해야 하고, 반대로 탄수화물을 많이 섭취했거나 혈당이 높아지면 인슐린을 투여해야 한다. 지속적으로 상태를 관찰해야 하고 그렇더라도 심각한 저혈당증으로 응급상황이 발생할 수 있다.

당뇨가 우리 관계에 영향을 미칠 거라는 말은 아니다. 다만 내가 그 사실을 내내 몰랐다는 것에 놀랐을 뿐이다.

그러나 이것이 우리 두 사람의 관계였다. 드루와 나는 서로의 가족에 관해 묻고 아이들이 어떻게 지내는지 이야기했지만 대화가 사적으로 흘러가는 일은 거의 없었다. 그와 나는 세포에 관해 이야기했다. RNA에 관해, 신호 수용기, 사이토카인, 클로닝 기술에 관해 이야기했다. 그리고 같이 일했다. 그러나 이런 식으로도 한 사람과 가까워질 수 있었다.

과학에 관해 이야기할 때 실제로 우리는 무슨 말을 했을까? 물론 우리는 리간드 결합, 에피토프 표지, 번역 개시 인자 같은 단어를 사용했다. 하지만 이런 전문용어들을 통해서 우리는 좀 더 광범위한 내용을 말하고 있었다. 실제로 우리는 세상이 어떻게 작동한다고 생각하는지를 이야기했다. 실험을 설계하는 것은 "우리가 가정한 것들이 모두 틀리면 어떡하지?" 그리고 "다음에는 뭘 배워야 하지?"를 묻는 한 방법이다.

그리고 두 사람이 마침내 어떤 발견을 통해서 세상의 그림을 하나로 끼워맞추기 시작할 때, 우리는 대부분의 사람들이 경험한 적 없는 것을 다른 누군가와 공유한다. 바로 경외감이다. 생물학은 우아하고 신비하다. 그리고 매일 매일, 한해 두해 이 아름다운 미스터리 안에서 생활하다 보면 진정한 신뢰와 교감, 존중이 생기지 않을 수 없다.

유펜에서 1학년을 마친 여름, 수전은 운동팀의 일원이었던 때가 무척 그리웠노라고 고백했다. 진짜 팀, 모든 선수들이 더 큰 목적을 위해 함께 헌신하는 시간. 수전은 또한 학교 대표팀의 운영 방식 덕분에 억지로나마 시간 관리를 잘할 수 있었던 것도 그리워했다. 팀과 함께하는 경기가 자신을 모든 것에 집중할 수 있게 했다는 것을 깨달았다.

수전은 유펜을 위해 경기를 뛰고 싶어했다. 그러나 유펜은 전미 대학 체육협회 1군에 해당하는 학교여서 영입된 선수 또는 적어도 고등학교에서 "가장 열정적인 상" 이상을 탄 선수들로 팀이 구성되었다. 이런 상황에서 그나마 가능성이 있는 것이 육상이었다. 달리기를 그다지 좋아하지는 않았지만 수전은 다리가 길었고 육상팀은 때때로 테스트 신청을 받아주기도 했다.

여름이 끝날 무렵, 벨러와 나는 대학 2학년을 시작하는 수전을 학교에 데려다주었다. 이제 수전은 내 실험실에서도 보이는 4인실 기숙사에서 살았다. 새 학년이 시작되자마자 수전은 육상 선수 모임에 갔다. 그러나 가자마자 크로스컨트리팀을 응원하기 위해 10킬로미터를 뛸 거라는 소식을 듣고 한숨을 쉬었다. 영내키지 않았다.

"죄송하지만 저는 그만두겠습니다." 수전이 말했다. 이것이 대학 육상 커리어의 마지막이었다.

유펜에는 테스트 신청을 받아주는 스포츠가 한 종목 더 있었다. 사전 경험이 필요 없고 (아마도) 장거리 달리기를 하지 않아도 되는 운동이었다. 조정이다.

"조정이라고?" 내가 물었다. 데이비드가 조정을 했었다. 조정하면 엘리트 스포츠라는 생각이 들었고 우리 같은 이민자 출신이 할 만한 운동은 아닌 것 같았다. 어쨌거나 조정을 하려면 배가 있어야 하니까.

"안내 책자에 보니까 누구나 시험을 볼 수 있대!" 수전이 말했다. "엄마, 내가 그 누구나잖아!" 그런 다음 그녀는 웃더니 이 내 진지해졌다. 마침 팀은 키가 큰 여학생을 찾고 있었다. 수전은 키가 189센티미터로 컸다. 그래서 다음 주에 수전은 마음을 가다듬고 여성 조정팀 공개 모집 자리에 갔다.

수전이 체육관에 들어섰을 때, 팀의 한 사람이 수전을 가리키며 말했다. "조정 선수에 딱 어울리는 체형이네요!" 다른 팀원들도 이구동성으로 동의했다. 이 이야기를 전하는 수전의 목소리에서 작년 한 해 동안 사라졌던 모든 것을 들을 수 있었다.

"엄마, 다들 너무 친절하고 격려도 많이 해줘!" 수전이 말했다. "나, 정말 잘할 수 있을 것 같아."

좋아, 내가 수전에게 말했다. 대신 학업 성적이 떨어지면 안 돼.

긴 날들이었다. 몇 주가 몇 달이 되고, 마침내 몇 년이 되었다. 드루와 나는 경이로울 정도로 많은 실험을 했다. 그중에서도 가장 중요한 실험은 종류가 다른 RNA를 분리해서 수지상 세포에 넣었을 때 염증을 일으키는지를 확인한 것이었다.

포유류의 mRNA는 염증 반응이 약하게 나타났다.

포유류에는 미토콘드리아mitochondria라는 세포 내 소기관 안에 따로 격리된 RNA가 있었다. 미토콘드리아는 세포의 작은 발전소 같은 기관으로 세포가 온갖 생화학 반응을 하는 데에 필요한 에너지를 생산한다. 미토콘드리아 RNA는 그 안에서 벗어났을 때 엄청난 염증 반응을 일으켰다.

대부분의 세균 RNA도 현저한 염증 반응을 일으키기는 마찬가지였다. 하지만 세균의 "운반 RNA"(tRNA, mRNA의 암호를 단백질로 번역할 때 참여하는 아주 작은 유형의 RNA)는 아주 미미한 반응만 보였다.

우리에게 가장 흥미로웠던 것은 포유류의 tRNA였다. 이 RNA는 염증 반응을 전혀 일으키지 않았다.

아하! 그러니까 RNA가 염증 반응을 일으키지 않을 수도 있구나!

우리는 계속해서 결과를 살펴보았다.

염증 반응이 심한 것 :

✓ 미토콘드리아 RNA

✓ 세균 RNA

✓ 우리가 만든 생체 외 mRNA

염증 반응이 적거나 없는 것 :

✓ 포유류 mRNA

✓ 세균 tRNA

✓ 포유류 tRNA

앞쪽 집단에는 공통으로 있지만 뒤쪽 집단에는 없는 것이 무엇일까?

우리는 그것을 찾아냈다.

로버트 수하돌닉 연구실에서 내가 했던 연구가 기억날지 모

RNA 뉴클레오사이드 변형		
	적거나 없음	많음
염증 반응이 높음	미토콘드리아 RNA 세균의 전체 RNA 우리가 제작한 mRNA	
염증 반응이 낮거나 없음		포유류 mRNA 세균 tRNA 포유류 tRNA

르겠지만, 자연에는 A, C, G, U라는 기본적인 구성 요소에 미세한 구조 변형이 일어난 것들이 아주 많다. 그 차이 때문에 분자가 정상적으로 기능하고 때로는 이점을 주기도 한다.

변형은 실재하며 일부 RNA에 존재한다.

그래서 뉴클레오사이드 변형의 유무를 조사했더니 재미있는 결과가 나왔다.

아하, 어쩌면 우리가 뭔가를 찾아냈는지도 모르겠다.

아마도 덜 변형된 RNA가 염증을 일으키는 것 같았다! 아마도, 그리고 어떻게든 선천성 면역계가 구조 변형이 있는 RNA 분자와 변형이 없는 RNA 분자를 구분하는 듯했다.

아마도, 그리고 어떻게든, 변형이 없는 RNA는 면역세포에 경고 신호를 보내는 것 같았다.

그래서 우리는 훌륭한 가설을 세웠다. mRNA의 뉴클레오사이드 변형이 면역반응을 피하는 핵심이라고, 처음부터 확신했냐고?

물론 아니다. 처음에는 그저 가설일 뿐이었다. 그리고 다른 가능성도 배제할 수 없었다.

그렇다면 이 가설을 테스트해야 했다.

그러려면 뉴클레오사이드가 변형된 것과 변형되지 않은 두 mRNA를 만들어야 한다. 그런 다음 면역반응을 비교하면 된다. 완벽한 계획이었다. 다만 한 가지 커다란 난제가 있었다. 지금까지 이렇게 변형된 mRNA를 만든 사람은 없었다. 나 역시 이 mRNA를 어떻게 만들어야 할지 알지 못했다.

수전은 조정의 매력에 푹 빠졌다. 아침에 일찍 일어나서 고요한 캠퍼스를 걸어 스쿨킬 강으로 내려가는 길을 사랑했다. 배를 잔잔한 강물에 집어넣는 느낌을 사랑했다. 그리고 그 물 위에 떠서 땅에 묶인 세상의 가장자리를 따라 자유롭게 움직이는 순간을 사랑했다. 오직 근육의 힘만으로 배를 나아가게 한다는 사실과 팀원들과 합을 맞추어 움직인다는 사실을 사랑했다. 모든 노력이 한 번에 폭발적으로 작용해 자신이 가능하다고 생각한 것 이상으로 빠르게 배를 나아가게 하는 집단의 힘을 사랑했다.

"마법." 수전이 나와 벨러에게 이 스포츠에 대해 한결같이 묘사한 표현이다. "마법 같아요." 팀워크, 동지애, 물에서 나는 냄새와 소리와 장면, 자신에 관해 발견하게 되는 모든 것까지 수전에게는 이 전부가 진정한 마법이었다.

어릴 적에 나는 학교에서 그저 보통의 학생이었다. 다른 이들이 범접할 수 없을 정도로 똑똑한 학생은 아니었다. 그러나 나는 배움에 나를 던졌고 그렇게 두뇌를 사용하는 것이 한 사람의 능력을 키우는 좋은 방법임을 알게 되었다. 이제 수전도 비슷한 것을 발견하고 있었다. 아무런 사전 준비도 없이 조정을 시작했으나 자기가 가진 모든 것을 이 스포츠에 내어줌으로써 훌륭하게, 아주아주 훌륭하게 나아갈 기회를 얻었다.

수전은 경쟁심이 강한 아이였다. 그러나 지금까지 자신의 잠재력에 도달할 기술이 부족했다. 이제 마침내 수전은 내면의 승부욕에 불을 붙여줄 방법을 찾았다. 연습 때마다 조정팀은 서로 로잉머신에서 경쟁했다. 연습 첫 달에 수전은 자신의 순위가 올라가는 것을 보면서 쾌감을 느꼈다. 아직 몸을 적응시키는 단계였지만 엄청난 속도로 발전했다(수전은 장거리 달리기에서 완전히 벗어나지는 못했다. 때로 팀은 시간을 재면서 장거리 달리기를 했다. 그러나 조정을 너무 좋아했기 때문에 조정을 위해서라면 달리기도 마다하지 않았다).

10월에 벨러와 나는 해군의 날 기념 조정 대회에 출전한 수전의 경기를 보러 스쿨킬 강둑을 따라 있는 관람석에 자리를 잡았다. 수전의 조정 경기를 보는 것은 처음이었다. 우리는 보트하우스 가까이 앉았다. 우리 가족이 헝가리에서 필라델피아에 도착하던 날 밤, 동화 속 마을처럼 불이 켜진 모습이 깊은 인상을 남겼던 바로 그 보트 창고였다. 그날 밤은 모든 것이 낯설었고 이 보트하우스는 납득하기 힘든 풍경의 일부였다. 하지만 이제는 우리도 이 장면의 일부가 되었다. 이것이 우리의 삶이고, 유펜 유니폼을 입고 강둑 아래에 있는 사람은 우리 딸이다.

따뜻하고 화창한 가을날이었다. 전국 대학에서 학생들이 모여 들었고, 공기는 생생한 기운으로 가득 찼다. 남녀 상관없이 모든 선수들이 날씨만큼이나 아름다웠다. 조정은 몸의 모든 근육을 사용한다. 그리고 쉴 틈을 주지 않는다. 그래서 긴 팔다리와 근육질의 이 선수들은 건강의 상징이었다. 마치 광고판에서 슈퍼모델들이 떼 지어 나와 세상을 향해 걸어가는 것 같았다.

수전은 늘 자기 키가 너무 크다며 좀 부끄러워했다. 그러나 이 무리에서는 아주 잘 어울렸다. 나는 수전이 좀더 꼿꼿하게 서 있는 것이 보였다. 자기 삶에서 처음으로 온전히 제 공간을 차지한 사람처럼 자신감 있게 움직이고 있었다.

그리고 물 위에서의 움직임은 또 얼마나 스릴이 넘치던지!

그전에 나는 조정에 별로 관심이 없었다. 그때까지는 선수들이 배의 진행방향 반대로 앉아서 경기하는지도 몰랐다. 그 말은 선수들이 노를 저으면서 자기가 어디로 가는지 볼 수 없다는 뜻이었다. 배에서 결승선을 볼 수 있는 유일한 사람은 작은 키잡이로 다른 선수들과 마주 보고 앉아 지시를 내리고 방향을 잡는다. 수전은 결승선을 볼 수 없었기 때문에 자신이 어디쯤 있는지 감을 잡지 못했다. 목적지까지의 거리를 가늠할 수 없기 때문에 거의 다 왔다고 자신을 다독이거나 결승선까지 가기 위해 힘을 아끼는 페이스 조절을 할 수 없었다. 그저 모든 순간 최선을 다하고 온 힘을 기울여 노를 저을 수밖에.

내 실험이 떠올랐다. 나도 내 실험에서 돌파구를 찾을 수 있을지, 그때가 언제일지 알지 못했다. 그저 열심히 일하고 정성을 다하면 언젠가는 어딘가에 도달할 것이라고 믿어야 했다.

수전의 코치는 그녀의 경쟁심이 오히려 위험을 불러온다는 점을 금세 알아보았다. 그는 수전이 때로 실수를 할까 봐 너무 두려운 나머지 뒤로 물러선다고 말했다. "너 자신을 시험해봐." 그가 수전을 격려한 말이다. "실패할 수도 있어. 그건 괜찮아. 정말로 네가 뭘 할 수 있는지 알고 싶다면 실패의 두려움을 없애야 해."

그는 수전에게 가장 필요한 조언을 정확히 짚어냈다. 실패를 두려워하지 말아라. 그리고 그 말을 따랐을 때의 결과는 숨이 막힐 정도로 눈부셨다. 그는 심지어 수전 옆에서 이렇게 말했다. "수전, 너는 올림픽에 나갈 수도 있어." 수전이 내게 이 말을 전했을 때, 나는 고등학교 농구 경기가 생각났다. 경기 중에 수전은 공을 받지 않으려고 최대한 피해 다녔다. "올림픽이라고?" 내가 물었다. "정말로? 주지, 그거 정말 너무 멋지다!"

그러나 수전이 조정에서 잠재력을 크게 발휘하지 못했더라도 아마 계속 노를 저으라고 격려했을 것이다. 팀에 합류한 순간부터 수전은 우등생 명단에 오르기 시작했고, 성적이 떨어지는 일이 없었으니까.

신경외과 과장인 숀은 점점 나에 대한 인내심을 잃어가고 있었다. 그는 나와 적어도 1년에 한 번씩은 마주 앉아 내 연구를 검토했다. 이야기는 항상 같은 식으로 흘러갔다. 먼저 내가 연구에 대해 말하기 시작한다. 드루와 내가 알아낸 것들을 속사포처럼 떠들어대면서 왜 우리가 만든 mRNA가 염증 반응을 일으키는지 집중적으로 실험하고 있다고 말한다. 내 말을 들은 숀의 표정은 변하지 않는다. 그는 모호하게 격려의 말을 건넨다. "그렇군요. 아주 중요할 수도 있겠어요, 커티."

그런 다음 곧바로 그는 화제를 돌려 유펜이 내 성과를 평가하는 수치들에 대해 말한다. 논문 실적(좋지만 뛰어난 정도는 아님), 인용 횟수(없지는 않지만 과의 다른 사람들이 받는 정도는 아님), 그리고 연구비(여전히 없음).

숀이 설명했다. "커티, 우리 과는 지금 자금 압박에 시달리고 있어요. 공간 사용료를 충족하지 못하면⋯⋯."

공간 사용료, 순사용 면적당 비용. 드루와 내가 지금 대혁신을 일으키기 직전인데, 숀은 공간 사용료 이야기를 하고 있는 것이다. "우리 과는 잘하고 있어요." 내가 맞받아쳤다. 그것이 사실이었다. 신경외과의 다른 멤버들이 모두를 위해 충분한 돈 이상을 끌어오고 있었다. 한 신경외과의는 트라우마성 뇌 손상을 연구했는데, 뉴스에서도 많이 다루는 관심 분야였다. 이 사람에게 매년 수백만 달러씩 쏟아지고 있었다.

"커티," 숀이 강조했다. "대학은 과만 보는 게 아니에요. 개별 연구자 수준에서도 평가합니다. 만약 「네이처」 같은 학술지에 주저자로 논문을 낸다면 대학도 달리 생각할지 모르죠." 매달 수백만 명이 읽는 「네이처」는 학술 출판의 성배이다. 널리 읽히고 널리 인용된다.

"하지만 당신 연구가 「네이처」에 실린 건 아니잖아요. 그리고 연구비도 따오지 못하고 있죠. 그러니까 뭔가 달라지지 않으면 상황이 좋지 않을 거예요."

이 시점에 나는 이미 그의 말이 귀에 들어오지 않았다. 내 머릿속은 지금 나에게 가장 중요한 도전으로 돌아가고 있었다. 어떻게 하면 변형된 mRNA를 만들 수 있을까?

수전은 2학년을 마치고 여름 내내 보트하우스 거리에 있는 베스퍼 보트 클럽에서 조정을 연습했다. 이는 가족과의 시간을 맞바꾼 엄청난 헌신이었다. 수전은 다섯 살 때부터 매해 여름을 헝가리에서 보냈다. 이 해에는 새 학기가 시작하기 직전 2주 동안만 키슈이살라시에 갔다.

그 여름 수전은 매일 밤 집에 오면 보트하우스에서 있었던 연습에 관해 신나게 재잘댔다. 이야기하는 동안에는 물에서 써버린 에너지를 보충하느라 엄청나게 먹어댔다. 그러고는 그대로 쓰러져서 이른 아침까지 곯아떨어졌다. 수전은 몸이 아프고, 손가락에 물집이 생기고, 결국에는 피가 날 때까지 노를 저었다. 가끔 내게 손을 내밀어 보여주었다. "이거 봐, 엄마!" 수전이 너덜너덜해진 손바닥을 내밀며 말했다. "대단하지?" 딸의 상처난 손을 보기만 해도 내 손이 아픈 것 같았다.

3학년이 되면서 수전은 캠퍼스에서 나와 조정팀 친구들과 함께 살았다. 얼굴을 보는 일이 줄었지만 항상 나와 벨러에게 전화해 어느 대회에 참가했고 경기는 어땠는지 이야기해주었다. 수전의 경기를 보러 갈 때면 나는 항상 나를 이렇게 소개했다. 수전 프런치어 엄마입니다.

이분은 수전 프런치어 엄마세요.

수전 프런치어 엄마 만나봤어요?

오, 수전 프런치어의 엄마시군요!

수전이 자신의 순위를 알려주지 않았더라도 팀원들이 수전 프런치어의 엄마인 내게 보이는 반응만으로도 짐작했을 것이다. 이제 수전은 그 팀에서 최고의 선수로 손꼽혔다.

한번은 수전이 뉴저지 프린스턴에서 열린 한 캠프에 다녀왔다. 수전이 "ID 캠프"라고 부른 캠프였다. 어떤 캠프인지 나는 몰랐지만 수전이 그날 밤 엄청 흥분해서 전화를 했다. 미국 조정 국가 대표팀 코치가 캠프에 있었는데 일정이 끝날 무렵 수전에게 와서 미국 시민권자냐고 물었다고 했다. 사실 수전은 대학교 2학년을 마친 여름, 7월 4일 자로 미국 시민이 되었다. "나한테 왜 그걸 물었는지 알아? 내가 미국 국가 대표팀에 갈 실력이 있다고 본 거 아니겠어?" 그녀가 소리쳤다.

3학년이 끝나고 우리는 다시 수전을 프린스턴에 데려다주었다. 수전은 여름 동안 프리 엘리트 캠프에서 전국에서 모인 최고의 대학 조정 선수들과 함께 훈련했다. 모두 포부와 에너지가 엄청났다. 여름이 끝날 무렵에는 캐나다 온타리오 주 세인트캐서린스에서 열린 캐나다 왕립 헨리 조정 대회에 출전했다. 오래된 운하에서 벌어지는 이 역사적인 대회에서 수전은 여러 개의 메달을 땄다. 수전이 필라델피아로 돌아와 경주를 설명할 때, 나는 수전이 바라는 대로 앞날이 펼쳐지는 상상을 했다.

"올림픽에 갔다가 다시 캐나다 헨리 대회에 가면 재밌을 것 같아. 그땐 네가 모든 상을 다 휩쓸 테니까." 내가 말했다.

수전이 내 눈을 똑바로 보더니 말했다. "엄마, 올림픽이 끝나면 다시 돌아오지 않을 거야. 올림픽은 최고의 자리야. 거기까지 가면 정상에 오른 거라고."

이 말을 하는 수전의 목소리에는 단호함과 신념, 확신이 있었다. 또한 수전은 자신의 미래를 기정사실화했다. 그때 나는 수전에게 올림픽이 더 이상 가상의 대회가 아님을 알았다. 막연한 꿈도 아니었다. 수전은 진지했다. 올림픽까지 가기 위한 계획을 세우고 실천했다.

드루와 나는 변형된 뉴클레오사이드로 이루어진 mRNA의 염증성 여부를 시험하기 위한 계획을 세웠다. 그러려면 먼저 변형된 mRNA를 만드는 방법을 알아내야 했다.

자연에서 모든 RNA는 4개의 기본 뉴클레오타이드로 만들어진다. 그런 다음 선택된 뉴클레오타이드가 효소에 의해서 변형된다. 그 효소 대부분이 2004년에는 알려지지도 않았다. 그리고 식별되어 특징이 밝혀진 것들도 기술적으로 제작하기가 어려웠다. 그래서 이 방법은 막다른 길이었다.

다른 선택지는 이미 변형된 뉴클레오타이드를 구매해서 mRNA를 만드는 것이었다. 그러나 그런 분자를 어디에서 살 수 있지? 나는 옛 동료 야노시 루드비그에게 연락했다. 그는 당시 독일에 있는 한 리보자임 회사에서 일했다. 야노시의 조언에 따라 나는 서로 다른 10개의 변형된 뉴클레오타이드를 구했다. 모두 당시에 구입할 수 있는 것들이었다.

그중에 5개는 mRNA 합성에 필수적인 효소인 RNA 중합효소가 받아들이지 않았다. 그 바람에 우리의 가능성이 절반으로 잘려나갔다. 다행히 남은 5개는 중합효소가 작용하여 결국 우리는 다섯 종류의 변형 mRNA를 만드는 데에 성공했다.

변형된 mRNA를 손에 쥔 우리는 각 변종을 변형되지 않은 버전과 비교할 준비가 되었다. 이 변형이 과연 mRNA가 염증을 덜 일으키게 할 것인가?

그 결과는 대단히 놀라웠다. 하지만 이때까지도 우리는 언젠가 이것들이 우리 자신의 생명은 물론이고, 세상에 발휘할 영향력을 상상할 수 없었다.

과학의 질문은 앞에서 설명한 것처럼 변화무쌍한 퍼즐이다. 자기 자리에 새로 끼워진 각각의 조각이 퍼즐 자체의 형태를 바꾸고 퍼즐이 커나갈 완전히 새로운 영역을 열어준다. 그것은 퍼즐이 마침내 우주 자체를 모두 포용할 때까지 계속될 것이다.

그러나 퍼즐 조각 하나를 자세히 들여다보면 그 조각 역시 앞서간 과학자들이 성취한 수천 가지 다른 발견들로 이루어진 모자이크라는 사실을 알게 된다(각 발견의 어느 것을 다시 확대해도 그 역시 모자이크일 것이다. 확대를 거듭하면 발견 앞의 발견은 결국 고대까지 거슬러 올라간다). 여러분은 아마 과학에서 거인의 어깨 위에 서 있다라는 구절을 종종 들어보았을 것이다. 이는 절대적인 진리이다.

드루와 내가 mRNA 연구를 시작하기 약 10년 전, 과학자들은 면역계에서 중요한 발견을 했다. 선천성 면역계의 수지상 세포와 그밖의 세포에는 톨유사 수용체toll-like receptor, TLR라는 "감시" 단백질이 있다. 이 작은 감시자들은 잠재적 위험의 징후를 찾아 몸속 풍경을 훑고 다닌다. 이 작은 보초병들은 선천성 면역계의 일부이기 때문에 특정 항원을 탐지하는 대신에 위험과 연관된 경향이 있는 분자 패턴을 식별한다.

TLR은 만화 속에서 흔히 볼 수 있는 절도범의 특징적인 신호를 알아채도록 훈련된 보안요원과 같다. 그 절도범은 아마도 검은 모자와 검은 마스크를 쓰고 줄무늬 셔츠를 입었을 것이다. 한 손에는 손전등을 들고 다른 손에는 훔친 물건이 든 가방을 메고 있을 것이다. 또한 얼굴에 수염이 나고 발끝으로 걸을 것이다. 실제 절도범은 이런 정형화된 인상착의와 일치하지 않을 수도 있지만, 줄무늬 셔츠와 손전등을 발견한 보안요원은 경보를 울려야 한다는 것을 안다.

변형되지 않은 RNA는 모든 TLR에게 위험 신호로 작용하는 것일까?

변형된 mRNA와 변형되지 않은 mRNA를 비교하면서 우리는 이 TLR에 초점을 맞췄다. 그러면서 그림이 완전히 명확해졌다. 변형되지 않은 mRNA는 여러 유형의 톨유사 수용체를 활성화시켰다. 그러나 유리딘 변형 mRNA는 그렇지 않았다.

다시 말해 유리딘을 변형시키면 합성 mRNA와 연관된 염증을 피할 수 있다는 뜻이다. 이것이야말로 우리가, 그리고 세계가 안전한 mRNA 치료제를 개발하기 위해 필요한 결정적 정보였다.

유레카!

이번에도 우리는 따로 축하하지 않았다. 냉장고에 보관해둔 샴페인도 없었다. 데이터를 함께 검토하면서 드루는 예전에 처음 내가 mRNA를 만들 수 있다고 말했을 때처럼 평소보다 좀 더 똑바로 앉아 조금 더 눈을 크게 뜨고 있었는데, 그러면서 이렇게 중얼거린 것이 기억난다. "면역원성이 아니네." (면역원성 immunogenicity이란 생물학자들의 용어로 "면역반응을 유도한다"라는 뜻이다.) 이어서 내가 그 말을 여러 번 반복했다. 그래야만 현실이 될 수 있을 것처럼. "이 mRNA는 면역원성이 아니에요. 정말로 면역원성이 아니네요."

실로 놀라운 소식이었다. 그러나 우리는 곧 이 발견이 놀라움 이상임을 알게 되었다.

수전은 4학년이 되었다. 유펜의 범죄학 석사 과정에 들어가 학사 학위와 석사 학위를 동시에 받고 졸업할 예정이었다. 수전은

4년 안에 졸업하기로 결심했다.

수전은 꾸준히 조정 연습을 했다. 조정 연습을 하고 수업을 듣고, 조정 연습을 하고 공부를 하고, 조정 연습을 하고 논문을 썼다. 수전은 잠을 자고 밥을 먹고 그런 다음 조정 연습을 했다.

때로 미래에 대해서도 생각했다. 어쩌면 FBI가 될지도 모른다. 어쩌면 언젠가는 캘리포니아에 갈지도 모른다.

그러나 수전의 마음은 주로 2008년에 가 있었다. 자신이 도전할 수 있는 최초의 올림픽이었다.

드루와 나는 실로 대단한 발견을 이루어냈다. 유리딘을 변형된 버전으로 바꿈으로써 우리가 집어넣은 mRNA가 면역계에 탐지되는 것을 막을 수 있었다. 한데 이 변형된 mRNA가 단백질 번역에는 얼마나 효율적일까? 이 질문은 또 완전히 새로운 일련의 실험을 요구했다.

RNA에서 가장 풍부하게 나타나는 변형 뉴클레오사이드는 슈도유리딘pseudouridine이다. 과학자들에게 이미 반세기 전부터 알려진 슈도유리딘은 tRNA를 포함해서 많은 종류의 RNA에 존재한다. 또한 우리 몸속 모든 세포에 들어 있고 자연적으로 발생한다. 슈도유리딘을 포함한 RNA는 유리딘과 같은 염기(우라실)를 가지고 있지만, 유리딘 대신 슈도유리딘으로 구성된 RNA는 좀더 안정적이고 구조가 견고하다. 그 미묘한 차이가 얼마나 커다란 차이를 만들어냈는가!

변형된 유리딘으로 mRNA를 시험했을 때 우리는 깜짝 놀랄 만한 결과를 얻었다. 슈도유리딘을 포함하는 mRNA는 번역의 효율이 높아 10배나 많은 단백질이 만들어졌다.

유리딘을 슈도유리딘으로 바꾼 변형된 mRNA를 사용하는 데는 두 배의 이점이 있는 것이다. mRNA가 위험한 면역반응을 일으키지 않게 할뿐더러 더 많은 단백질을 생산했다!

나는 이 일을 30년 동안 해왔다. 한 번에 하루씩, 한 번에 한 실험씩, 한 번에 한 연구실씩. 그리고 마침내 그것들이 모두 여기에 있다.

실험실에서 mRNA를 만들 수 있게 되었다.

mRNA를 세포에 전달할 수 있게 되었다.

mRNA가 파괴되지 않게 보호할 수 있게 되었다.

슈도유리딘을 mRNA에 통합하여 mRNA가 염증성 반응을 일으키지 않게 막을 수 있었다. 게다가 훨씬 더 많은 단백질을 번역했다.

나는 정말 기뻤다. 이것은 실로 패러다임을 변환시키는 발견이자 완전히 새로운 의약품과 백신의 시대로 가는 안내자였다. 전 세계가 주목할 것이다. 모든 학술지가, 모든 생명공학 회사가, 모든 연구기관이 주목할 것이다. 우리는 확신했다.

드루와 나는 이 결과를 「네이처」에 투고했다. 대학이 내 등을 떠밀지 못하게 하려면 이런 곳에 논문을 내야 한다고 숀이 언급한 그 저명한 학술지였다. 이곳의 투고 조건은 전에 발표된 적 없는 연구여야 하고, 엄청난 과학적 중요성을 지니며, 여러 분야의 과학자들이 관심을 가질 만한 것이어야 한다. 드루와 나의 연구는 이것들을 모두 충족했다.

우리는 24시간 만에 답을 받았다. 「네이처」의 편집위원들은 단지 "점진적 기여"라는 이유로 바로 게재 불가 판정을 내버렸다. 나는 이때 "점진적"이라는 말을 처음 들었다. 나는 단어의 뜻을 찾아보고 충격을 받았다. 저 사람들은 이걸 중대한 기여가 아닌 "작은" 기여라고 생각한다고? 「네이처」 편집위원들은 그 영향력을 이해하지 못하는 건가? 나는 유펜의 내 주변에서 많은 "점진적" 연구들을 보았다. 하지만 우리가 그들에게 보낸 것은 대혁신이었다.

그렇다면 좋다. 면역계에 초점을 맞춘 학술지라면 그 중요성을 이해할지도 몰라. 우리는 유명한 면역학 학술지 「이뮤니티 *Immunity*」에 다시 논문을 투고했다. 여기에서는 세 명의 과학자가 우리 연구를 검토하는 동료 검증 단계까지 갔다. 그러나 그 단계를 통과하지 못했다. 처음에는 말이다. 몇 번의 이메일이 오가고 좀더 많은 실험을 추가해야 했다. 그러나 마침내 「이뮤니티」는 게재를 허가했다. 드디어 세계가 우리가 한 일을 알게 될 것이었다.

논문이 나오기 전날 밤, 드루가 나에게 특유의 엄숙한 목소리로 말했다. "커티, 마음의 준비 단단히 해요. 내일부터 전화에서 불이 날 테니까." 그는 우리에게 강연 요청이 쏟아질 거라고, 우리 연구를 다른 과학자들과 기자들에게 설명하느라 바빠질 거라고 말했다. 전 세계가 우리를 주목할 것이었다.

나는 고개를 끄덕였다. 좋아, 이 긴 세월 끝에 나는 준비가 되었다.

전화는 울리지 않았다. 연구가 발표된 날에도, 그다음 날에도, 그 일주일 뒤에도, 한 달 뒤에도. 이 논문을 출판한 이후 몇 년 동안 나는 딱 두 번 초대를 받았는데, 둘 다 2006년이었다. 첫 번째는 일본에서 열린 삿포로 암 세미나였고, 두 번째는 뉴욕 시 록펠러 대학교에서 열린 제2회 연례 올리고뉴클레오타이드 치료 학회였다.

록펠러 대학교는 아주 흥미로운 장소였다. 학부 과정이 없어서 비과학자들에게는 잘 알려지지 않은 편이지만 현직 생물의학 과학자들 사이에서는 인정받는 뛰어난 과학 연구기관이다. 이 학교에는 과가 없고 학과장도 없으며 행정상 최소한의 계급만 있었다. 교수진은 여러 학문 분야가 협업하여 연구가 어디로 데려가든지 좇아가도록 장려된다. 이는 100년의 역사 동안 수십 명의 노벨상 수상자, 수십 명의 래스커상 수상자, 132명의 국립과학원 회원, 그밖의 많은 다른 수상자들(그중 한 사람인 알렉산더 토마스Alexander Tomasz는 내가 있었던 BRC에서 함께 일한 예뇌 토마스의 형이었다. 헝가리인들이 어디에나 있었다!)을 배출한 성공적인 모델이었다.

나는 록펠러를 방문하는 것이 너무 좋았다. 이스트 강변의 이스트 사이드 도심 한복판에 자리를 잡고 있으면서도 그 자체로 하나의 세계 같았다. 나는 그곳이 BRC처럼 모든 것이 과학, 과학, 과학인 것도 좋았다. 발표를 마치자 다른 기관에서 방문한 한 과학자가 다가왔다. 그녀는 내 연구에 관해 묻고 싶은 것이 있었다. 나는 고개를 끄덕였다. 나는 어떤 기술적인 질문에든 답할 준비가 되어 있었다. 실험 설계에 관해 궁금하든, 변형 mRNA 합성의 복잡함을 질문하든, 면역반응에 관해 묻든 간에 말이다.

"지도교수가 누구세요?" 그녀의 질문이었다.

나는 그녀를 똑바로 보고 말했다. "접니다." 빌어먹을 유펜의 조직도에서 그것이 가장 솔직한 답변이었다.

그런 다음 나는 집에 갔다. 그것이 끝이었다. 주목과 갈채를 기대한 장소에서 나를 기다린 것은 침묵뿐이었다. 이런 획기적인 발견이 집단적인 무관심밖에 받지 못했다. 우리의 돌파구는 누구도 돌파하지 못한 것 같았다.

드루와 나는 계속해서 일했다. 논문을 더 냈고, 합성 mRNA를 정제하는 새로운 방법도 찾았다. 또 2006년에는 RNARx라는 회사를 세웠다. 치료성 mRNA로 새로운 의약품을 개발하는 것이 목적이었다. 첫 제품은 적혈구 부족으로 발생하는 빈혈에 초점을 맞출 계획이었다. 우리는 몸에서 적혈구의 생성을 돕는 호르몬인 적혈구 형성인자, 에리트로포이에틴Erythropoietin을 암호화하는 mRNA를 개발했다.

우리는 미국 국립보건원에 중소기업 보조금을 신청해서 받았다. 10만 달러를 스타트업 펀드로 받고 생쥐로 실험에 성공한 다음에 80만 달러를 추가로 받았다. 본격적으로 사업을 하기에 충분한 자금은 아니었지만 그래도 시작은 할 수 있었다. 우리는 투자자들을 만나고 추가 보조금을 신청했지만 그 답은 항상 거절이었다.

어쩌면 우리 두 사람의 발표 능력 때문이었을 것이다. 드루와 나는 천상 과학자로, 물건을 파는 데는 경험도 소질도 없었다. 마침 그 무렵 유펜의 최고 명문 경영대학원인 와튼 스쿨에서 연례 경진대회가 열렸다. MBA 과정 중인 학생들이 기술 사무소에 출원된 특허를 살펴보고 팀별로 지식 재산권을 한 가지씩 골라 사업 계획을 작성했다. 우승한 사업 계획에는 자금이 지원될 예정이었다.

두 팀의 MBA 학생들이 우리의 뉴클레오사이드 변형 mRNA 특허를 선택했다. 우리는 그들이 우승해서 상금을 받는다면 RNARx 사업 부문 이사로 올리겠다고 했다. 그러나 그들도 운이 좋지 않았다. 그들의 제안서는 1차에서 떨어졌다.

심지어 엘리엇도 우리에게 거절의 뜻을 밝혔다. 그동안 우리는 가깝게 연락하며 지냈다. 나는 그가 mRNA 치료를 믿는다는 사실을 알았고, 드루와 내가 한 연구에 깊은 인상을 받았다는 것도 알았다. 그러나 우리 회사의 CEO가 되어주겠냐고 물었을 때는 나에게 부교수로 승진하지 못했다고 전하던 날처럼 안타까운 표정을 지었다. "무급 자문가는 될 수 있어요." 그가 나를 안심시키며 말했다. "지금 내겐 좋은 직장이 있어요. 그걸 버리고 이런 일을 맡기에는 난 위험을 회피하는 성향이에요. 커티, 미안하지만 맡기는 어려울 것 같아요."

나는 무명의 삶을 살 운명이었지만, 수전은 위대함의 길로 전력 투구했다.

유펜을 졸업한 후 수전은 두 번째 프리 엘리트 조정 캠프를 위해 프린스턴으로 돌아갔다. 2004년 6월, 올림픽 여름이었다. 미국 대표팀도 프린스턴에서 막바지 고된 훈련에 들어갔다. 수전을 포함한 모든 이들이 대표팀의 올림픽 준비를 도왔다.

수전은 매일 배를 타고 올림픽 대표팀과 경쟁했다. 여성 에이트 팀(8명의 선수가 모두 뒤로 움직이고 추가로 앞을 보는 키잡이가 있다)에 배정되어 매일 아침 다른 나라의 유니폼을 입었다. 올림픽 팀 코치가 그들에게 지시를 내렸다. "다음에는 250미터 단거리를 열두 번 뛸 거야. 처음 다섯 번은 열심히 하고 여섯 번째부터는 영혼을 팔고 뒤를 돌아보지 마!"

예상대로 올림픽 팀은 계속해서 수전의 팀을 이겼지만, 때로는 그 여섯 번째 질주에서 수전의 배가 이겼다. 아마 수전은 실감이 나지 않았을 것이다. 대학 조정팀에 들어가 세 번의 시즌 후에 실제로 올림픽 선수들을 앞서고 있었으니까.

그 여름, 수전은 자신과 몇 달씩 함께 경주한 미국 국가 대표팀이 아테네 올림픽에서 은메달을 따는 것을 보았다. 그때 코치는 이미 다음 올림픽을 내다보고 있었다. 그리고 여름이 끝날 무렵 수전에게 2008년 베이징 올림픽에 출전할 훈련팀에 합류하지 않겠냐고 물었다. 실제 보트에 타는 인원수보다 세 배나 많은 선수들이 선발되었고 앞으로 4년을 기다려야 했다. 그러나 수전은 목표에 좀더 가까워졌음을 느꼈다.

그 여름의 끝 무렵 수전은 캐나다 헨리 대회에 출전했고 수전의 보트가 모든 경주를 석권했다.

이어서 4년 동안 수전은 올림픽 배의 탐나는 여덟 자리를 두고 서른 명과 경쟁했다. 수전은 매일 실험실로 전화해서 그날 아침 어떻게 경주했는지 숨도 쉬지 않고 업데이트했다. 수전에게는 모든 훈련 경기가 실제 올림픽 경기와 다름없었다. 경기가 잘 풀리면 기뻐하고 못 하면 절망했다. 그래서 나는 전화를 받을 때마다 반대편에서 어떤 말이 나올지 알 수 없어 불안했다. 하지만 늘 위로의 말을 들려줄 준비가 되어 있었다.

"아직 멀었어요, 아직." 수전이 계속 말했다. "나는 세계 최고가 되고 싶거든요."

RNARx를 설립하기 전에, 드루와 나는 우리의 비염증성 변형 mRNA로 특허를 출원했다.

하지만 뭔가 옳지 않았다. 유펜 같은 연구기관에서는 교수진이 출원한 지식 재산 특허를 대학이 소유한다. 계약 조건에 따라 드루와 나는 그 특허에서 나오는 수익의 일부를 가져갈 수 있었다. 그러나 특허 사용권 방식은 전적으로 유펜이 결정했다.

RNARx가 살아남으려면 당연히 우리가 만든 지식 재산권을 사용할 수 있어야 했다. 그래서 드루와 나는 유펜 측과 조건을 맞춰 계속해서 협상하고 흥정하고 변호사도 고용했다.

여전히 나는 긍정적으로 보려고 애썼다.

신경외과에서 숀은 계속해서 연구비로 나를 압박해왔다.

"커티, 난 현실을 말하고 있는 거예요." 수많은 회의에서 늘 그랬듯이 그가 말했다. "유펜은 실험실 공간에 대한 '공간 사용료'를 채워야 해요. 하지만 당신은 전혀 채우지 못하고 있죠. 지금까지는 내 윗사람한테 당신이 곧 연구비를 따올 거라고 말해왔지만 이제는."

"낭포성 섬유증." 내가 불쑥 내뱉었다.

그가 말을 멈췄다. "뭐라고요?"

"우리는 mRNA로 낭포성 섬유증 환자의 건강한 폐 기능을 회복할 수 있어요." 그가 아무 반응이 없자 나는 더 강하게 말했다. "생각 좀 해봐요, 숀! 낭포성 섬유증은 CTFR이라는 단백질이 결핍되거나 문제가 있을 때 일어나요. 그러니까 우리가 CTFR을 암호화하는 mRNA를 만들어서 그걸 환자의 몸에 집어넣으면 그들에게 필요한 단백질을 세포가 만들 수 있다는 말이에요. 이건 사람들을 도울 거예요! 심지어 흡입기 형태도 기대할 수 있어요. 이게 얼마나 중요한지 모르겠어요?"

숀은 인내심을 최대한 발휘해 일단-이-미팅을-끝내고-보자는 목소리로 말하기 시작했다. "커티, 이 과에 있는 모두가 중요한 연구를 하고 있어요. 더그의 예를 들어볼까요? 더그는 뇌진탕의 인지적 영향에 대해 연구하고 있어요. 아주 중요한 영향력이 있는 연구죠. 하지만 더그는 보조금도 받고 있어요. 그리고 난 목표를 달성하지 못한 사람의 연구를 메꾸기 위해 다른 사람의 연구비를 끌어올 만한 그런 위치에 있는 게 아니에요."

또다시 공간 사용료 이야기이다. 우리가 운영하는 시스템을 유지하는 일이 무엇보다 중요하기 때문에 공간 사용료가 꼭 필요하다는 말이다. 하지만 사실을 말하면 나 때문에 이 과가 쓰는 돈은 거의 없었다. 나는 연봉도 높지 않았다. 내 급여는 주변의 신경외과의들과 비교하면 새 발의 피였다. 나는 50대인데 여전히 실험을 혼자서 다 하고 있었다. 직원도, 박사급 연구원도 없었다. 주디 스웨인에 의해 강등된 이후로 지금까지 교수진이 아님에도 나는 교수 회의에 참석했다.

숀은 여전히 내 앞에서 이야기를 하고 있었다. 과학에 대해서도 아니고, mRNA가 세상을 도울 방법에 대해서도 아니고, 늘 그렇듯이 예산에 대해서, 연구비에 대해서 말이다.

"……당신과 함께 해결책을 찾을 수 있기 바랍니다." 숀이 말했다. "그러지 않으면……."

"숀," 내가 말했다. "다시 일하러 가야겠어요."

2008년 여름, 수전은 집으로 전화해 최고의 소식을 전해주었다. 몇 주에 걸친 고된 테스트 끝에 미국 조정 대표팀 코치가 수전을 자기 사무실로 불러서 악수를 하면서 말했다. "올림픽 대표팀에 오게 된 걸 환영한다."

2008년 8월 초, 벨러와 나는 헝가리에서 언니 조커를 만났고, 셋이 함께 중국으로 날아갔다. 우리는 처음 가본 베이징에서 아주 멋진 시간을 보냈다. 도시는 에너지가 넘쳐 흘렀다. 중국의 경제는 약 30년 전부터 외국 투자자에게 개방되었고, 그래서 올림픽이라는 이벤트는 이 나라의 사교계 데뷔 파티 같았다. 공식적인 역할이 없는 사람들을 포함해 온 국민이 축하했다. 현지인들이 거리에 쏟아져 나와 깃발을 흔들고 선수처럼 보이는 사람에게는 누구에게나 응원을 보냈다. 택시 기사는 기본적인 영어 문장을 배웠고, 전혀 모르는 사람이 우리에게 다가와 선물을 건넸으며, 계속해서 사람들이 나, 벨러, 언니에게 와서 함께 사진을 찍어도 되냐고 물었다.

"키가 커요." 그들은 우리가 카메라를 향해 웃고 있을 때 말했다. "정말 크네요." 영어를 못 하는 사람은 팔을 높이 들어올려 몸짓으로 말했다. "우리 딸이 대표팀 선수예요." 내가 설명했다. 그들이 내 말을 알아듣든 아니든 중요하지 않았다. 나는 모두에게 열심히 말했다. 우리 딸이 올림픽에 출전해서 여기에 왔어요. 예쁘고 심지도 굳은 우리 딸이 올림픽 선수라고요.

수전은 루마니아 팀을 이겨야 한다고 했다. 지난 세 번의 올림픽 조정 여자 에이트에서 금메달을 딴 강팀이었다. 언니는 교회에 가서 초를 밝히고 미국 팀의 행운을 비는 기도를 하고 싶다고 했다. 그동안 수전이 월드컵이나 세계 선수권 대회에 출전할 때마다 언니가 한 일이었다. 그러나 베이징에는 교회가 많지 않았고, 많은 거리가 통제되어 들어갈 수 없었다. 우리 셋은 도시를 돌아다니며 교회를 찾아다녔다. 거리를 걸으며 모든 것을 눈에 담았다. 구름 위로 올라가는 크레인들, 공사 중인 고층 건물, 초현대적인 건물을 짓기 위해 오래된 건물을 부수는 불도저. 이곳에서는 상황이 너무 빠르게 변하고 있어서 나중에 다시 베이징에 오면 도시가 완전히 달라져 있을 것 같았다. 어쨌든 아무리 돌아다녀도 언니가 초를 켤 교회를 찾지 못했다.

그날 밤 수전이 올림픽 선수촌에서 전화했을 때 우리는 끝내 교회를 찾지 못했다고 말했다. "고마워요." 수전이 대답했다. "하지만 촛불은 안 켜도 될 것 같아요."

그들은 이길 것이다. 나는 생각했다. 수전은 자기 팀이 이길 거라고 생각한다.

베이징 국가체육장(일명 "새의 둥지")에서 개막식이 열리던 밤은 찌는 듯이 더웠다. 습도가 100퍼센트에 가까웠다. 그러나 경기장 바깥의 도로는 행사장에 들어오지는 못하더라도 조금이나마 가까이 있으려는 현지인들로 가득 찼다. 개막식은 눈부시게 멋있었다. 평생 그런 구경은 처음이었고 다시는 못 볼 거라고 생각했다. 전통 의상을 입은 1만5,000명이 북을 치면서 일사불란하게 움직이는 모습을 보니 개인이 아니라 완벽하게 조율된 기계 또는 커다란 신생 유기체의 일부인 것 같았다.

좌석은 전 세계에서 모여든 9만 명의 군중으로 꽉 찼고, 다들 땀을 줄줄 흘리고 있었다. 그 자리에 앉아 나는 올림픽에 출전한 수전을 보러 이곳에 왔다. 나는 수전 프런치어의 엄마이다. 수전은 올림픽에 출전한다라고 되뇌었다.

수전의 경기가 어땠냐고? 다른 팀은 감히 근접하지도 못할 정도로 독보적이었다.

결승전 막바지에 미국 팀은 다른 팀보다 보트 전체 길이만큼 앞서서 결승선에 들어왔다. 나는 그제서야 안도의 한숨을 쉬며 털썩 주저앉았다. 벨러와 언니와 나는 다시 의자에서 일어나 펄쩍펄쩍 뛰면서 환호했다. 우리는 수전이 보트에 앉아 승리의 기쁨을 만끽하며 지친 손을 흔드는 모습을 보면서 울었다. 미국 조정팀이 용감한 키잡이인 메리 휘플Mary Whipple을 물속에 던지며—조정의 전통—즐거워하는 것을 보며 또 눈물이 났다. 시상식에서 수전과 팀원들이 아름다운 금메달을 입술에 가져갈 때도 울었다.

나는 수전 프런치어의 엄마이고 우리 딸이 집에 금메달을 가져왔다.

조정과 과학이 닮은 점은 또 있다. 원점으로 돌아가 새로운 목표, 새로운 실험, 자신을 증명할 새로운 기회를 향해 새로 시작해야 한다는 점이다. 올림픽 금메달을 따고도 수전은 돌아오자마자 다음 올림픽에 나갈 여덟 장의 출전권을 놓고 경쟁하는 또다른 조정 선수가 되었다. 한 번 세계 정상에 올랐다고 해서 특별 대우를 받을 수는 없다. 베이징 올림픽 이후 유일하게 중요해진 문제는 2012년 올림픽에도 참가해서 금메달을 가져올 수 있느냐였다. 이는 또 새로운 도전이었다.

2008년 전에는 다른 선수들이 경쟁에서 수전을 이기면 그것은 당연히 예상된 일이었다. 그러나 이제는 기대치가 높아졌다. 경주에서 지면 수전은 자기 의심을 물리쳐야 했다. 왜 그들이 나를 이겼지? 왜 나는 더 이상 할 수 없는 거지? 여기가 내 정점이면 어떡하지?

수전은 의심뿐 아니라 부상과도 싸워야 했다. 조정은 몸을 혹사하는 운동이다. 수전은 갈비뼈에 여러 개의 피로 골절이 생겼고 디스크에 걸렸다. 2011년에는 통증이 너무 심해서 앉아 있거나 운전하거나 식탁에서 접시를 들어올리는 것조차 힘들어했다. 그런데도 찜질기와 파스로 몸을 휘감고 운동을 계속했다. 나는 수전에게 늘 조심하고 몸에 귀를 기울이고 현명하게 굴라고 잔소리를 해댔다. 이렇게까지 힘들게 할 필요가 없잖아. 이미 올림픽에서 금메달을 땄고 지금까지 네 번의 세계 선수권대회에서 네 번 모두 우승했으니까. 하지만 수전은 반항심이 가득찬 목소리로 대답했다. "엄마 아빠는 어서 런던 올림픽 티켓이나 사두세요."

오, 수전. 너도 나처럼 참 고집스럽구나.

나도 나름의 문제, 의심, 사적인 통증에 시달렸다.

유펜과의 협상을 시작하고 몇 년이 지났는데도 드루와 나는 우리가 발견해서 특허를 취득한 기술의 사용권을 가져오지 못했다. 그 사이에 유펜은 특허 사용권을 두고 다른 회사와 협상을 시작했다.

2010년에 나는 위스콘신 주 매디슨에 있는 실험용품 공급업체 에피센터의 대표한테서 전화를 받았다. 이 회사는 생명공학 시약, 효소, 키트, 그밖의 유전자 염기서열 분석에 필요한 제품들을 판매했다. 에피센터의 대표는 실험실에서 줄기세포를 만들기 위해 우리의 변형 mRNA를 사용하고 싶다고 했다. 나는 RNARx에는 사용권이 없기 때문에 사용 허가를 내줄 수 없는 형편이라고 답했다.

그 대표가 말했다. "제발 아무한테도 독점 사용권을 내주지는 않게 해주십시오." 그는 뉴클레오사이드 변형 mRNA로 줄기세포를 생산할 수 있는 사용권에 30만 달러를 제안했다.

짜릿했다. 30만 달러면 드루와 내가 마침내 우리 회사를 운용하는 데에 필요한 자금을 마련할 수 있었다. 배양기 공간, 장비, 세포 배양, 시약 등 본격적으로 일을 시작하는 데 필요한 자금을 확보하게 된다! 나는 유펜의 기술 이전 사무소에 전화해 위스콘신에 있는 한 회사로부터 좋은 제안을 받았으니 와서 거래를 마무리 짓자고 했다. 그리고 그들이 실사를 할 수 있도록 에피센터 기업의 정보를 제공했다.

다음으로 내가 알게 된 것은 유펜이 30만 달러를 받고 에피센터에 독점 사용권을 발급했다는 사실이었다. 이제 RNARx를 포함해 다른 모든 회사는 에피센터(당시에는 셀스크립트)에 재실시권 비용을 지불하지 않으면 특허 기술을 사용할 수 없었다. 그 회사는 앞으로 얼마나 많은 돈을 쓸어담을까!

한편 RNARx는 설립 4년째였다. 이때까지 우리는 국립보건원의 소상공인 보조금으로 버텨왔고, 다른 투자자는 찾지 못했다. 우리는 특허도 없었고 실험 공간도, 전망도 없었다. 4년 전과 비교해도 제품을 생산할 기미조차 보이지 않았다.

더군다나 변형 mRNA로 사업을 시작한 회사가 우리만이 아니었다. 몇 달 전에 하버드와 MIT 연구원 일부가 매사추세츠 주 케임브리지에 새로운 스타트업 회사를 차렸다. 그들의 주력 분야가 무엇이었을까? 바로 변형 mRNA 치료였다. 아직 잘 알려지지 않은 그 회사는 변형 RNAmodified RNA를 변형시켜 회사명을 지었다. 모더나ModeRNA. 사실 모더나에 자금을 지원한 벤처 투자회사의 부사장이 그즈음 유펜으로 찾아와 우리에게 특허에 대해 물었다.

나는 한숨을 쉬었다. 우리에게는 사용권이 없다고 설명했다.

과에서 숀은 여전히 자금 기준과 내 연구비 부족에 대해 못마땅한 불만을 털어놓았고, 반대로 나는 숀에게 교수직으로 복귀시켜달라고 요청하기 시작했다. 그러나 마침내 숀이 교무처에 내 복직 신청서를 제출했을 때 요청은 거부되었다.

나는 교원 인사팀에 가서 직접 호소했다. 그곳의 한 행정관이 유펜에서는 교수 임용 과정에서 강등된 사람을 다시 승진시키지 않는다고 답했다. 내가 집요하게 이유를 캐묻자, 나는 "교수 자격이 없다"는 대답을 들었다.

나는 그러면 "교수 자격"을 어떻게 정의하느냐고 물었다.

그 행정관이 고개를 저으며 대답했다. "저도 몰라요." 그러더니 딱 잘라 말했다. "하지만 당신은 교수 자격이 없다는 결론이 났어요."

나는 수전이 매일 그랬듯이 고개를 들고 계속해서 나아갔다.

수전의 두 번째 올림픽 도전은 첫 번째보다 더 어려웠다. 어쩌면 과거에 얼마나 힘들었는지 기억하지 못했을 수도 있다. 여성이 분만하고 아기를 보는 순간 출산의 고통을 잊는 것처럼 말이다. 테스트 기간에 하루는 수전이 깊이 낙담해서 한밤중에 전화했다. 수전은 몸도, 정신도 망가졌다.

나는 할 줄 아는 유일한 일을 했다. 나는 노래를 불렀다. 수전이 어렸을 때 내가 불러주던 노래, 필요할 때마다 내가 나에게 들려주던 노래를.

그러나 이 광채는 당신이 스스로 캐냈을 때만
오롯이 당신 것이 된다네.
당신은 그 가치를 알게 될 거야.

힘들겠지만 네가 그것들을 얻은 이유는 거기에 최선의 노력을 쏟아부었기 때문이며 그래서 좀더 달콤할 거라고 말해주고 싶었다.

고통은 빌어먹을, 수전은 두 번째로 올림픽 대표팀에 선발되었다.

경주는 6분짜리 스냅숏이다. 너무 빨리 지나가기 때문에 쉬워 보인다. 관중이 보지 못하는 것은 그 자리에 오기까지의 모든 시간이다. 그 세월을 채운 모든 달과 주와 날과 시간, 그리고 초까지. 그 훈련과 그 고통과 그 물집과 그리고 그 의심까지.

다른 사람이 보지 못하는 것은 고된 노력, 그리고 열정과 추진력이다.

수전은 모든 것을 조정에 쏟았고 그 노력은 다시 보답을 받았다. 두 번째로, 이번에는 영국 버킹엄셔 이튼 칼리지 캠퍼스의 그림 같은 도니 호수의 풍경 안에서 나는 내 아이가 미국을 대표해 자신은 볼 수도 없는 결승선을 향해 뒤로 노를 젓는 것을 보았다. 두 번째로 나는 수전의 보트가 선을 가장 먼저 넘는 것을 보았다.

나는 수전 프런치어의 엄마이다. 나는 내 딸이 올림픽 금메달을……두 번째 따는 것을 보았다.

2013년 5월 신경외과에 있는 내 실험실에 갔더니 물품들이 죄다 복도에 나와 있었다. 내 의자와 내 바인더, 내 핫플레이트, 내 포스터, 내 시험관 상자였다.

무슨 일이지?

실험실에서 한 신경외과 연구실 조교가 내 물품들을 상자에 챙겨넣고 있었다. 그리고 커다란 휴지통에 물건들을 버리고 있었다. 내 물건들을.

"지금 뭐 하는 거예요?" 내가 물었다. 내 실험대 깔개, 오래된 피펫 상자들이 있었다.

"우리는 이 공간이 필요해요." 그녀가 간단히 말했다. "숀이 이 방을 쓰라고 했어요." 그녀가 분석 트레이 더미에 손을 댔다.

"그건 손대지 말아요." 내가 낚아챘다.

그녀는 잠시 주저하더니 다시 분석 트레이를 집어들었다.

"손대지 말라고 했어요."

"커티," 그녀가 말했다. 분석 트레이가 쓰레기통으로 들어갔다. "미안하지만 숀에게 가서 얘기해보세요."

숀이 자기 방에서 나를 기다리고 있었다. "커티." 그가 말했다. 나에게 그의 목소리는 아이의 짜증을 피하려는 분노한 부모의 목소리처럼 들렸다. "이미 우린 이 문제에 대해 여러 번 얘기했어요. 그리고 당신은 상황을 호전시킬 만한 충분한 시간이 있었어요. 이미 17년이나 지났잖아요." 그는 새로운 교수진을 임용했다고 설명했다. 정부 보조금을 받는 사람이었다. 그것이 시스템이 작동하는 방식이었다.

그러나 이건 내 실험실이었다. 이건 내 전부였다.

"하지만 걱정 말아요." 숀이 나를 안심시키며 말했다. "새로운 공간을 마련해뒀으니까." 그는 동물 우리 옆에 있는 작은 방에서 연구해도 된다고 했다. RNA를 연구하기에는 너무 작고 끔찍한 공간이었다.

복도에서 사람들이 내 물건을 쓰레기처럼 뒤지기 시작했다.

"미안합니다, 커티." 숀이 말했다. "나도 최선을 다했어요."

"숀," 나는 불만의 신음을 냈다. 그는 마치 자기가 모든 답을 알고 있는 사람인 것처럼, 그리고 나는 하나도 이해하지 못하는 사람인 것처럼 나에게 말했다. 언젠가 mRNA가 얼마나 유용해질지 모르는 것일까? 정말로 보지 못하는 것일까? "저 실험실은 언젠가는 박물관이 될 거라고요!"

숀은 표정 하나 변하지 않고 말했다. "글쎄, 그럴지도 모르죠, 커티." 그가 말했다. "그러나 당장은 정책에 따라 다른 사람에게 넘긴 거예요."

정책 때문이라는 그 한마디 때문이었을 것이다. 그 한마디, 어쩌면 그의 냉담한 표정 때문이었을지도 모르고. 전혀 개의치 않는 듯한 표정. 거기에 서서 나는 이제 더는 할 수 없겠다고 생각했다. 더는 여기에 있을 수 없다고 말이다.

6

달라진 세상

2022

무대 조명이 눈부시다. 나에게 스포트라이트가 비치는 순간 우레와 같은 박수가 쏟아진다. 객석은 가득 찼지만 관중들의 얼굴은 보이지 않는다. 곁무대의 어둠에서 나와 무대로 걸어갈 때마다 눈이 적응하는 데에 시간이 걸린다.

조금 전에는 그래미상을 여러 번 수상한 음악 천재 존 배티스트Jon Batiste가 지금 내가 서 있는 자리에 앉아 있었다. 그는 깔끔한 일렉트릭 블루 정장을 입고 "Don't stop"을 부르며 관중의 환호를 받았다.

꿈을 멈추지 말아요. 믿음을 버리지 말아요⋯⋯그러니 멈추지 않도록 최선을 다해요.

애플의 CEO인 팀 쿡Tim Cook 또한 조금 전에 이 무대에 있었다. 기후 대사로 변신한 미국 상원의원 존 케리John Kerry도 곧 관중 앞에 설 것이다. 다음에는 배우 민디 케일링Mindy Kaling이 이야기할 것이다. 그다음에는 개브리엘 기퍼즈Gabrielle Giffords, 빌 게이츠Bill Gates, 드웨인 웨이드Dwyane Wade 등의 순서가 기다린다. 그러나 지금은 내 차례이다.

나는 정신을 차리려고 애썼다. 뉴욕 콜럼버스 서클 부근에 자리한 링컨 센터의 프레더릭 로즈 홀에는 매끈한 나무판으로 마무리한 극장의 천장을 빛나는 붉은 다이아몬드 같은 반원들이 호를 이루며 가로지르고 있었다. 무대의 내 자리에서 보면 환히 미소를 짓는 듯 보인다. 내 뒤에서 거대한 전광판에 비치는 "타임 100 서밋Time 100 Summit"이라는 글자가 나보다 더 크다.

검은 옷을 입은 사진사가 통로를 따라 무대 가까이로 내려오더니 목성 촬영용 망원경처럼 거대한 렌즈를 내게 들이댔다. 나는 숨을 크게 들이마시고 텔레프롬프터를 힐끗 본 다음 다시 앞으로 나갔다. 이제야 눈이 조금 적응되어 객석의 얼굴들이 보였다. 일부는 내게 미소를 보냈고, 일부는 마스크 뒤에 조심스럽게 얼굴을 숨겼다.

내가 입을 열기를 기다리는 이 자리에는 지구에서 가장 영향력 있는 사람들이 모여 있다.

나는 이야기를 시작했다. "저는 푸주한의 딸로 태어나……."

그 사이 세계에, 그리고 내 삶에 엄청나게 많은 일들이 일어났다.

2013년, 나는 유펜에서 은퇴했지만 겸임교수 자리는 유지하여 도서관에 출입할 수 있었다. 이제 다른 일을 할 준비가 된 나는 생명공학 산업에 눈을 돌리기 시작했다.

이 시점에 대대적인 변화의 바람이 불었다. 매사추세츠 주 스타트업이자 드루와 내가 사용권을 획득할 수 없었던 우리의 특허에 대해 문의했던 모더나는 초기 자금으로 3억 달러를 모집했다(이것은 시작에 불과했다. 첫 제품이 출시되기 몇 년 전인

2018년에는 기업 상장을 통해서 거의 20억 달러를 확보했다).

처음에는 모더나에서 일할 수도 있겠다고 생각했다. 나는 전 세계의 다른 민간기업들도 고려해보았다. 놀랍게도 이 조직들은 나와 이야기하려고 애를 썼다. 그들은 mRNA에 관해 알았고 내 연구를 읽었다. 내 인생에서 처음으로 나는 mRNA의 잠재력을 설득하려고 애쓰지 않아도 되었다. 생명공학 기업의 경영진이나 제약회사 등 나를 만난 사람들은 그 잠재력을 보았고 이해했으며 나만큼이나 흥분해 있었다.

내가 아는 한 이 긴 세월 동안 "mRNA 신봉자 클럽"에 속해 있던 사람은 한 손에 꼽을 정도였다. 솔직히 누구도 이 클럽에 들어오고 싶어하지 않았다. 하지만 이제 나는 이 클럽이 전 세계에 지부가 있다는 사실을 알게 되었다.

저 많은 잠재적 고용주들 중에서 내가 끌린 것은 바이온텍 BioNTech이라는 상대적으로 작고 안정된 기업이었다. 독일 마인츠에 본사가 있는 이 회사의 공동 설립자는 의사-과학자 부부인 우구어 자힌Uğur Şahin과 외즐렘 튀레치Özlem Türeci였다.

우구어는 시리아 국경 근처의 튀르키예에서 태어났다. 세 살 때 가족이 독일로 이민을 갔고 그의 아버지는 포드 공장에서 일했다. 외즐렘은 이스탄불에서 외과의사인 아버지와 생물학자인 어머니 밑에서 태어났다. 우구어와 외즐렘은 의사가 되었고, 독일의 한 암 병동에서 일하다가 만났다. 두 사람 모두 암 환자를 치료할 방법이 마땅치 않은 것에 낙담했다. 당시 사용할 수 있는 치료법은 정밀하지도, 빠르지도 않았기 때문이다.

우구어와 외즐렘은 암과 싸우는 인체 고유의 면역 체계를 빌린 면역요법의 미래가 밝다고 보았다. 그들은 이런 약물을 사람들에게 빨리 공급하기 위해 바이온텍을 세웠다. 그리고 면역요법의 기반으로 mRNA를 선택했다.

2013년 7월, 수전의 경기를 보러 스위스 루체른에 갔을 때 언니가 벨러와 나를 마인츠에 태워다주었다. 나는 바이온텍 직원들에게 내 연구에 대해 강연을 했고, 이후 우구어와 점심을 먹으며 그들이 하는 연구의 배경을 들었다.

두 사람이 같은 종류의 암에 걸렸다고 해보자. 그러나 실제로 그들의 암은 고작 3퍼센트밖에 비슷하지 않다. 최근까지 통용되던 암 치료법은 개인마다 양상이 다른 암을 방사선, 수술, 화학요법 등의 범용 방식으로 다루었다. 이런 접근법은 효과가 훨씬 떨어질 뿐 아니라 건강한 세포까지 망가뜨린다. 반면 mRNA에 기초한 면역치료는 환자 개인이 암과 싸우는 데에 필요한 정확한 단백질을 운반한다.

우리는 한참 동안 이야기를 나눴다. 그는 훌륭한 질문을 던졌고, 바이온텍의 연구를 효율적으로 설명했으며, 실험실의 연구와 환자의 필요를 지혜롭게 연결했다. mRNA 과학에 대한 그의 이해는 흠잡을 데가 없었다.

나는 바로 우구어가 좋아졌다. 그는 절제되고 겸손했으며 회사의 설립 목표를 말할 때는 얼굴이 밝고 온화한 미소로 빛이 났다. 나처럼 그 역시 일과 삶을 구분하지 못하는 것 같았다. 그에게 삶은 삶, 그리고 일이었다. 또한 나는 그가 투자자가 아닌 그들이 도울 수 있는 환자를 중심으로 회사를 운영하려는 기본 방침을 존중했다. 사실 5년 동안 회사를 운영하면서 바이온텍은 아직 변변한 웹사이트 하나 없었다(공식적인 홈페이지가 있기는 하지만 몇 년째 "공사 중"이라고 쓰여 있었다). 회사는 보도자료도 배포하지 않았다. 뭔가를 내세우기 전에 그 과학적 기반을 확실히 하기 위해 비밀 보안 유지에 들어간 것이다. 이는 내가 내 실험 결과로 논문을 쓸 때에 사용한 방식의 기업 버전이었다.

우구어는 내게 부사장이라는 아주 좋은 자리를 제안했다. 나는 뉴클레오사이드 변형 mRNA 연구를 계속할 수 있다는 조건을 덧붙여 제안을 받아들이겠다고 했다. 그는 기꺼이 동의했다. 하지만 그럼 벨러와 나는 짐을 싸서 또다른 나라로 가야 하는 것일까?

"당연히 해야지." 벨러가 말했다. "당신한테 정말 좋은 기회잖아. 하지만⋯⋯." 벨러가 주저하다가 말했다. "지금 당장 모든 걸 정리해야 하는지는 잘 모르겠어." 나는 그가 무슨 말을 하는지 잘 알았다. 수십 년 동안 그는 내가 이 연구실에서 저 연구실로 안정을 찾지 못하고 돌아다니는 것을 지켜보았다.

"만약 집을 팔고 독일로 갔는데, 일이 안 풀리면 어떡하지? 그땐 미국으로 돌아와서 처음부터 다시 시작해야 하잖아."

나는 우리 가족이 미국에서 보낸 첫날 밤을 생각했다. 모든 것이, 심지어 어두운 밤을 밝히는 반딧불이까지 낯설던 시절이었다. 나는 우리가 함께 일군 집, 어디 하나 벨러의 손길이 닿지 않은 곳이 없는 이 집을 생각했다. 바닥은 벨러가 판자를 하나하나 깔았고, 창문도 그가 달았고, 그가 만든 선반, 그가 설치한 찬장, 그가 새로 만든 들보에 붙인 석고판까지. 이곳은 그의 애정이 담겨 있는 곳이고, 수전이 자란 집이고, 우리가 모든 휴일과 작은 승리를 기념한 곳이고, 늘 나를 반갑게 맞아준 집이자, 내가 가장 힘든 하루를 보내고 왔을 때 나를 위로했던 집이다.

"당신 말이 맞아." 내가 말했다. "나도 당신 생각이 옳다고 생각해."

벨러는 미국에 남기로 했다. 나는 독일에서 작은 아파트를 얻어 그곳에서 지내면서 1–2년 동안 바이온텍에서 일할 것이다. "뉴클레오사이드 변형 mRNA로 첫 번째 환자를 치료하는 날 집에 돌아올게."

마인츠는 라인 강을 따라 자리한 도시이다. 웅장한 대성당, 반목조 건물, 자갈이 깔린 도로, 이 모든 것들이 2,000년의 역사를 고스란히 간직하고 있는 아름다운 곳이다. 나는 그곳에서 작은 아파트 한 채를 얻었지만 장식도, 미술품도, 그 밖에 집이라고 느껴질 만한 것은 하나도 채워넣지 않았다. 쉰여덟의 나이에 내 침실은 천장에 달린 전구 하나와 프레임 위에 올려진 매트리스가 전부였다. 내 진짜 집은 대서양 반대편에 있으니까.

아침에는 새벽 5시쯤 일어나 라인 강을 따라 한 시간쯤 달린 다음 출근했다. 그리고 저녁이면 내 텅 빈 아파트로 돌아왔다. 가끔 밤에 엄마한테 전화해서 세상 소식을 듣곤 했다. 엄마는 내가 세상 돌아가는 일에는 관심이 없다는 것을 알았기 때문에 그날 독일 연방의 총리 앙겔라 메르켈Angela Merkel이 무슨 일을 했는지 알려주었다. 메르켈이 UN에서 기후 변화에 대한 중요한 연설을 했단다. G7에 앞서 메르켈과 오바마가 만났다더라. 난민 수용으로 많은 비난을 받고 있지만 잘 버티고 있는 것 같다. "그리고 커티, 그거 아니." 엄마는 이렇게 덧붙였다. "메르켈도 과학자야. 물리학자."

엄마의 건강은 나빠지고 있었지만 언제나처럼 정신은 날카로웠다. 나는 가끔 엄마를 타박했다. 엄마, 좀더 건강하게 드셔야 해요. 엄마, 운동은 하고 있어요? 매일 잠깐이라도 심박수를 올리는 게 중요해요. 어려서 내가 아팠을 때 엄마의 목소리로 들었던 말을 내 목소리로 들었다. 걱정과 염려가 다급한 질책이 되었다.

나는 두 달마다 벨러를 보러 미국에 갔다. 원격 근무를 하면서 2주일 정도 머물다가 다시 내 삭막한 아파트로 돌아와 계속 일했다.

수전은 조정에서 은퇴했다. 2014년에는 조정 명예의 전당에 이름을 올렸다. 수전은 코치, 대중 연설, 모델 일을 했다. 마침내 바라던 UCLA에도 들어갔다. MBA 과정에 입학해 2018년에 앤더슨 경영대학원을 졸업했다. 2019년 7월에는 전화로 남자를 만난다고 했다. 라이언은 건설업계에서 프로젝트 매니저로 일했다.

"잘됐네." 내가 말했다. "적어도 짓고 만드는 법은 잘 알 테니까." 그것은 나한테 늘 잘 통하는 장점이었다.

사귄 지 두 달 만에 수전과 라이언이 밤 비행기로 독일까지 와서 이른 아침 내 아파트 문 앞에 도착했다. 수전 말로는 이 여행이 두 사람의 일곱 번째 데이트라고 했다. 나는 현관을 열고 이 라이언이라는 남자를 보았다. 키가 크고 소년 같은 매력이 있는 얼굴에 수전만큼 들떠 보였다. 나는 팔을 크게 벌리고 그를 안아주었다. 그런 다음 뒤로 물러서서 그의 눈을 보고 물었다. "어때, 예거 마이스터 한잔하겠어?"

라이언은 놀라움을 감추고 미국 남부 특유의 매력적인 미소를 지었다. "좋죠!" 그가 말했다.

나는 석 잔을 따랐고, 우리는 단숨에 잔을 비웠다. 마치 축하주 같았다. 그때 나는 이미 느낌이 왔다. 오래 볼 사이가 되겠구나 하고.

나는 생명공학 산업계에서 일하는 것이 좋았다. 우리가 하는 연구와 그 일에 관해 말하는 방식에는 아주 참신하고 정직한 뭔가가 있었다. 우리는 비즈니스를 했다. 우리의 목표는 훌륭한 과학을 바탕으로 제품을 만드는 것이었다. 연구를 하려면 투자금이 필요했고, 우리의 연구 결과로 생산된 상품을 팔아서 더 많은 돈을 벌고 싶어했다. 간단명료하고 솔직한 목표였다.

학술 연구에서도 돈은 중요했다. 그러나 많은 사람들이 그렇지 않은 척했다. 논문 편수, 인용 횟수, 심사위원, 펠로십, 모교, "영향력" 등 명예의 상징으로 돈의 영향력을 가렸다.

산업계에도 그런 현실성이 있었다. 과학은 잘 작동할 때도 있고 작동하지 않을 때도 있다. 과학이 훌륭하고, 데이터가 이 방법보다 저 방법을 더 잘 뒷받침하면 그것으로 충분했다. 억양이 고약하든, 아이비리그 출신이든, 수다를 잘 떨든 그런 것은 중요하지 않았다.

바이온텍 직원들은 65개국에서 왔다. 모두가 독일어를 말하는 것은 아니었지만 모두 과학을 말했다.

내 인생 처음으로 나는 모든 실험을 혼자서 하지 않았다. 나는 기초 과학팀을 이끌었고, 우리는 함께 mRNA와 그 배합을 개선하기 위해서 실험했다. 또한 우리는 다양한 감염병에 대한 mRNA 백신을 연구하기 시작했다. 이는 내가 드루와도 계속 함께 연구한다는 뜻이었다. 바이온텍이 유펜의 드루 연구실에 연구비를 지원했다. 그래서 그는 새로운 백신들을 개발하기 위해 앞으로 나아갈 수 있었다. 여기에는 우리가 함께 시작한 HIV 백신이 포함되었다. 우리 회사는 임상시험을 시행하고 자체적으로 약품을 제조하기도 했지만, 더 큰 회사와도 파트너십을 맺었다. 그중의 하나가 mRNA 기반 독감 백신을 만들기 위해서 2018년에 거대 제약회사인 화이자와 맺은 파트너십이었다. 우리는 연구를 시작했다.

나는 바이온텍에서 일하는 것이 좋았다. 그것도 아주 많이.

모든 일이 순탄하지만은 않았다. 2016년에 나는 귀밑샘에 암

진단을 받았다. 귀밑샘은 침을 만드는 샘이다. 캘리포니아에서 지내던 수전이 독일로 와서 내 곁을 지켜주었다. 나처럼 수전도 독일 의사가 하는 말을 알아듣지 못해 애를 먹었다. 우리는 함께 모니터를 보면서 의료진이 권하는 방식이 무엇인지 알아내려고 애썼다. 나는 여러 번 수술을 받았고, 두 번째 수술 후에는 몇 달 동안 한쪽 눈을 감지 못했고 얼굴 한쪽이 마비되었다.

엄마는 2018년 말에 신부전으로 세상을 떠나셨다. 여든아홉이 되신 해였다. 1월의 어느 맑은 날 우리는 갓 내린 눈이 아름답게 덮인 묘지에 서서 34년 전에 아버지가 누우신 곳에 엄마의 재를 묻었다.

당연히 모든 일이 쉽게만 흘러간 것은 아니었다.

그러나 좋은 일도 아주 많았다. 나는 마인츠에서의 생활을 즐겼고 내가 일하는 직장을 좋아했다. 나는 중요한 것의 일부가 되었다. 필라델피아에 있는 벨러와 캘리포니아에 있는 수전도 다들 행복하고 건강했다. 우리가 과거에 겪어온 일에 비하면 모든 일은 놀라울 정도로 순탄했다.

그러다가 내가 바이온텍에서 일을 시작한 지 6년째인 1월의 어느 날, 우구어가 「랜싯」에 실린 기사 한 편을 읽었다. 대륙 반대편인 중국의 우한에서 새로운 호흡기 바이러스가 돌고 있다는 내용이었다.

다음에 무슨 일이 일어났는지는 굳이 말하지 않아도 여러분도 잘 알 것이다. 2020년 초를 살았던 사람이라면 누구나 기억할 테니까. 아마 처음에는 어느 멀리 떨어진 곳에서 일어난 지구촌 뉴스 쯤으로 생각했을 것이다. 역사는 언제나 어디선가 다른 이들에게 일어나고 있으니까. 그러다가 어느 날, 뉴스 내용이 심상치 않아지면서 그 일이 이곳에서 나에게도 일어날지 모른다는 생각이 들었을 것이다. 그리고 마침내 종말에 관한 영화 속 내용이 현실이 된 양 속이 불편해지는 보도를 듣게 되었을 것이다.

마트에 가서 무엇을 얼마나 사두어야 하는지 평소답지 않은 전략을 세워야 했을 수도 있다(화장실 휴지와 청소도구를 쟁여 놓았을 수도 있고, 사재기를 하려다가 마음을 바꿨을 수도 있고, 다른 사람들처럼 뒤늦게 마트에 갔다가 텅텅 빈 선반만 보고 빈손으로 돌아왔을 수도 있다).

학교와 직장이 폐쇄되었던 때를 기억할 것이다. 처음에는 한두 주일 정도면 될 거라고들 했다. 병원에서, 약국에서, 교통 시설에서, 마트에서 다른 이들처럼 안전하게 격리하지 못하고 최전선에서 일했을지도 모른다(이것이 혹시 여러분의 상황이었다면 나는 마음 깊은 곳에서 우러나오는 감사를 전한다).

분명 세상이 달라지고 있었다는 사실을 기억할 것이다. 그것에 관해서는 더 말할 필요가 없을 것 같다.

그것은 숙주 세포에 침입하는 데 필요한 스파이크spike의 "왕관"에 둘러싸인 구체의 바이러스, 즉 코로나바이러스Coronavirus였다. 골프 티tee가 사방에 박힌 스티로폼 공을 상상하면 된다. 골프 티가 스파이크 단백질이고 공 안에는 바이러스의 유전 정보가 담겨 있다. 다른 바이러스처럼 코로나바이러스도 기발하게 숙주 세포를 장악하고는 세포 내 장비를 차용하여 자신을 복제하는 바이러스 공장으로 변질시킨다.

코로나바이러스는 1960년대에 처음 식별되었다. 이 바이러스가 일으키는 질병은 감기나 소화 장애처럼 대체로 증상이 경미했다. 코로나바이러스에 감염되면 며칠간 드러누울 수는 있어도 목숨이 위험해지는 경우는 없었다. 그러다가 세계가 두 번의 아슬아슬한 상황을 경험했다. 2002–2003년에 발생한 SARS-CoV(사람들은 "중증 급성 호흡기 증후군severe acute respiratory syndrome"의 줄임말로 "사스"라고 불렀다)가 8,000명을 감염시켰는데, 대부분 아시아인이었다. 감염자 수는 그다지 많지 않았지만 사스는 악성 바이러스여서 치사율이 10퍼센트에 달했다. 감염에서 살아남은 사람들도 극심한 후유증을 겪었다. 하지만 그 바람에 감염자가 밖을 나가지 못해 이런 독성이 역설적으로 바이러스의 전파를 막았다.

이어서 2012년에는 중동 호흡기 증후군Middle East respiratory syndrome coronavirus, 즉 메르스MERS가 발생했고, 역시 사람들이 많이 아파했다. 사실 메르스의 치사율은 35퍼센트에 가까워 천연두보다도 높았다. 다행히 사람들 사이에서는 쉽게 전파되지 않아 확진자 수는 2,500명 정도로 비교적 낮게 유지되었다.

그러나 2019년에 시작된 SARS-CoV-2 또는 코로나바이러스 감염증-19(코로나19)라고 알려진 이 새로운 코로나바이러스는 아주 빨리 퍼질 뿐만 아니라 입원이 필요할 정도로 병증이 심각해지기도 했다. 반면에 조금 앓기는 했지만 생명에 위협이 되지는 않는 수준인 경우도 많았다. 어떤 이는 감염되어 목숨을 잃었지만 경미한 증상을 보이거나 아무 증상도 없는 사람도 있었다.

코로나19 증상이 생각보다 약하고 무증상인 사람도 있다는 사실을 알게 된 사람들은 안심했다. 걸리더라도 그렇게 아프지는 않겠지. 그러나 과학자와 보건 당국은 "무증상"이라는 말에 더욱 우려했다. 감염자가 그 사실을 인지하지 못하면 이 바이러스가 퍼지는 것을 막을 방법이 없기 때문이다.

코로나19는 치사율이 1-3퍼센트로 사스나 메르스보다 낮았지만 안심할 수는 없었다. 세계 인구의 1퍼센트라고 해도 수천만 명에 달한다. 이 바이러스는 전 세계로 빠르게 퍼졌다. 이 새로운 바이러스에 사람들은 면역이 없었다.

한시라도 빨리 백신을 만들어야 했다.

그때까지 가장 빨리 만들어진 백신은 1960년대의 볼거리 백신으로 총 4년이 걸렸다. 그러나 2020년 초에는 세계 전체가 봉쇄되었고 경제에 커다란 구멍이 뚫렸다. 최전방 근로자들은 이 위험한 바이러스에 매일 노출되었고, 집에서 대기하는 이들도 사랑하는 사람들과 격리되어야 했다.

우리에게는 4년의 여유가 없었다.

그러나 속도는 mRNA 치료와 백신이 가장 자랑하는 특성 중 하나였다. 항원의 유전자 염기서열만 알면 그 항원을 암호화하는 mRNA를 만들고 이를 지질 운반체에 아주 아주 빠른 시간에 넣을 수 있다. 우구어와 외즐렘은 용기 있는 결정을 내렸다. 이 새로운 바이러스를 막는 백신 제작에 바이온텍의 자원 전부를 투입하기로 한 것이다.

그들은 모든 것을 걸었다.

2020년 1월 초, 중국 바이러스 학자이자 교수인 장융전張永振이 SARS-CoV-2바이러스의 유전자 염기서열을 전 세계에 공개했다. 총 29개 단백질을 암호화하는 약 3만 개짜리 A, C, G, T "글자" 나열이었다. 이 29개 단백질들은 바이러스가 숙주의 면역계를 피하고, 숙주 세포에 침입해 정상적인 세포 과정을 파괴하고, 세포의 장비를 장악하여 스스로 대량 또는 치명적일 정도로 많은 양을 복제하게 하는 기능이 있었다.

우구어가 「랜싯」의 기사를 처음 접하고 몇 주일 후, 바이온텍은 화이자와 협력해 코로나19 백신을 제작하기로 구두 계약했다. 이 두 회사는 계약의 세부 사항이 모두 합의된 것처럼 신뢰하에 전력을 다했다. 이는 사태의 심각성을 방증하는 전례 없는 기업 신뢰였다. 다른 백신 개발자들처럼 우리도 스파이크 단백질이라는 바이러스 단백질을 목표로 삼았다. 스파이크 단백질은 바이러스 표면에 있기 때문에 항체가 빠르게 들러붙어 바이러스를 무력화할 수 있다. 마침내 회사가 시장에 내놓은 백신의 기반은 변형 mRNA였고, 그중에서도 유리딘이 N1–슈도유리딘으로 대체된 것이었다.

벨러의 생일은 3월 18일이다. 나는 항상 벨러의 생일에 맞춰 집에 갔다. 2020년에도 마찬가지였다. 벨러의 60번째 생일이어서 나는 이미 몇 달 전에 항공권을 구입해두었다. 독일에서 3월 13일에 출발하는 것이었다. 그리고 내가 도착한 날, 미국 정부는 공식적으로 국경을 폐쇄하고 비필수 여행을 금지했다. 나는 우리 집 사무실에서 10개월을 보내며 다른 대륙에 있는 연구팀을 감독했다.

2020년 한 해의 긴박함과 에너지를 이 책에 모두 담기는 불가능할 것 같다. 우구어와 외즐렘이 공동 저자로 참여한 책과 화이자 최고경영자 앨버트 불라Albert Bourla의 책을 포함해서 이 백신 개발 과정을 다룬 책들이 출간되었으니 참고하기 바란다.

다만 내가 강조하고 싶은 것은, 이것이 용기와 전문가적 결단력, 정확성이 필요한 실로 놀라운 과정이었다는 사실이다. 나는 이런 특징을 앨버트, 우구어, 외즐렘 같은 최고 수준의 리더십에서도 발견했지만, 직원, 도급업체, 공급회사, 그밖의 전문가들을 포함해 이 프로젝트를 위해서 일한 모든 이들에게서 보았다.

전에는 산업계에 감명을 받았다면 2020년에는 경외감을 느꼈다. 그해에 바이온텍이 화이자와 함께 성취한 것은 기적이나 다름없었다. 그저 새로운 플랫폼으로 새로운 백신을 만드는 문제가 아니었다. 이 백신은 신규 대규모 기계와 장비, 대형 냉동 창고, 새로운 운송 기준, 전적으로 새로운 전 세계적인 공급망을 요구했다. 모든 것이 병목 현상이나 지연 없이 돌아가도록 제때 제자리에 있어야 했다. 비용이 얼마나 들고 무엇이 필요하든 화이자의 대답은 늘 같았다. "좋습니다. 시작하시죠."

이 모든 것의 실행 계획은 놀라웠고 투자는 기가 막힐 정도였다. 화이자는 수십억 회 분량의 백신을 제조했고, 생산 라인을 거친 첫 번째 백신과 10억 번째 백신은 분자 하나 다르지 않고 완전하게 동일했다. 지역이 맨해튼이든 뮌헨이든, 먼시든 간에 약국과 병원, 커뮤니티 센터에서 새로운 백신을 개봉할 때 그들은 모두 그것들이 정확히 같은 제품임을 확신할 수 있었다.

실로 내 평생의 연구가 나라는 사람을 넘어서서 크고 넓은 세계로 나아간 것이었다. 그것은 마치 처음으로 집을 떠나 학교에 가는 아이를 지켜보는 기분이었지만, 이런 말로는 이 일이 일어난 규모와 속도를 표현하기가 어렵다. 어쩌면 아이가 세계 최고의 코치와 팀원들과 힘을 합쳐 전 세계가 지켜보는 가운데 올림픽 결승선을 넘어서 금메달을 따는 모습을 지켜볼 때의 기분에 좀더 가까울 것 같다.

수전과 라이언은 2020년 7월에 약혼했다. 두 사람은 처음 만난 버지니아 샬러츠빌에서 10월에 결혼식을 올리기로 했다. 아주 행복한 소식이었지만 나는 마냥 축하할 시간이, 결혼 준비를 도울 시간이, 꽃장식이나 웨딩드레스나 초대장이나 사진사를 고민할 시간이 없었다. 수전이 전화로 준비 과정을 이야기하면 나는 형식적으로 "어", "응"이라고 대답하고는 내가 최근에 읽은 논문 이야기로 돌아갔다. 내 머릿속은 온통 일 생각뿐이었다. 나는 논문을 한 시간 읽지 않으면 이 바이러스와 그것이 야기하는 병에 대한 11편의 중요한 논문을 놓치는 셈이라는 계산까지 마쳤다. 그 논문들을 읽지 않으면 뒤처질 수밖에 없다. 결국 10월이 될 때까지 결혼식은 거의 생각하지 않았고, 실감이 나지도 않았다.

크리스마스 이후로 수전을 본 적이 없었기 때문에 가까운 친척과 친지들이 함께하는 리허설 장소에 갔을 때 나는 수전을 보고 깜짝 놀랐다.

여기 내 눈앞에 우리 딸 주지가 있다. 손에는 땅콩 엠앤엔즈 봉지를 들고 벽에 기대어 서서 결혼식 들러리를 설 올림픽 팀원과 이야기를 나누고 있었다. 바닥까지 내려오는 드레스에 금발 머리를 뒤로 넘겼고, 조정 선수였던 팔은 여전히 가늘고 근육질이었으며 얼굴은 캘리포니아 태양의 황금색이었다.

나의 거침 없고 어여쁜 딸. 내일이 딸의 결혼식 날이다. 나는 그 자리에 서서 조용히 지켜보았다. 수전은 입에 엠앤엔즈를 던져넣으면서 웃고 이야기했다. 이 아이는 아직 나를 보지 못했다.

순간 나는 뭔가 달라졌음을 깨달았다.

그리고 그대로 달려가 인사말을 건넬 새도 없이 이 말부터 했다. "출산 예정일이 언제야?"

얼굴 모양이든 드레스를 입은 체형이든 뭔가가 달랐다. 어쩌면 손에 들고 있던 엠앰엔즈 때문이었는지도 모른다. 어쨌든 엄마는 알 수 있다.

나는 알았다.

안개비, 낙엽. 흐드러진 붉은 장미. 말이 끄는 마차. 카우보이 부츠를 신은 올림픽 신부 들러리. 벨러가 건배사를 했다. "백신에 대해 궁금한 점이 있으신 분들, 오늘밤에 커티가 속 시원히 대답해줄 겁니다……." 사랑의 기차, 맨발의 일렉트릭 슬라이드 댄스, 화관을 쓰고 춤추는 벨러. 더는 비밀이 아닌 새로운 생명. 내 손주가 흰색 레이스에 겹겹이 싸인 몸속에서 안전하게 자라고 있다.

그리고 수전과 라이언이 그들 앞에 펼쳐질 영광스러운 삶을 시작하며 환히 빛났다.

수전의 결혼식이 있고 28일 후, 화이자/바이온텍의 임상시험 결과가 나왔다. 전 세계 153개 지점에서 총 4만3,448명이 참가했다. 이들은 거의 동일하게 두 집단으로 나뉘어 한 집단은 백신을 접종했고 다른 집단은 위약을 맞았다. 이 실험은 이중 맹검으로 진행되었다. 주사를 놓는 사람과 맞는 사람 모두 이 주사약이 백신인지, 식염수 위약인지 모른다는 말이다. 참가자가 고열이나 목이 아픈 증상을 보이면 진료소에 가서 코로나19 진단 테스트를 했다. 데이터가 수집되었고, 백신의 효과를 확인할 시간이 되었다. 백신을 접종한 사람들이 덜 감염되는지 보는 것이다.

통상적으로 백신과 신약은 순차적인 단계를 거쳐 시험된다. 첫 단계는 임상 전 작업으로 특정 의약품을 만드는 데에 선행되는 기초 연구이다. 다행히 이 연구의 대부분은 이미 수행되었다. mRNA 독감 백신을 개발한 바이온텍과 화이자에서만이 아니라 그에 앞서 수십 년간 진행된 RNA 연구, mRNA 연구, 지질 연구, 배합 비율 연구 등이 모두 일조한 결과물이다.

임상 전 연구가 끝나면 약물은 임상시험에 들어가는데 여기에는 세 단계가 포함된다. 단계가 올라갈수록 테스트 대상의 수와 비용이 늘어난다. 1단계는 안전성 평가로 이 백신 또는 치료가 안전한가, 어느 정도의 용량에서 안전한가 등을 확인하기 위해 건강한 지원자를 대상으로 몇 번의 서로 다른 양을 시험한다. 2단계에서는 약물의 효과를 시험한다. 백신이라면 면역반응을 효과적으로 유도하는가를 묻는다. 3단계에서 제품은 다수를 대상으로 시험에 들어가며 참가자가 다양할수록 결과의 신뢰도가 높아진다. 이 단계에서는 약물의 효능과 앞 단계에서 놓친 문제점을 찾는다.

코로나19 백신도 안전성, 연구 방식, 시험 참가자의 수와 다양성에서 최고 수준으로 모든 단계를 거쳤다. 그러나 이번에는 1, 2단계를 한번에 실시함으로써 더 신속하게 결과를 얻었다. 또한 이 연구가 진행되는 동안 화이자는 이미 수백만 명 분량의 백신을 제조해서 초저온 창고에 대기시켰다.

시험 결과 백신이 제대로 작동한다는 사실이 확인되면, 바로 사람들에게 접종을 시작하기 위해서였다.

데이터가 나오기 직전 많은 동료들이 긴장하며 불안해했지만 나는 전혀 떨리지 않았다. 오히려 나는 이미 결과를 알고 있다는 기분이 들었다.

2020년 11월 8일은 일요일이었다. 벨러와 나는 둘이 집에서 오붓하게 수전의 생일을 축하했다. 밤에 전화벨이 울렸다. 우구어였다. 그는 방금 앨버트 불라에게서 백신이 효과가 있다는 소식을 들었다고 전했다. 사실 당연한 결과였다. 우리의 변형 mRNA 백신은 당시 유행하던 바이러스에 대해 95퍼센트의 효과가 있었다.

전화를 끊고 나는 벨러에게 갔다. 나는 아주 차분했다.

"효과가 있대." 나는 그렇게만 말했다.

그리고 내 연구 인생에서 처음으로 좋은 결과를 얻었을 때 곧바로 실험실로 향하지 않았다. 대신 내가 아는 최고의 방법으로 자축했다. 대용량 구버 한 상자를 뜯어서 그 자리에서 몽땅 먹어치웠다.

나에 관한 이야기들이 믿기지 않을 만큼 빨리 들려왔다. 처음에는 지금껏 가장 빠르게 개발된 백신을 만들어낸 수십 년의 노력에 참여한 많은 사람들 중 한 연구자로서 잠깐 언급되었다.

그러나 11월 10일, 화이자/바이온텍의 3단계 임상시험 결과가 발표되고 하루 만에 「스태트*STAT*」가 "mRNA 이야기 : 한때 내쳐졌던 발상이 어떻게 코로나 백신 경주에서 선두에 서게 되었나"라는 제목으로 기사를 실었다. 일주일 뒤에는 「가디언」에서 나를 특집 기사로 소개했다. "코로나 백신 기술 개척자의 말, '나는 한 번도 의심한 적이 없었다.'" 이 기사의 맨 위에는 런던 올림픽 때 벨러, 수전과 함께 빨간색, 흰색, 파란색 옷을 입고 찍은 사진이 나왔다. 이어서 「뉴욕 포스트*New York Post*」("이 과학자의 수십 년 mRNA 연구가 두 코로나19 백신을 모두 이끌었다"), 그리고 「텔레그래프*The Telegraph*」("'구원' : mRNA를 향한 한 과학자의 확고한 믿음이 어떻게 세계에 코로나19 백신을 가져다주었나")까지 나왔다. 12월에는 CNN과 인터뷰를 했는데 당시 앵커였던 크리스 쿠오모Chris Cuomo가 "제가 시청자 여러분께 도저히 설명할 수 없는 종류의 연구"를 한 과학자로 나를 소개했다. 나는 지난 10개월 동안 줌 앞에 앉아서 일하던 방에서 시청자를 향해 눈을 깜빡거렸고, 쿠오모의 질문에 최선을 다해 답변하면서 내내 세상에, 정말 이상하다는 생각뿐이었다.

도대체 무슨 일이 일어난 거야.

크리스마스 직전, 드루와 내가 복사기 앞에서 처음 만난 지 20여 년 만에 우리는 함께 만나 우리의 바이온텍/화이자 코로나19 mRNA 백신을 맞았다. 당시에는 모더나의 mRNA 백신—바이온텍/화이자 백신처럼 우리가 발명한 변형 유리딘을 기반으로 개발되었다—도 긴급 사용 허가를 받아 접종할 수 있었다. 우리는 유펜에서 백신을 맞았다. 복도에 의료진들이 백신을 맞으려고 2미터 간격으로 떨어져서 줄을 서 있었다. 유펜의 내 동료 중 한 명이 "여기 백신 발명자가 있습니다!"라고 소리쳤다. 큰 환호를 들으며 눈앞이 뿌옇게 흐려졌다.

그러나 내가 백신 발명자라는 주장은 완전히 옳은 것은 아니다. 우리는 분명 혁명 같은 일을 해냈고 그것이 팬데믹 상황에서 제 순간을 맞이했다. 그러나 박수를 받아 마땅한 사람은 훨씬 더 많다. 우선 우리 이전에 이 연구를 가능하게 한 수많은 과학자들이 있다. 세포와 핵을 들여다본 사람들, DNA와 RNA, 그리고 이어서 연약한 전령 X를 발견한 사람들이 있다. 시험관에서 전사라는 정교한 과정을 식별하고 설명한 사람들이 있다. 어떤 연구자들은 적절한 지질 배합을 알아내 mRNA를 세포 안에 넣을 수 있게 했다. 연구에 동원된 모든 기술이 누군가에 의해서 발견되고 발명된 것이다.

다음으로 의사와 간호사, 기술자와 청소 관리자 등 의료진과 최전선에서 일한 노동자들이 있다. 그들은 감염된 환자를 돌보았고, 특히 발병 첫해에는 백신도 없는 상황에서 목숨의 위험을 무릅쓰고 매일 일터로 가서 다른 사람을 구했다.

또 바이온텍과 화이자의 모든 직원들, 그리고 우리와 계약한 회사들이 있다. 엔지니어, 기술자, 창고 직원, 내가 상상도 못하는 일들에 전문가인 사람들, 제조, 기계, 운송, 물류 등 1년이라는 전례 없는 단시간에 백신을 만들고 배포하는 것을 가능하게 한 사람들이 있다. 수만 명의 임상 참가자들은 이 새로운 공포의 역사에 새로운 플랫폼으로 만든 새로운 백신을 기꺼이 시험했다.

그리고 내 주위에는 환호받아 마땅한 사람이 더 있다. 백신 접종을 가능하게 한 사람들이다. 이 지원자들은 전 세계 모든 국가의 모든 단체에서 뛰어들었다. 은퇴한 사람들이 현장으로 복귀했고, 이 일을 위해 휴가를 내고 헌신했으며, 긴 하루를 끝내고 백신 클리닉에 나타나 최대한 빨리 많은 사람들을 보호하기 위해 밤을 새워 일했다. 교통 정리와 신분증 검사를 위해 비가 오나 눈이 오나 같은 자리에 서 있었다. 백신 병을 열어 주사기를 채우고 백신 카드에 기록하고 주사를 두려워하는 사람들을 위로했다. 그리고 사람들의 팔에 끝없이 주삿바늘을 꽂았다. 수십, 수백, 수천에서 수백만, 수억 명의 사람들에게.

셀 수 없이 많은 사람들, 헤아리지 못할 수많은 희생이 있었다. 염기 변형 mRNA로 채워진 바늘이 내 피부에 들어갈 때 나는 눈물을 흘렸다. 진정으로 겸허해지는 순간이었다. 무엇보다 그 일부였던 것이 영광스러웠다.

이윽고 기자들이 내게 전화하고, 세계 지도자들이 나를 초대하기 시작했다. 나는 「NPR」, 「프랑스24」, 「WBUR」, 「르 몽드*Le Monde*」, 「보스턴 글로브*The Boston Globe*」, 「로스앤젤레스 타임스*Los Angeles Times*」, 「헝가리 자유 언론*Hungarian Free Press*」과 인터뷰를 했다. 「포브스」는 2020년에 가장 영감을 준 이민자로 나를 선정했다. 내 연구에 관한 이야기가 독일, 베트남, 멕시코, 중국, 튀르키예, 브라질 등 전 세계에 퍼졌다.

지나 콜라타*Gina Kolata*가 「뉴욕 타임스」에 내 소개 기사를 썼다. 「타임」의 한 페이지에 검은 모직 코트를 입고 헐벗은 나무들을 뒤로 한 채 흰 눈이 쌓인 진입로에 서 있는 것이 나였다. 이어서 「타임」의 팟캐스트인 「더 데일리」에도 내 에피소드가 나왔다. 고요하고 잘 알려지지 않은 내 삶에 갑자기 누군가가 깊숙이 들어와 양말이나 청바지를 뒤집듯 내 내면을 홀랑 뒤집어보는 기분이 들었다.

2020년 12월에 내 트위터 팔로워는 20명이었다. 10년 전 수전의 트위터를 보려고 가입한 계정이었다. 팔로워는 대부분 수전의 친구들이었다. 얼마 되지 않아 그 수가 (이 책을 쓰는 지금을 기준으로) 4만5,000명 이상으로 불어났다. 나는 백신으로 인해 삶이 달라진 사람들로부터 메시지와 편지와 카드를 받기 시작했다.

마침내 요양원에 있는 내 남편을 보게 되어…

우리 엄마는…

격리가…

나는 너무 외로웠고…

너무 무서웠고…

그런 선물을…

내 아이들을 만나…

마침내 새로 태어난 손주를 품에 안고…

새로 태어난 손주를 품에 안고. 맞다. 나도 얼마 뒤 손주를 품에
안았다.

알렉산더 베어는 2021년 2월에 태어났다. 손가락이 길고 얼굴은
둥글고 세상을 모두 빨아들일 것처럼 눈이 컸다. 수전은 자연스
럽게 엄마가 되었다. 나는 수전네 집에서 2주일 동안 머물며 헝
가리 음식을 해주고 긴긴밤 아기 "곰"을 안고 얼러주었다. 이렇
게도 밤을 새울 수 있구나. 매 순간이 사랑스러웠다.

나에게 상들이 쏟아지기 시작했다. 종종 드루와 함께, 또는 우구
어, 외즐렘과 함께, 때로는 우리 넷이 다 같이. 수상을 위해 세
계를 여행했는데 내가 조너스 솔크Jonas Salk, 제임스 왓슨과 프
랜시스 크릭, 제인 구달Jane Goodall, 루이 파스퇴르Louis Pasteur,
니콜라 테슬라Nikola Tesla, 심지어 고등학교 생물 시간에 이름과

"USA"라고만 써서 편지를 보내고 답장까지 받았던 헝가리 학자 얼베르트 센트죄르지 같은 사람들이 과거에 받은 영광을 누린다는 사실에 어리둥절했다. 래스커상 시상식에서 만난 다른 수상자 데이비드 볼티모어는 내가 헝가리 BRC에서 일을 시작했을 때 그가 쓴 기념비적인 바이러스 책을 읽고 크게 감명받았던 바로 그 사람이었다. 그의 연구가 나에게 얼마나 큰 영향을 미쳤는지를 직접 말할 수 있어서 정말 기뻤다.

한편 나는 모교인 세게드 대학교—오, 세게드, 제 마음은 언제나 이곳에 있습니다—뿐만 아니라, 듀크, 예일, 텔아비브 대학교에서 명예 학위를 받았다. 예일 대학교에서는 선구적인 RNA 연구자인 나의 영웅 조안 스타이츠Joan Steitz를 만났고, 텔아비브 대학교에서는 공동으로 명예 학위를 받은 조디 캔터Jodi Kantor, 코리 바그만Cori Bargmann과 어울렸다. 캔터는 하비 와인스타인Harvey Weinstein 사건을 폭로한 사람이었고, 바그만은 록펠러 대학교의 뛰어난 신경생물학자로 어떻게 유전자와 환경이 상호작용하여 행동에 영향을 미치는지 연구했다. 우리 세 사람은 과학에서, 그리고 세계에서 지금까지 여성이 성취한 업적, 여전히 겪어야 하는 어려움, 성공하기 위해서 필요한 조건(아이 돌봄, 멘토, 저렴한 교육)에 관해서 이야기를 나누었다.

드루와 나는 「타임」 표지에 실렸고 2021년 「타임」이 선정한 올해의 영웅에 이름을 올렸다. 또 나는 「글래머」 지가 선정한 올해의 여성이었다. 잡지사 팀이 화장 도구와 옷을 산더미처럼 들고 집 앞에 나타났다. 나는 검은 드레스를 입고 한 바퀴 돌았고, 과

감한 노란 스웨터와 색안경을 끼고 포즈를 취했다. 내 것이 아닌 듯 너무 어색했지만 덕분에 즐거운 오후를 보냈다.

나는 브뤼셀로, 방콕으로, 하노이로 여행을 더 했다. 하노이에서는 베트남에서 헝가리로 유학을 왔던 대학 동기들을 만났다. 앙겔라 마르켈의 집에서 저녁을 먹었고, 벨기에 국왕 필리프와 식사했다. 일본 천황 나루히토와 마사코 황후를 만났다. 이틀에 한 번씩 새로운 도시, 새로운 나라, 새로운 대륙에서 아침에 눈을 떴다. 수전은 많은 행사에 나와 동행했다. 우리 딸은 아주 멋진 여행 동반자였고 언제나 나를 위해 물 한 병을 들고 다녔다. 수전이 세계 무대에 설 때는 내가 "수전 프런치어의 엄마"였던 것처럼, 지금 우리가 다니는 곳에서 수전은 "커틸린 커리코의 딸"이 되었다.

헝가리에 갔을 때는 고등학교 은사이신 얼베르트 토트 선생님을 찾아뵈었다. 선생님을 다시 만나서 너무 행복했다. 토트 선생님은 이제 80대가 되셨고, 백신이 나오기 전에 코로나19에 걸려 크게 앓으셨지만 잘 버텨내셨다. 그리고 예전 그대로 영민한 분이셨다. 나는 세게드 명예시민이 되었다. 벨러와 내가 결혼한 세게드 시청에서 환영식이 열렸는데, 많은 대학 친구들이 참석해 동창회가 되어버렸다. 파티가 끝나고 많은 친구들이 다 같이 우리의 오랜 친구 라슬로 서버도시의 집에 갔다. 대학 시절 우리와 함께 수많은 기차 모험을 했던 친구이다. 라슬로는 남아메리카에서 여러 해 일했고 다시 BRC로 돌아왔다.

내 동기들이 전 세계에서 훌륭한 연구를 하고 있었다. 나는 근래의 잦은 여행 중에도 이렇게 고향 친구들과 앉아서 이야기할 수 있어서 정말 마음이 편하고 좋았다.

이즈음 많은 옛 친구들이 내 앞에 나타났다. 코로나 백신을 맞은 지 얼마 지나지 않은 어느 날, 필라델피아 집에서 로잉머신으로 막 운동을 끝냈는데 초인종이 울렸다. 나가 보니 유펜에서 초기에 나와 실험 공간을 공유했던 친구이자 동료인 장 베넷이 문 앞에 서 있는 것이 아닌가! 장 역시 운동복 차림이었고 늘 그랬듯이 나를 응원했고 또 열정도 그대로였다. "커티, 그냥 네가 보고 싶어서 들렀어!" 장이 큰 소리로 말했다. "내가 널 얼마나 존경하고 또 그렇게 오래 옆에서 함께 일했던 게 얼마나 자랑스러운지 꼭 말하고 싶었어." 장 역시 최초로 FDA 승인을 받은 유전자 치료법을 개발해 희귀한 형태의 실명을 치료하는 위업을 달성했다. 나중에 나는 장과 함께 예일 대학교에서 명예박사 학위를 받았다.

비록 직접 만난 적은 없지만 나는 그간에도 종종 BRC에서 함께 일했던 야노시 루드비그와 통화했다. 한번은 대화 중에 옛날 일이 떠올라서 물었다. "왜 예전에, 실험실에서 우리가 같이 설거지하면서 했던 바보 같은 '홀짝 게임' 기억나?"

"나는 그런 거 기억할 시간이 없어, 커티." 이것이 야노시의 답이었다. "할 일이 너무 많거든."

온 세상이 변해도 변하지 않은 사람이 있다는 것은 반가운 일이었다.

부다페스트의 예술가들이 어느 5층짜리 건물벽에 통째로 내 얼굴을 그렸다. 강렬한 색채에 "A jöv t magyarok írják"(미래는 헝가리인이 쓴다)라는 제목을 달고 있었다. 언니와 함께 벽화를 보러 가서는 엄마나 아버지가 보았으면 정말 좋아하셨겠다는 생각이 들었다. 부모님을 만나 수십 년 전 아버지의 말이 옳았다고 말할 수 있으면 얼마나 좋을까. 나는 쿠터토, 찾는 자이다. 나는 평생 뭔가를 찾아왔고, 그 길에서 내가 발견한 것은 사람들에게 중요한 것이었다.

그러나 걱정도 되었다. 논문 읽을 시간이 부족해서 연구 동향을 제대로 따라잡지 못하고 있었기 때문이다. 나는 수년 전 강연장에서 경험한 저명한 과학자들이 생각났다. 이 영웅들이 말을 시작했을 때, 그들이 최신 문헌을 거의 읽지 않았다는 사실에 나는 몹시 실망했다.

그렇게 되고 싶지는 않았다. 그런 일이 내게는 절대로 일어나지 않기를 바랐다. 그런데 어떻게 다 따라잡을 수 있을까?

이 모든 시간 중에 나는 샴페인을 딱 한 번 땄다. 힘든 장거리 여행을 해야 하는 수상 축하 행사가 취소된 덕분에 숨도 조금 돌리고 논문을 읽을 며칠의 여유가 생긴 적이 있었다.

그 무엇보다 축하할 일이라 샴페인을 한 잔 마셨다.

더 많은 편지, 더 많은 메시지가 도착했다.

당신의 연구에 감사를…

내 가장 친한 친구를 볼 수 있게…

마침내 동생과 포옹하게 되어…

손을 다시 잡을 수 있는…

모든 과학자들에게 감사를…

그러나 내가 받은 이메일이나 메시지 중에는 그다지 호의적이지 않은 내용도 있었다. 그 사람들은 백신에 대한 공포를 조장하는 글들을 읽었다. 백신이 DNA를 변형시킬 것이다. 백신을 맞으면 코로나에 걸린다. 백신이 너무 빨리 만들어져서 위험하다. 백신을 맞으면 불임이 된다. 백신은 생리 주기를 바꾼다.

대부분은 사실이 아니다. 당연히 백신은 당신의 DNA를 바꾸지 않는다. 바꾸기는커녕 그 근처에도 가지 못한다. 이것이 애초에 mRNA의 이점이다. 그러나 때로는 한 점의 진실에 근거한 거짓도 있었다. 예를 들면 면역을 활성화하는 인자는 일시적으로 생리 주기를 바꿀 수 있다. 100년 전 최초의 백신이 개발되었을 때 이런 현상이 관찰되고 보고도 되었다. 그러나 그 변화는 일시적이었고, 당신의 면역계가 작동한다는 증거였다. 그 변화는 위험하지 않고, 머지않아 모든 것은 일상으로 돌아간다.

나는 백신을 두려워하는 사람을 비난하지 않았고 지금도 그렇다. 백신의 바탕이 되는 과학은 대단히 복잡하다. 사람은 자기가 이해하지 못하는 것을 두려워하기 마련이다. 그리고 안타깝지만 진실을 더 잘 알고 있는 일부 사람들이 반쪽짜리 진실이

나 말도 안 되는 거짓말을 퍼트리며 적극적으로 공포를 조장하기도 한다. 두려워하는 사람들을 꾀어내 바이러스로부터 "지켜준다"고 광고하는 상품을 사게 하려는 이들도 있다. 그러나 때로는 다른 이유로도, 아마도 절대 이해하지 못할 이유로도 그렇게 한다.

그러나 과학을 잘 알면서 대중에게 제대로 설명하지 못하는 이들에게도 책임은 있다. 지금 이 단락을 쓰면서 슈도유리딘을 온라인으로 검색해봤더니 구글 알고리즘이 이 용어에 대해 사람들이 가장 많이 묻는 말을 보여주었다. 슈도유리딘은 유해합니까? 이런 질문이 나타난 것은 많은 이들이 자기가 알고 싶은 백신에 대한 정보를 찾기 위해 구글에 의존해왔기 때문이라고 생각한다.

나는 온라인 어디에서도 명료하고 정확한 답을 찾을 수 없었다. 아니오, 슈도유리딘은 유해하지 않습니다. 이 분자는 이미 당신 몸속의 모든 세포에 존재합니다. 당신의 몸은 슈도유리딘을 적이 아닌 친구로 인식합니다.

사람들이 그들의 생명을 살리는 백신과 의약품을 완전히 이해하기 위해서 아는 것과 알아야 하는 것 사이에 커다란 간극이 있다. 그 간극은 언제라도 악용될 가능성이 있기 때문에 좁혀야 한다. 그래서 그런 질문이 들어올 때마다 나는 내가 할 수 있는 일을 한다. 수백 개, 아니 수천 개의 메시지에 답했고, 사람들에게 두려워하지 않아도 되는 이유를 설명한 연구와 데이터를 소개했다. 내가 이렇게 하는 것은 내가 "백신 팀"이라서가 아니다.

이것은 풋볼 게임이 아니다. 나는 과학자이기 때문에 사람들에게 답하는 것이다. 누구보다 나 자신이 수년간 데이터를 철저히 조사해왔다. 나는 사람들이 저 데이터가 실제로 어떤 말을 하는지 올바로 이해하기를 바란다.

1년이 지나고, 1년이 더 지나갔다. 나는 공항으로 이동하고 호텔에 체크인하고 강연하고 인터뷰하고 내가 받으리라고는 상상도 하지 못했던 상을 들고 카메라 앞에서 자세를 잡았다. 이는 새로운 측면에서의 한 가지 더, 한 가지 더였다. 나는 한때 아인슈타인이 일했던 프린스턴 고등연구소를 방문했다. 그곳에서 글로벌 스페이스 벤처스 대표인 레티시아 개리엇 드 카유스Laetitia Garriott de Cayeux를 만났는데, 그녀는 여성 과학자들의 이미지가 그려진 드레스를 입고 있었다. 거기에는 마리 퀴리Marie Curie, 로절린드 프랭클린, 캐서린 존슨Katherine Johnson, 마리암 미르자하니Maryam Mirzakhani, 그리고 내가 있었다.

세게드 대학교와 연관된 두 헝가리 연구자 주전너 헤이네르Zsuzsanna Heiner와 크리스티안 샤르네츠키Krisztián Sárneczky가 2002년에 발견한 소행성체가 "(166028) 커리코커털린"이라는 내 이름으로 명명되었다는 사실을 알게 되었다. 이 소행성은 화성과 목성 사이를 3.7년에 한 번씩 공전한다.

또한 버지니아에 있는 한 의사 부부가 내 이름을 따서 둘째 아이의 이름을 지었다는 영광스러운 소식도 들었다(안녕, 어린

윈저 커털린. 엄청 혈기 왕성한 아기인가 보구나. 아주 좋아요).

많은 가족이 다시 만나고 많은 행사가 재개되고 사람들이 서로 껴안고 손을 잡고 얼굴을 보며 미소 지을 수 있게 되었다는 이야기가 들려왔다. 2021년 1월, 뉴욕 주 플래츠버그에 있는 메도브룩 헬스케어 요양시설에서 거주자들이 백신을 맞고 일주일 만에 코로나 감염이 발생해서 70명이 양성 진단을 받았다. 하지만 백신 덕분에 모두 무사히 살아남았다. 그해 9월 이곳에서는 커털린 커리코 감사의 날을 기념했다. 시설 측에서 내게 거주자들이 내 얼굴이 그려진 티셔츠를 입고 있는 사진을 보내왔다. 어머니의 날을 맞아 1년 만에 처음으로 거주자들이 사랑하는 사람들을 방문한 사진도 함께 들어 있었다.

밝은 태양 아래에서 그들이 미소 짓는 얼굴을 보면서 이것보다 더 값진 상은 없다는 생각이 들었다.

백신이 출시되기 전인 2020년 10월에 나는 히아신스 구근을 사다가 물에 담근 다음 어둡고 추운 곳에 두었다. 구근이 3센티미터쯤 자랐을 때 덮개를 걷고 펜실베이니아 우리 집 창문 턱에 올려두었다. 구근은 식물이 하는 일을 했다. 색깔이 폭발하면서 만개했다.

가끔 나는 조용히 앉아 그것들을 바라보면서 엄마의 정원, 할머니가 시장에 내다 팔던 꽃들, 어려서 내게 최면을 걸었던 헝가리 화가이자 식물학자인 베러 처포지의 책 속 삽화를 떠올렸다.

나는 언제까지나 헝가리 평원에 서서 주위에서 아름답게 폭발하던 모든 생명을 경이와 놀라움의 시선으로 바라보던 그 소녀로 살 것이다.

영국 케임브리지에서 호킹 교수 펠로십 강연을 마친 후, 한 젊은 과학자가 내게 다가왔다. 자신이 루마니아에서 왔다고 했다. 그녀는 방 하나에서 네 식구가 옹기종기 모여 살았던 진흙 벽돌집에서의 내 가난했던 삶과 성장기에 관한 이야기를 들었다. "저도 그런 집에서 살았어요." 그렇게 말하는 눈가에 눈물이 고였다. "저도 그런 삶을 살았어요."

내가 이런 말을 들은 것은 처음이 아니었다. 나에 관한 기사가 나오면서 우리가 곰 인형 속에 몰래 돈을 넣어 빠져나왔다는 이야기가 처음 공개되었을 때, 동료 이민자들한테서 많은 편지와 이메일을 받았다.

저도 그랬어요.

저도 몰래 돈을 들고 나왔어요.

저도 제가 아직 알지 못하는 새로운 나라에서 길을 개척하기 위해 제가 아는 유일한 집을 떠났어요.

나는 이민자들이 계속 오기를 바란다. 그들이 계속해서 더 많은 것을 갈망하고 마땅한 기회를 얻기 위해 어디든 가기를 바란다. 그들이 계속해서 자신의 길을 개척하고 그 과정에서 이 세상을 다시 만들 수 있기를 바란다.

이 모든 관심들. 나는 필요하지 않았고 요청한 적도 없었다. 나는 과학자의 길을 걷기 시작하면서부터 타인의 인정이 아닌 연구 자체에 가치를 두기로 결심했다. 내가 하는 일을 잘 해내고 그래서 그것이 이끄는 대로 믿고 가기로 했다. 설령 내 생이 끝나고 한참 뒤에 다른 누군가가 그곳에 도달하게 되더라도 말이다. 그런데 순식간에 이렇게 되어버렸다. 비현실적으로 느껴질 정도로 많은 관심과 감사를 받았다.

어떻게 이런 일이 일어날 수 있지?

어떻게 이런 일이 일어났지?

링컨 센터의 타임 100 서밋 무대에 서서, 밝은 조명 때문에 관중을 보지도 못하는 상태로 나는 저 질문을 던졌다. "수도도 없는 방 한 칸짜리 집에서 가난하고 소박하게 살던 사람이 어떻게 뉴욕 시까지 와서 세상에서 가장 영향력 있는 사람으로 이 무대에 서게 되었을까요?" 나는 물었다. "그건 분명 내가 의도한 것은 아니었습니다."

이는 내가 의도한 일이 아니었다. 더 중요한 것은 내 인생이 얼마든지 다른 방향으로 흘러갈 수 있었다는 것이다.

나는 살면서 대체로 "그랬다면 어땠을까"를 생각하지는 않았다. 그러나 결정적인 순간들은 계속 있었다. 만약 헝가리 정부 또는 내가 키슈이살라시에서 만난 선생님들이 이 깡마르고 고집 센 푸주한의 딸에게 투자하지 않았다면 어떻게 되었을까? 만약 줄

담배를 피워대던 러시아어 교사가 내 대학 진학을 막는 데 성공했다면 어떻게 되었을까? 로버트 수하돌닉이 자신의 뜻대로 나를 추방할 수 있었다면? 내가 엘리엇을 만나지 않았다면? 데이비드가 뛰어들어 유펜에서의 내 운명을 구하지 않았다면? 과학 저널이 몇 년 더 일찍 온라인화되어 내가 복사기 앞에서 드루를 만날 일이 없었다면?

그랬다면? 그랬다면? 그랬다면?

이 "그랬다면"의 물음은 당시 내가 운이 별로 좋지 못했다고 느꼈던 것들로도 연장된다. 연구비 때문에 헝가리를 떠나지 않아도 괜찮았다면 어떻게 되었을까? 수하돌닉이 내가 영원히 함께 일하고 싶은 사람이었다면 어떻게 되었을까? 데이비드와 엘리엇이 새로운 길을 찾아 나를 두고 떠나지 않았다면? 그랬다면 세상이 지금과 달랐을까?

나는 내 연구가 변화를 만들어냈다고 믿는다. 그러나 이는 아주 많은 일들이 한데 엮여서 여기까지 온 것이다. 거기에는 정말 많은 행운이 따랐다. 그래서 나는 궁금해졌다. 내가 가진 행운이 없는 다른 이들은 지금 어디에 있을까? 누가 당장 작은 행운이 절실할까? 우리는 무엇을 잃어버리고 있을까?

타임 100 연설을 끝낸 후 나는 무대 뒤에서 수전을 만나 곧바로 다운타운으로 이동해서 플랫아이언 디스트릭트의 로스상 심포지엄에 참석했다. 드루가 먼저 와 있었고 사진가들이 더 많이 포진해 있었다. 행사 주최자는 우리를 재빨리 연회장으로 데려갔다. 그곳에서는 사람들이 국립보건원 R01 보조금에 대해 의논하거나 "콜드스프링 하버 연구소는 요새 어때?" 또는 "네, 제 논문은 지금 재투고한 상황입니다" 같은 대화를 나누고 있었다. 드루와 나는 바깥의 옥상 테라스로 갔다. 건물 아래의 거리에서 자동차 소리가 올라오는 가운데 우리 연구에 대한 영상 인터뷰를 했다.

안에서 우리는 상을 받고 두 사람이 함께한 연구에 대해 이야기했다. 객석에 있던 많은 사람들이 사진을 찍었다. 대부분 내가 모르는 사람들이었지만, 한 명은 알았다. 활짝 웃는 미소와 오래 전 조정 선수 시절의 지칠 줄 모르는 에너지가 남다른 사람이었다. 이제는 나이가 들어 관자놀이가 희끗희끗해졌지만, 이 사람이 누구인지 못 알아볼 리는 없다. 데이비드, 내 친구이자 동료, 내게 구원의 동아줄을 내려주었던 사람.

데이비드는 자신도 무척 훌륭한 이력을 자랑했다. 그는 전국에서 손꼽히고 세계적으로도 인정받는 뇌혈관 우회술 신경외과의로 수많은 목숨을 구했다. 또한 따분한 어퍼 이스트 사이드 지역 병원을 주요 수술 센터로 탈바꿈시키는 데 일조했다. 사실 어쩌면 여러분 중에서도 이미 데이비드를 아는 사람이 있을 것이다. 그는 유명인사가 되었으니까. 넷플릭스 다큐멘터리 시리즈인 「레녹스 힐Lenox Hill」과 스핀오프 「이머전시 : 뉴욕 Emergency: NYC」에 나오는 네 명의 의사 주인공 중 한 명이 바로 데이비드이다.

데이비드와 나는 서로 끌어안았다. 아주아주 오랜만이었다.

다음 날 아침에는 펄 마이스터 그린가드상 시상식에 참가했다. 엘리엇 연구실에 있던 기술자이자 친구인 앨리스 쿠오—도트 매트릭스 프린터 돌파구 당시 함께했던—가 축하해주러 왔다. 거기에서 과학 작가 데이바 소벨Dava Sobel이 과학 하는 여성에 관한 글을 몇 년씩 쓴 후에도 자신이 어떻게 19세기 하버드대학교 천문대에서 일했던 여성 과학자들을 과소평가했는지 이야기했다. "저는 항상 그들을 하버드 역사에서 아기자기하고 진기한 에피소드쯤으로 무시했습니다." 그녀가 말했다. 점심때 우리는 다 같이 과학에서 평등이 이루어지려면 얼마나 많은 일을 해야 하는지 생각해보았다. 그날 밤 수전과 나는 타임 100 축하연에 참석했다. 우리는 파파라치들이 줄을 서서 사진을 찍어대는 레드 카펫을 걸어갔다. 이들은 대부분 앤드루 가필드Andrew Garfield, 젠데이아Zendaya, 메리 J. 블라이즈Mary J. Blige 같은 유명인사의 사진을 찍고 싶어했다. 그런데 수전이 「액세스 할리우드Access Hollywood」에서 나온 리포터가 군중을 훑어보는 모습을 보고 그녀에게 다가가서 말했다. "여기 당신이 인터뷰해야 할 아주 중요한 사람이 있어요. 커털린 커리코 박사입니다. 박사님은 많은 이들의 목숨을 구하고 있는 아주 유명한 과학자예요!"

"오, 좋습니다!" 리포터가 밝게 말했다. 그 여성이 마이크를 내밀었다. 수전은 나를 슬쩍 앞으로 밀었고 나는 mRNA에 대해 처음부터 다시 말했다.

타임 100 축하연 다음 날 아침 수전과 나는 또다른 일련의 행사에 참석하기 위해 록펠러 대학교로 향했다. 록펠러는 드루와 내가 기념비적인 「이뮤니티」 논문을 발표한 후, 2006년에 나를 강연에 초대한 두 기관 중 하나였다.

오늘 나는 록펠러에서 명예 학위를 받을 예정이었다.

이날의 행사는 뜰에서 열린 연회로 시작했다. 태양이 타는 듯이 뜨겁게 내리쬐는 여름이었다. 서 있을 만한 시원한 곳을 찾아 돌아보다가 그늘진 구석에 짙은 양복을 입고 서 있는 한 남자를 보았다. 안경을 쓰고 있었지만 그 너머로 여전히 그 잊지 못할 눈을 볼 수 있었다. 친절한 눈, 따뜻한 눈. 좋은 이웃이자, 좋은 시민이자, 좋은 동료의 눈.

저 눈은 어디서에나 알아볼 수 있다.

"엘리엇!" 뉴욕에 도착해서 세 번째로 나는 또다른 옛 친구와 반갑게 포옹했다.

나에 대해 "커리코 문제"라는 제목으로 또 하나의 기사가 실렸다. 그 제목을 보자마자 웃음이 나왔다. 아, 그러니까 내 성을 따라 "문제"에 이름을 붙인 거네.

굿 사이언스 프로젝트의 사무총장 스튜어트 벅Stuart Buck이 「스태트」에 기고한 이 기사는 몇 가지 핵심을 짚어주었다. 벅은 지금 돌이켜보면 내 연구의 가치는 알아보기 쉬운 것이었다고 말했다. 그러나 바로 지금 이 시간에 어디에선가 보이지 않게 중요한 일을 하고 있는 사람을 어떻게 찾을까? 어떻게 그들의 연구가 지원을 받도록 도울 수 있을까? 벅은 말한다. 1985년에 잠재력 있는 아이디어를 가진 사람이 나만은 아니었다고.

그의 말이 맞다. 그게 중요한 점이다. 나만이 아니었다는 것.

mRNA 분자는 메시지를 전달하기 위해서 임시로 존재한다. 나는 내 mRNA 경험을 쓴 이 책이 여러분에게 두 가지 메시지를 전달할 수 있기를 바란다.

첫 번째 메시지는 우리는 더 잘할 수 있다는 것이다. 나는 학술 연구기관에서 과학이 이루어지는 방식이 개선될 수 있다고 믿는다. 그 한 가지로, 직함, 논문 기록, 인용 횟수, 연구비, 심사위원, 관례, 공간 사용료 같은 명예의 징표와 양질의 과학의 징표를 더 명확히 구분해야 한다. 우리는 너무 자주 그 둘이 하나인 것처럼 묶어서 생각한다. 그러나 더 많이, 또는 최초로 출판했다고 해서 꼭 더 나은 과학자인 것은 아니다. 어쩌면 데이터에 완벽을 기하려다 보니 논문이 늦어질 수도 있다. 마찬가지로 논문의 인용 횟수는 그 논문의 실질적인 가치보다는 외적인 사건과 더 관련이 있을 수도 있다. 드루와 내가 우리의 대표적인 논문을 「이뮤니티」에 발표했을 때, 이 논문은 거의 누구의 관심도 끌지 못했다. 세계는 팬데믹을 겪으며, 우리가 밝힌 것의 중요성을 이해했다.

또한 우리는 과학자들을 평가하는 기준을 확장해야 한다. 대부분의 기관은 과학자의 가치를 무엇보다 연구비로 정의한다. 그러나 연구비를 따려면 연구자는 자신이 어떤 연구를 하려고 하고 어떤 발견을 기대하는지 아주 상세하게 적어야 한다. 나는 과학이란 질문하는 것이고, 시도하고, 그 답이 데려가는 곳은 어디든 가는 것이라고 주장하겠다. 과학을 하려면 알지 못하는 곳으로 걸어가야 한다. 미지의 것, 그것이 핵심이다.

마지막으로 학술 연구자에게 미치는 돈의 영향과 그 결과에 대해 좀더 솔직해져야 한다. 돈은 산업계 못지않게 대학 환경에서도 중요하다. 그러나 내 경험으로 지금까지 학계는 좋은 아이디어를 무시하는 사치를 유일하게 누려왔다.

두 번째 메시지 : 코로나19 백신은 mRNA의 실질적인 적용의 길을 열었다. 그러나 여기에서 끝이 아니다. 이제 과학자들은 여러 고약한 감염성 질병에 대한 백신은 물론이고 여러 종류의 암, 낭포성 섬유증, 희귀한 대사 질환 치료에 대한 mRNA의 가능성을 연구하고 있다. 다음 10년 동안 새로운 mRNA 치료와 백신이 폭발할 것이라고 생각한다.

그리고 나는 누구보다 가까이에서 지켜볼 작정이다.

록펠러 대학교에서 명예 학위 수여식이 있은 후, 나는 이스트 강이 내려다보이는 유리 건물로 근사한 저녁을 먹으러 갔다.

식탁에서 내 왼쪽 옆에 앉은 수전은 내가 오랫동안 만나왔던 뛰어난 헝가리 연구자들—뉴욕 대학교 신경과학자와 컬럼비아 대학교에서 중력파를 연구하는 부부 천체물리학팀—과 헝가리어로 대화를 나누었다. 식탁 밑에서 수전은 손으로 배를 어루만졌다. 두 번째 손주가 자라고 있었다.

내 오른쪽에는 데이비드와 엘리엇이 농담을 주고받으며 추억을 되새겼다. 서로 몸을 기울이고 머리를 가까이 댄 채 옛날이야기를 하며 웃는 모습이 마치 어린아이들 같았다. 식사를 마치기 전에 그들은 mRNA 치료의 전망을 두고 브레인스토밍을 시작했다. 두 사람은 농담 반 진담 반으로 회사 설립에 대한 이야기를 했다. 어떻게 될지는 모르지만 왠지 그들이 해낼 것만 같다.

이때 벨러는 필라델피아의 집에서 유리문이 달린 근사한 원목 선반장을 마무리짓고 있다. 물론 그가 직접 만든 것이다. 내가 집에 도착할 무렵이면 선반장에는 조명이 달리고 모든 선반에는 내가 받게 되리라고는 전혀 예상하지 못했던 상들이 채워질 것이다.

여기 이렇게 앉아 도자기 접시에 포크가 부딪치는 소리와 함께 내가 사랑하고 존경하던 사람들이 내 모국어와 나를 받아준 나라의 언어로 대화하는 소리를 듣는다.

이런 순간은 꿈도 꾸지 못했지.

다음 날 새벽, 나는 일찍 잠에서 깼다. 나를 공항으로 데려다줄 차가 새벽 4시부터 호텔 밖에서 기다릴 것이다. 앞으로 더 많은 여행, 더 많은 호텔, 더 많은 강연이 예정되어 있다. 파리로,

빌바오로, 부다페스트로, 그리고 다시 파리로 갈 것이다. 그러고도 더 많은, 먼 곳의 목적지들이 있다.

내 인생의 이 단계가 그리 오래 지속되지는 않을 것이다. 나는 이미 좀더 조용한 곳을 향한 끌림을 느낀다. 혼자 앉아 논문을 읽을 수 있는 시간. 그렇게 읽은 것들은 새로운 질문을 불러올 것이고, 그 질문은 새로운 실험을 낳을 것이다.

그러나 당장은 조금만 더 이 순간을 즐기고 싶다. 우리 모두 어렸을 때, 막 일을 시작했을 때의 기분을 나는 기억하고 싶다. 또한 지금 갓 시작한 모든 젊은 과학자를 그려보고 싶다. 그들의 연구 결과를 곧 내가 읽게 만들 사람들, 그리고 언젠가 아직 누구도 상상하지 못하는 혁신을 일구어낼 사람들.

세상에는 아직 발견해야 할 것들이 너무나 많다.

에필로그

나는 이 책을 선생님들께 보내는 메시지로 시작했다. 나를 가르쳐준 선생님들은 물론이고 세상의 모든 선생님들께.

앞에서 나는 선생님을 씨 뿌리는 사람이라고 했다.

이제 나는 과학자들—현재, 미래, 잠재적인 모든 과학자들—뿐 아니라 인류의 발전에 기여하기를 꿈꾸는 모든 이들에게 전하는 말로 이 책을 마무리 지으려고 한다. 그중에서도 특히 현재와 잘 맞지 않는 사람들에게 말하고 싶다. 어쩌면 당신은 교과서 속 과학자처럼 보이지 않을지도 모른다. 여전히 새로운 언어를 익히느라 어색한 발음으로 말할지도 모른다. 어쩌면 아는 과학자 한 명 없이 자랐거나 누구도 들어본 적 없는 학교에 다녔거나 권력을 움직이는 보이지 않는 규칙 같은 것은 이해하지 못할 수도 있다. 그런 당신이라면 특별히 내 말을 꼭 기억했으면 좋겠다.

어느 평범했던 날, 병원에서 나와 끔찍하게 아픈 몸을 이끌고 세게드의 거리를 걷던 중에 나는 큰 깨달음을 얻었다. 누구도 내가 아직 하지 못한 기여를 아쉬워하지 않으리라는 깨달음, 누구도 우리 집 문을 두드리며 제발 나와서 계속 일해달라 사정할 사람은 없다는 현실을, 내가 갑자기 모든 일을 포기하거나 서서히 노력을 그만두고 내 온전한 잠재력보다 덜 기여하더라도, 무엇보다도 나 하나쯤 사라진다고 해서 누구도 알아보는 사람은 없으리라는 깨달음이었다.

중대한 기여자를 놓친 세상은 평범해 보인다. 그것이 현 상태의 정의이다.

이런 깨달음이 어디에서 왔는지는 모르겠다. 그러나 그 순간 눈에 보이지 않는 수년의 시간, 암시적으로든 명시적으로든 내가 받은 거의 모든 메시지가 똑같은 말을 전한 그 세월들로 나를 데려갔다. 이 연구는 너 자신을 위한 것이 아니야, 커티.

이 깨달음이 나를 꾸역꾸역 앞으로 나아가게 했다. 그리고 원래대로라면 진작에 포기했을 순간에도 고집스럽게 버티게 해주었다.

어쩌면 이런 난데없는 통찰의 순간이 당신에게는 영영 찾아오지 않을지도 모른다. 그래서 내가 깨달은 바를 함께 나누고 전하려는 것이다. 멈추지 말아라.

앞으로 당신이 미래에 하게 될 기여는 아직 가설에 불과하다. 하지만 그것이 진짜인 것처럼 대하라. 그런 태도는 설령 그 결과를 직접 보지 못하고 눈을 감게 되더라도 중요하다. 그것은 우리가 통제할 수 있는 부분이 아니다. 일단은 "한 가지 더"부터 실천하라. 그다음에는 또다른 한 가지 더, 한 가지 더를 계속하라.

내가 확실히 아는 것은 이것이다. 모든 씨앗에서 새로운 생명이 탄생한다는 것. 이 생명은 다시 자기의 새로운 씨앗을 만들고, 그 씨앗이 자라 계속해서 많은 것을 낳는다는 것. 계속해서.

당신 안에 있는 것을 신뢰하라고 당부하는 것이다. 그곳에서 당신이 찾는 것을 키우고 보살펴라. 누구 하나 돌볼 생각이 없어 보이더라도 그곳에서 찾은 것을 돌보아라.

내가 말하려는 것은 간단하다. 계속하라는 것. 계속 성장하고, 계속 빛을 향해 나아가라.

당신은 가능성이다. 당신은 씨앗이다.

감사의 글

열심히 일하는 것이 삶의 방식이라는 것을 가르쳐주신 부모님께, 늘 격려를 아끼지 않고 또 긍정적인 자세를 잃지 않게 해준 멋진 언니에게 감사한다. 특히 나와 "내 과학"을 믿어준 남편에게 고맙다는 말을 전하고 싶다. 그리고 이 모든 삶의 굴곡에서 나를 응원해준 딸에게 누구보다 감사한다. 가족의 무조건적인 사랑과 지지가 없었다면 어떻게 버텼을지 도무지 상상이 되지 않는다.

내 이야기를 종이에 옮기는 일을 격려한 모든 이들에게 감사한다. 특별히 이 책을 쓰는 데에 말할 수 없이 많은 도움을 준 알리 벤저민에게 고마움을 전한다. 마흘리카 시카의 세심한 편집에도 깊이 감사한다. 친구들, 동기들, 동료들의 화려하고 솔직한 기여에 감사한다. 이 책에 소중한 이야기를 담을 수 있게 해준 다음 분들에게도 진심 어린 감사를 드린다. 고등학교 때 친구 일로너 슈이코시, 고등학교 생물 선생님 얼베르트 토트와 아들 처버 토트, 세게드 대학교 생물학과 동기 주저 콘츠와 라슬로 서버도시, 유펜 동료 장 베넷, 엘리엇 바네이선, 데이비드 랭어, 숀 그래디, 노르베르트 퍼르디, 템플 대학교 동료 로버트 소볼, 우리 가족의 영원한 친구 엘리자베스 버기에게 감사한다. 몰리 글릭과 크리에이티브 아티스트 에이전시의 격려에 감사한다.

역자 후기

이 책이 조금만 더 늦게 나왔으면 좋았을 뻔했다. 그랬다면 마지막 장에서 저자가 조명을 받으며 선 무대는 타임 100 서밋이 아닌 노벨상 시상식이 되었을 것이고, 이 책이 출간된 직후 그녀가 모교인 세게드 대학교의 교수가 된 것까지 알게 된 독자가 좀더 뿌듯한 마음으로 책을 덮을 수 있었을 텐데 말이다.

저자 커털린 커리코는 이 책의 원서가 출간되고 3일 후인 2023년 10월 14일, 본인의 트위터(@kkariko)에 세게드 대학교 분자 및 분석 화학과에 부임했다는 소식을 알렸다. 그리고 한때 얼베르트 센트죄르지가 쓰던 방을 사용하게 되었다며 사진 한 장을 올렸다. 맞다, 고등학교 때 저자가 반 친구들과 편지봉투에 달랑 "얼베르트 센트죄르지, USA"라고만 써서 보내고 결국 답장까지 받았던 그 헝가리 노벨상 수상자. 부임 첫날, 조금은 특이한 구도로 찍힌 이 사진 속에서 활짝 열린 창문으로 햇살이 환하게 들어오고 책상 앞에 편안하게 턱을 괴고 앉아 있는 저자를 보았을 때, 나는 비로소 '그래, 이게 진짜 이 책의 결말이지' 싶었다. 한편으로, 공부하다가 잠이 오면 엄동설한에도 창문을 열어놓았다는 구절이 생각나면서 저렇게 큰 창을 열어두면 없던 잠도 달아나겠다는 생각이 들었다.

그래서 나는 이 책을 옮기면서 꼬마 커리코가 드라마 「대장금」의 꼬마 장금이처럼 학문에 정진하고 온갖 역경을 헤쳐온 인생 역정이 노벨상 수상이나 모교에의 금의환향으로 막을 내리지 않아 내심 아쉬웠다. 기승전결이 확실한 이 한 편의 드라마가 좀더 완벽한 결말로 끝나길 바란 것은 내 욕심일까? 책을 옮기는 몇 달 동안 저자의 삶을 함께 살아오며 그만큼 이 과학자를 응원하게 되었나 보다.

노벨상 수상을 예상하고 발표 날짜에 맞춰 책을 출간하려는 출판사의 마케팅 전략에 희생된 것이었는지는 모르지만, 노벨상 수상자의 자서전에 노벨상을 받은 순간이 빠져 있는 왠지 찜찜한 결말을 나는 이렇게 해석하기로 했다. 커리코의 삶과 과학은 아직 끝나지 않았다고. 일흔을 코앞에 둔 한 과학자의 자서전을 옮기면서 감히 나는 이 지칠 줄 모르는 인물을 멋대로 은퇴시키려고 했던 것이다. 환갑이 다 되는 나이까지 모든 실험을 직접 수행하고, 위대한 과학자들이 커리어의 정점에 오른 후 호기심을 잃은 모습에 실망하면서 자기는 절대 그러지 않겠노라 다짐한 모습을 한줄 한줄 모두 옮겼으면서 노벨상 수상으로 저자의 인생이 완성되었다고 생각한 것은 부끄러운 일이다.

나는 이 자서전을 포함해 크리스퍼 유전자 가위 연구로 노벨상을 탄 제니퍼 다우드나의 전기와 2017년에 췌장암으로 세상을 떠난 신경아교세포 연구의 권위자 벤 바레스의 자서전까지 세 과학자의 삶을 책으로 옮겼다. 공교롭게도 이 세 사람은 삶이 곧 연구이고, 연구가 곧 삶인 인생을 살았다는 것과 생명과학의 새로운 분야를 개척했다는 점, 그리고 보수적인 과학계에서 여성 과학자로 살아왔다는 공통점이 있다(벤 바레스는 바버라 바레스로 살다가 40대에 성전환했다). 여기에 커털린 커리코는 헝가리 출신 이민자로 미국의 의사 집단 안에서, 모두가 손사래 친 mRNA 연구를 이어갔다는 어려움이 추가되었다.

DNA는 이른바 인체 설계도로 온전히 자손에게 물려주는 것이 중요한 목적이다. 본질적으로 이 설계도에는 생명 활동에 필요한 모든 단백질의 제조법이 적혀 있으며 평소 핵 속에 안전하게 보관되어 있다. 즉 DNA는 원본이고, 어떤 경우에도 원본은 건들지 않는 것이 상책이다. 그래서 방대한 원본 중에 당장 생산해야 하는 단백질 레서피만 복사해서 핵 밖의 단백질 제조 공장에 가져다주는 것이 mRNA, 즉 일종의 사본이다. 그렇다면 의학적 목적에서, 번거롭고 위험하게 원본을 조작하는 것보다 원하는 단백질의 사본을 적재적소에 투입하는 편이 훨씬 더 효율적일 것이다.

그러나 체외 환경에서 RNA는 인간이 실험하기에 너무너무 까다로운 물질이었다. 그래서 mRNA를 치료 목적으로 사용하기까지 커리코가 넘어야 할 산은 한두 개가 아니었고 모두 험준했다. 하지만 커리코는 까다로운 RNA를 잘 달래어 mRNA를 합성하는 일을 해냈고, 그 mRNA를 지질로 포장하여 세포 안에 집어넣는 일을 해냈고, 세포 안에 들어간 mRNA가 치명적인 면역반응을 일으키지 않고 제 일을 하게 하는 방법을 찾아냈다. 커리코는 매번 "안 되면 되게 하라"의 정신으로 돌파구를 찾아냈다. 그리고 당시 DNA에 몰입해 있던 과학계의 무관심과 무시를 내내 견디고 버텼다. mRNA가 세상을 구하는 날이 올 것이고 유펜의 자기 랩이 "언젠가는 박물관이 될 거"라는 믿음은 신앙에 가까울 정도로 강했지만 결코 무모하거나 비과학적인 신념이 아니었고, 긴 시간 한결같은 뚝심과 철두철미한 계획으로 밀어붙여 결국에는 자신의 생각이 옳았음을 증명해냈다. 그렇게 되기까지 커리코에게 필요한 것은 일할 수 있는 시간과 공간, 그리고 나만의 작은 응원단이었다.

나는 저자의 어린 시절, 다 마신 우유 잔에 물을 부어 돼지에게 먹였다는 지점부터 강한 동질감을 느꼈다. 웬만한 추억팔이에는 꿈쩍도 하지 않던 내가 나보다 20년 먼저 태어난 동유럽인의 삶에 이렇게 몰입하게 될 줄 누가 알았을까. 어린 딸 커리코, 꼬마 커리코, 고등학생 커리코, 대학생 커리코, 아내 커리코, 연구자 커리코, 이민자 커리코, 엄마 커리코, 동료 커리코, 교수 커리코 등 커틸린 커리코라는 사람의 모든 정체성에 깊이 공감했는데, 나와는 분명히 MBTI가 전혀 다를 것 같은 사람이었기에 나도 내 감정이 신기했다. 나 역시 오전-오후반이 있는 초등학교에 다녔고, 학교에서 불주사를 맞았고, 미국으로 유학을 간 첫날 태어나서 처음으로 반딧불이를 보았고, 실험실 분위기를 얼어붙게 만드는 지도교수를 겪었기 때문일까? 독자들, 특히 나보다 한두 세대 아래의 20-30대들은 이 책의 어디에 어떻게 공감할지 무척 궁금하다.

내가 주로 작업하는 책들의 저자 중에는 덕후와 워커홀릭이 많다. 덕후나 워커홀릭이 쓴 책은 대체로 나를 실망시키지 않는다. 주관적인 경험상 워커홀릭이 쓴 책은 문장에 군더더기가 없다. 글을 화려하게 장식할 시간조차 아깝기 때문이라 짐작해본다. 대표적인 워커홀릭인 저자의 책은 상세한 풍경 묘사 하나 없이 사건, 그리고 저자의 생각과 느낌으로만 진행된다. 그러나 그 밋밋한 문장을 읽어나가면 어느새 머릿속은 생생한 오감으로 가득 채워진다.

비커에 끓인 커리코 아버지의 소시지 육즙 맛이 나고, 커다란 열쇠로 100년 된 나무문을 몰래 열고 기숙사로 들어가는 벨러가 보이고, 야노시 루드비그의 무뚝뚝한 표정이 떠오르고, 로버트 수하돌닉이 문을 쾅 닫을 때의 진동이 느껴지고, 기사를 읊어주는 엄마 커리코의 목소리와 백악관 앞에서 울려퍼진 수전의 「포레스트 검프」 색소폰 소리가 들리고, 수전, 라이언, 커리코가 한입에 털어넣은 35도짜리 예거 마이스터의 허브 향이 난다. 아버지가 정육점에서 고기로 만든 설경이, 커리코와 머리가 수학 풀이 과정을 두고 격론을 벌이자 이때다 하고 친구들이 주고받은 쪽지가, 서르베시 농업대학에서 커리코를 따라다니던 잘생긴 남학생들이, 쓰레기통에 버려진 데이비드의 젤이, 엘리엇의 착한 미소가, 도트 프린터에 찍혀 나오는 데이터가, 드루의 팔찌가, 이야기 중에 커리코가 불쑥 일하러 가버렸을 때 손의 황당한 표정이, 폼폼을 흔드는 엄마를 노려보는 수전의 눈이, 타임 100 서밋 무대의 눈부신 조명이 눈에 훤하다. 깨어 있는 시간의 대부분을 실험하고 논문만 보았을 한 사람의 인생에 등장해 삶은 과학, 그리고 사람임을 알게 해준 이들의 이야기를 읽다 보면 내 인생에서 토트 선생님, 야노시 루드비그, 벨러, 데이비드, 엘리엇, 드루, 주디 스웨인, 장 베넷은 누구였는지 돌아보게 될 것이다.

앞으로도 계속될 커털린 커리코의 인생을 응원한다. 나 역시 mRNA 치료와 백신을 그녀와 함께 지켜볼 생각이다.

2024년 5월
옮긴이 조은영